山东省发改委"十二五"规划前期重大课题——"山东建设海洋经济强省战略研究"和泰山学者建设工程专项资助

献给中国海洋大学 90 周年校庆

山东半岛蓝色经济区
海洋产业现状与优化分析

李广雪 王 璇 丁 咚 编著

海洋出版社

2014 年 · 北京

图书在版编目（CIP）数据

山东半岛蓝色经济区海洋产业现状与优化分析/李广雪，王璇，丁咚编著. —北京：海洋出版社，2014.2
ISBN 978 - 7 - 5027 - 8808 - 7

Ⅰ. ①山…　Ⅱ. ①李…②王…③丁…　Ⅲ. ①山东半岛 – 海洋经济 – 经济发展 – 研究 Ⅳ. ①P74

中国版本图书馆 CIP 数据核字（2014）第 035645 号

责任编辑：杨传霞
责任印制：赵麟苏

海洋出版社　出版发行

http://www.oceanpress.com.cn
北京市海淀区大慧寺路 8 号　邮编：100081
北京画中画印刷有限公司印刷　新华书店北京发行所经销
2014 年 2 月第 1 版　2014 年 2 月第 1 次印刷
开本：787 mm×1092 mm　1/16　印张：15.5
字数：373 千字　定价：98.00 元
发行部：62132549　邮购部：68038093　总编室：62114335
海洋版图书印、装错误可随时退换

目　　录

1 绪 论

1.1 蓝色经济、蓝色经济区及特征

20 世纪 60 年代以来，许多西方国家便把目光投向海洋，海洋开发战略的重要性逐步被沿海国家提上议事日程。1960 年法国总统戴高乐首先在议会上提出"向海洋进军"的口号。1961 年美国总统肯尼迪向国会提出"美国必须开发海洋"，要"开辟一个支持海洋学的新纪元"。尔后，不少国家在反复研究的基础上纷纷推出了海洋开发战略。世纪之交，海洋开发战略又成为沿海各国的热点。

1999 年美国提出了"21 世纪海洋发展战略"。从沿海旅游、沿海社区、水产养殖、生物工程、近海石油与天然气、海洋探求、海洋观测、海洋研究等 11 个方面制定未来发展的重点。核心原则是维护海洋经济利益、加强全球规模的安全保障、保护海洋资源和实行海洋探求四个方面。2000 年美国颁布《海洋法令》，2004 年发布《21 世纪海洋蓝图——关于美国海洋政策的报告》及《美国海洋行动计划》。

日本是最早制定海洋经济发展战略的国家之一。1961 年，日本成立海洋科学技术审议会并提出了发展海洋科学技术的指导计划。在 20 世纪 70 年代中期又提出海洋开发的基本设想和战略方针。早在 1980 年，日本海洋产值占国民生产总值的比重就达到了 10.6%。他们一直把加速海洋产业的发展作为国家的战略方向，期待海洋这一无限的空间所具有的矿物、生物、能源、空间等资源的开发利用，能够维持日本的社会经济需求。2007 年，日本国会通过《海洋基本法》，设立首相直接领导的海洋政策本部及海洋政策担当大臣。

1997 年加拿大颁布了《海洋法》，2002 年出台了《加拿大海洋战略》，2005 年颁布了《加拿大海洋行动计划》。加拿大海洋战略确定了"三个原则"和"四个紧急目标"。"三个原则"是：可持续开发；综合管理；预防措施。"四个紧急目标"为：现行的各种各样的海洋管理方法改为相互配合的综合的管理方法；促进海洋管理和研究机构相互协作，加强各机构的责任性和运营能力；保护好海洋的环境，最大限度地利用海洋经济的潜能，确保海洋的可持续开发；力争使加拿大在海洋管理和海洋环境保护方面处于世界领先地位。为了实现国家的海洋战略目标，政府和有关各方制定了具体措施。这些措施包括加深对海洋的研究；保护海洋生物的多样性；加强对海洋环境的保护；加强海运和海事安全；加强对海洋的综合规划；振兴海洋产业；加强对公众，特别是青少年的教育，增强全社会的海洋保护意识观念。在海洋研究方面，加拿大政府在 2003 年拨款近 8 亿加元的海洋科技开发经费，确定了海洋资源和海洋空间的范畴和定义，广泛收集海洋资料，保护资源开发和海底矿物资源，加强了海洋科学和技术专家队伍建设等。在保护海洋生物的多样性方面，加拿大政府和非政府组织加强了对海洋生物种群、海洋气候变动、海洋深水生态系统的变化等方面的研究，并采取了限制捕捞捕杀濒危海洋鱼类和动物的措施。为保护鳕鱼、大马

哈鱼等珍贵的鱼种和鲸等海洋动物，政府投资近 5 亿加元建立各种科研机构和保护设施。在海洋环境保护方面，加拿大制定了海洋水质标准和海洋环境污染界限标准，采取了对石油等有害物质流入海洋的预防措施。加拿大还设立了"沿海护卫队"负责保护海洋环境，沿海护卫队对化学物品和石油的泄漏事故能迅速做出反应，能在很短时间内对大面积污染物进行清除。为了应对海洋中的泄漏事故，海洋护卫队在全加拿大设立了 72 处战略设施。这些措施为保护加拿大海洋环境发挥了重要作用（新华，2004）。

1999 年澳大利亚成立了国家海洋办公室，负责制订国家和地区的海洋计划，提出要使海洋产业成为有国际竞争力的大产业，同时保持海洋生态的可持续性。并确定海洋生物工程、替代能源开发、海底矿物资源开发等为海洋经济亟须发展的产业。提出改良所有渔业的加工技术，增加产品的附加值。同时，在海洋油气开发、造船、观光等方面提出具体的发展措施。

1996 年韩国组建了海洋水产部，统管除海上缉私外的全部海洋事务。2000 年颁布韩国海洋开发战略《海洋政策——海洋韩国 21》，目标是使韩国成为 21 世纪世界一流的海洋强国。确定韩国海洋经济发展战略是实现"世界化、未来化、实用化、地方化"四化。具体目标是：创造尖端海洋产业；创造海洋文化空间；将韩国在世界海洋市场的占有率从目前的 2% 提升到 4%；成为世界第 5 位的全球海洋储运强国；成为海洋水产大国；具有实用化技术的海洋强国；成为人类与海洋系生态共存的典型海洋国家。

欧盟为保持现有的经济实力，并为在高技术领域内增强与美国、日本等发达国家的竞争力，制订了尤里卡海洋计划（EUROMAR）。尤里卡海洋计划的原则之一：加强企业界和科技界在开发海洋仪器和方法中的作用，提高欧洲海洋工业的生产能力和在世界市场上的竞争能力。已启动的和已完成的项目中的海洋环境遥控测量综合探测（MERMAID）及实验性海洋环境监视和信息系统（SEAWATCH）已向中国推销，SEAWATCH 在世界市场海洋仪器设备产品中已得到数千万美元的经济效益。尤里卡海洋计划的第二期海洋技术项目中的水声应用部分主要有：水下图像传输技术，长距离水声通信技术，用声学技术研究沉积物的现场特性，用 SAR 和回声测深仪研究浅海水下地形的动态特征并开发海底地形测绘技术等先进又实用的技术。2005 年欧盟委员会通过了《综合性海洋政策》及《第一阶段海洋行动计划》。此外，英国公布了"海洋开发推进计划"，并将颁布《海洋法令》。法国制定了海洋科技"1991—1995 年战略计划"，2005 年成立海洋高层专家委员会，专门负责制定国家海洋政策（郁芳，杨明，2011）。

1.1.1 蓝色经济

蓝色经济是指开发海洋资源和依赖海洋空间而进行的生产活动，以及直接或间接为开发和保护海洋资源及空间的相关服务性产业活动，这样一些产业活动而形成的经济集合均被视为蓝色经济范畴（百度百科：蓝色经济）。

所以，蓝色经济比传统的海洋经济的概念更为广泛，内涵更丰富，可以笼统地理解为是直接开发、利用、保护海洋以及依托海洋所进行的经济活动的总和，主要包括海洋产业和临海产业。海洋产业是开发、利用和保护海洋所进行的生产和服务活动，既包括直接开发利用和保护海洋资源的产业，也包括有关科教管理服务产业。海洋产业主要在沿海布局，但内陆地区照样可以发展海洋产业，如在内陆发展海洋装备制造业。临海产业是依托海洋区位和空间而并不实质性消耗海洋资源的产业，如临海发展的钢铁、电力、石化等产业，沿海港口工业区和物流园区等各类产业。因此，我们可以认为蓝色经济是基于海岸带的经济。

1.1.2　蓝色经济区

蓝色经济区是一个全新的经济学概念，可以初步理解为：资源、环境、科技、人文优势相对集中的沿海特定区域，由政府统筹规划和主导，将传统的海陆经济体进行有效联合和对接，形成以海洋产业为主体的、生态文明为标志的、可持续发展为主题的经济区。在我国，通过一系列蓝色经济区的强化建设，最终形成国家蓝色经济体系，才能实现海洋大国向海洋强国的跃升。

蓝色经济区的概念最早由胡锦涛同志提出。他在 2008 年"两会"期间参加山东代表团审议时指出，要加快转变经济发展方式，实现山东经济社会又好又快发展。2009 年 4 月胡锦涛同志在视察山东时再次强调，要积极推动经济结构优化升级，以提高自主创新能力、增强发展协调性和可持续性为目标，形成发展新优势。同时明确指示："要大力发展海洋经济，科学开发海洋资源，培育海洋优势产业，打造山东半岛蓝色经济区。"2011 年 1 月国务院批准《山东半岛蓝色经济区规划》，规划主体区范围包括山东全部海域和青岛、东营、烟台、潍坊、威海、日照 6 市及滨州市的无棣、沾化 2 个沿海县所属陆域，海域面积 $15.95 \times 10^4 \ km^2$，陆域面积 $6.4 \times 10^4 \ km^2$，这个经济区是"环渤海"与长三角洲经济区的重要结合部，是黄河流域地区最便捷的出海通道，是欧亚大陆桥（经济带）和东北亚经济圈的重要组成部分，也是首都安全的重要屏障和门户。

2009 年 12 月国务院正式批复了《黄河三角洲高效生态经济区发展规划》，由此，黄河三角洲地区的发展上升为国家战略，成为国家区域协调发展战略的重要组成部分。黄河三角洲高效生态经济区发展定位是：建设全国重要的高效生态经济示范区、特色产业基地、后备土地资源开发区和环渤海地区重要的经济增长区域。目前，山东省政府已将"蓝黄"两个国家级规划密切结合在一起，将黄河三角洲高效生态经济区融入山东半岛蓝色经济区建设规划中，共同打造山东半岛蓝色经济区。

1.1.3　蓝色经济区特征

蓝色经济区与传统的经济区比较，其基本特征是与海洋密切相关的、高度开放的、生态环保的、以高科技为支撑的新型经济区。

（1）陆海一体与海陆统筹

由单纯的海洋开发向统筹海陆经济发展转变。以往发展海洋经济，注重的是海洋产业产值的增加。蓝色经济强调海陆资源的互补、海陆产业的互动和海陆经济的一体化。

（2）海洋科技先导与外向辐射

由注重海洋第一、第二产业发展向注重海洋第一、第二、第三产业协调发展，注重海洋服务业发展的转变，尤其强调海洋科技的促进作用。与传统产业相比，海洋高技术产业几乎都是资金密集、技术密集和知识密集的高新技术产业，这主要依靠科技进步。海洋产业间具有极大的关联性，不但能够带动相关海洋产业的发展，而且还能促进区域内其他高技术产业合作发展，并通过技术和经济转移、扩散，增强对其他区域的辐射力，与其他区域的经济技术密切协作，优化资源配置，带动相关区域经济发展，从而加快海陆一体化、城乡一体化和近岸城市化的建设步伐。

（3）生态文明与环境友好

生态文明有利于解决现阶段面临的资源环境问题，为蓝色经济提供了全新的理论指导。采用符合生态条件的生产力布局，要求有利于环境的生产和消费方式，减少污染与低损耗的产业结构，通过土地资源的节约、集约使用和生态环境的综合治理，形成有序的对环境和人体健康无害的各种开发建设活动。

（4）向海、向陆开放互动

蓝色经济区具有外向性、国际性、现代性和关联性等特点。蓝色经济区具有跨地区、跨行业和跨部门并涉及多产业、多学科和多领域的特征，对促进区域内其他类型高技术产业合作发展具有积极的聚合和扩散作用。经济国际化和一体化，为海洋经济发展提供了国际合作的条件。海洋经济与沿海开放发展紧密结合，和国际资源利用以及国际经济区建设联系在一起。海洋资源、科技、产业联动并融入国内、国际互动的开放经济新潮流中。由海洋经济到蓝色经济，体现了发展理念的不断创新。与传统海洋经济相比，蓝色经济内涵更加科学、更加深刻和丰富。蓝色经济更加注重海洋的适度科学开发和保护，实现全面协调可持续发展；更加积极地推进海洋高端产业发展，培育具有较强竞争力的海洋优势产业；更加注重海陆统筹布局，科学开发和综合利用各类海陆资源；更加注重科技创新引领，提升海洋经济的核心竞争力；更加注重突出海洋生态文明，强化生态建设，实现资源节约、环境友好、永续发展（于良巨等，2009）。

1.2 海洋产业的内涵及分类

1.2.1 海洋产业的内涵

海洋开发是指人类以海洋资源为对象而展开的生产、交换、分配和消费活动。随着海洋的大规模开发，对海洋产业发展的研究工作也相继展开。关于海洋产业的概念，各研究领域的专家学者提出了不同的看法。

张耀光（1991）在《试论海洋经济地理学》指出，海洋产业是人类在海洋、滨海地带开发利用海洋资源和空间，以发展海洋经济的事业。根据对海洋资源开发利用的先后以及技术的进步，可将海洋产业划分为传统海洋产业、新型海洋产业以及未来海洋产业。传统海洋产业主要包括海洋捕捞业、海洋运输业、海水制盐业、船舶制造业、海涂种植业。

1999 年，国家海洋局在颁布实施的海洋产业标准《海洋经济统计分类与代码》中指出，海洋产业是人类利用和开发海洋、海岸带资源所进行的生产和服务活动，是涉海性的人类经济活动，涉海性表现在以下 5 个方面：① 直接从海洋中获取产品的生产和服务；② 直接从海洋中获取产品的一次加工生产和服务；③ 直接应用于海洋和海洋开发活动的产品的生产和服务；④ 利用海水或海洋空间作为生产过程的基本要素所进行的生产和服务；⑤ 与海洋密切相关的科学研究、教育、社会服务和管理。属于上述 5 个方面之一的经济活动，无论其所在地是否为沿海地区，均可视为海洋产业。

孙斌和徐质斌（2000）在《海洋经济学》中解释，海洋产业是指开发、利用和保护海洋资源而形成的各种物质生产和服务部门的总和，包括海洋渔业、海水养殖业、海水制盐业及盐化工业、海洋石油化工业、海洋旅游业、海洋交通运输业、海滨采矿和船舶工业，还有正在形成产业过程中的海水淡化和海水综合利用、海洋能利用、海洋药物开发、海洋新型空间利用、深海采矿、海洋工程、海洋科技教育综合服务、海洋信息服务、海洋环境保护等，海洋产业是一个不断扩大的海洋产业群，是海洋经济的实体部门。

陈可文（2003）在《中国海洋经济学》中阐述，海洋产业是指人类开发利用海洋空间和海洋资源所形成的生产门类。海洋产业是海洋经济的构成主体和基础，是海洋经济得以存在和发展的基本前提条件。海洋产业是海洋经济的孵化器，海洋资源只有通过海洋产业这只孵化器才能转化并成为海洋经济。所谓产业是具有同一属性的经济活动的集合，是国民经济的一个门类。海洋产业的发展是海洋经济发展的主要标志，也是目前世界海洋经济发展水平的一个重要标志。

2004 年，中华人民共和国国家质量监督检疫总局发布的国家标准《海洋学术语——海洋资源学》中这样解释海洋产业：海洋产业是指开发利用和保护海洋资源而形成的各种物质和非物质生产部门的总和，包括人类利用海洋资源和海洋空间所进行的各类生产和服务活动。按其产业属性可分为海洋第一产业、海洋第二产业和海洋第三产业。海洋第一产业指直接利用海洋生物资源为特征的产业，也就是海洋渔业，主要包括海洋养殖、捕捞业等；海洋第二产业以对海洋资源的加工和再加工为特征，主要包括海洋盐业、海洋盐化工业、海洋药物和食品工业、海洋油气业、滨海矿砂业、船舶与海洋机械制造、海水直接利用等工业部门；海洋第三产业为海洋服务业，其生产活动以提供非物质财富为特征，主要包括海洋运输业、海洋旅游业、海洋科技、教育、通信、保险、仓储、商业、金融、咨询信息业等各项事业。

《1988—2000 年，加拿大海洋产业对经济的贡献》中指出，海洋产业是指基于加拿大海洋区域及与此相连的沿海区域开展的海洋产业活动，或依赖这些区域活动而得到收益的产业活动。

1991 年，澳大利亚统计局（ABS）制定的《澳大利亚海洋产业统计框架》指出，海洋产业是利用海洋资源进行的生产活动或是把海洋资源作为主要投入的生产活动。

Colgan（2003）依据美国《国民经济统计标准产业代码》将美国的海洋产业划分为七大类，即海洋工程建筑、海洋生物资源（海洋捕捞、海产品养殖、海产品加工等）、海洋矿产（石灰石/砂/砾石、油气钻探和油气生产等）、海洋娱乐与旅游（海洋娱乐、动物园和水族馆、游艇运营、餐饮食宿、娱乐公园和营地和运动产品等）、海上运输业（货物运输、海洋客运、海洋运输服务、搜索和航行设备、仓储等）、船舶制造与修理业及其他海洋产业活动（包括各级政府的海洋管理、滨海不动产和海洋研究与教育等）。

在英国，尽管目前还没有专门的海洋产业统计，但对海洋相关产业活动的研究还是比较深入的。英国政府海洋科学和技术机构间委员会于 1994—1995 年和 1999—2000 年两次对英国的海洋产业活动进行了系统调查（Pugh and Skinner, 1996, 2002），依据英国《产业活动标准产业代码》，该调查所包含的海洋关联产业类型包括 9 类，即海洋渔业、海洋矿产、海洋制造、海洋工程建筑、海洋运输与通信、商业服务与保险、海洋管理、海洋教育与科学研究及其他服务业。其范围基本涵盖现有的海洋产业类型，并将海事保险与金融、海洋污染防治和海军等也涵盖在内（Pugh and Skinner, 2002）。

针对以上各有关国家机构和各位专家学者对海洋产业所做的定义,笔者对海洋产业概念进行了综合分析和总结,认为其上的观点优点为:明确说明了海洋产业是海洋资源的生产和投入活动,抓住了海洋产业活动的主线,确定了海洋产业的范畴,从不同角度概括说明了海洋产业的多样性,并提出了涉海性的概念。肯定了海洋产业的发展环境,进一步说明了海洋产业在经济范畴中的作用,详细地阐述了海洋产业的经济活动及其功能,并按海洋产业的属性把海洋产业经济划分为三个板块进行说明,简单明了,具有表达性、前瞻性强等特点。

其上的观点缺点为:普遍对海洋产业定义界定标准模糊不清,对海洋产业的功能、性质没有具体的规范和说明,同时也没有阐述海洋产业的可持续发展性。有的概念涵盖面过广,针对性不强,过于强调海洋经济发展空间,忽略了海洋产业功能、资源环境、开发的适宜性和开发利用潜力。

综合上述对海洋产业经济定义的分析可知,海洋产业的内涵与外延及其界定原则需要考虑下列一些基本方面。

第一,涉海企业行为。海洋资源可持续利用与海洋产业发展的关系、涉海企业行为与企业间组织行为、海洋产业结构与空间布局、海洋产业规制与政策为主题。值得指出的是海洋资源可持续利用与海洋产业发展的关系。事实上,上述方面的经济活动无论其所在地是否是沿海地区,均可视为海洋产业。

第二,遵循经济规律。海洋经济开发与利用应该遵循国民经济的发展规律与界定海洋经济统计的基础,理论联系实际,以《中华人民共和国国民经济行业分类与代码》(GB/4754—94)为依据。以一二三次产业为层次,规范化制定出能够与我国国民经济行业分类相互衔接的海洋产业目录、海洋产业统计分类与指标,从而使区域间、地区与国家之间乃至地区与国际之间的海洋经济发展具有可比性。需要强调的是,上述涉海企业行为必须要遵循经济发展规律,对海洋产业的整体规划还必须考虑其自身的特点,而不是追求面面俱到。

基于这种思路以及借鉴相关研究成果,我们认为适合我国现状和未来发展需要的海洋产业定义应为:海洋产业是指人类在海洋、滨海地带开发利用海洋资源和空间以发展海洋经济的事业。具体是指勘探、开发、利用和保护海洋的生物、运输、矿产、能源、空间和景观等资源的各类产业及其相关活动的总和,即人类开发利用海洋资源和保护海洋环境所进行的生产、科技、研发、管理和服务活动。按产业属性可分为海洋第一产业、海洋第二产业和海洋第三产业;按其形成时间可分为传统海洋产业、新兴海洋产业和未来海洋产业。

在这个定义中明确提出了保护海洋资源与环境、发展海洋科技与研发的内容,这是和以往海洋产业定义的一个较大的不同,以前主要强调如何开发利用海洋资源,随着一些海洋资源的过度开发,海洋生态和环境系统逐步恶化,使得人们日益认识到保护海洋资源和环境的迫切性和重要性,开发利用和保护是对立统一的,如何协调好这对矛盾将是未来海洋产业的最重要的课题。海洋占据地球2/3的面积,人类对深海大洋知之甚少,高新技术研发和产业化已构成重要的生产活动。

1.2.2 海洋产业的分类

2006 年是我国海洋生产总值核算制度实施的第一年，核算的范围主要依据国家标准《海洋及相关产业分类》（GB/T 20794—2006）、行业标准《沿海行政区域分类与代码》（HY/T 094—2006）。

海洋产业：是指开发、利用和保护海洋所进行的生产和服务活动，包括海洋渔业、海洋油气业、海洋矿业、海洋盐业、海洋化工业、海洋生物医药业、海洋电力业、海水利用业、海洋船舶工业、海洋工程建筑业、海洋交通运输业、滨海旅游业等主要海洋产业，以及海洋科研、教育、管理和服务业。

海洋相关产业：是指以各种投入产出为联系纽带，与主要海洋产业构成技术经济联系的上下游产业，涉及海洋农林业、海洋设备制造业、涉海产品及材料制造业、涉海建筑与安装业、海洋批发与零售业、涉海服务业等。

海洋产业的具体分类如下。

① 海洋渔业：包括海水养殖、海洋捕捞、海洋渔业服务业和海洋水产品加工等活动。

② 海洋油气业：是指在海洋中勘探、开采、输送、加工原油和天然气的生产活动。

③ 海洋矿业：包括海滨砂矿、海滨土砂石、海滨地热、煤矿开采和深海采矿等采选活动。

④ 海洋盐业：是指利用海水生产以氯化钠为主要成分的盐产品的活动，包括采盐和盐加工。

⑤ 海洋化工业：包括海盐化工、海水化工、海藻化工及海洋石油化工的化工产品生产活动。

⑥ 海洋生物医药业：是指以海洋生物为原料或提取有效成分，进行海洋药品与海洋保健品的生产加工及制造活动。

⑦ 海洋电力业：是指在沿海地区利用海洋能、海洋风能进行的电力生产活动。不包括沿海地区的火力发电和核力发电。

⑧ 海水利用业：是指对海水的直接利用和海水淡化活动，包括利用海水进行淡水生产和将海水应用于工业冷却用水和城市生活用水、消防用水等活动，不包括提取海水化学资源的综合利用活动。

⑨ 海洋船舶工业：是指以金属或非金属为主要材料，制造海洋船舶、海上固定及浮动装置的活动，以及对这些设施的修理及拆卸活动。

⑩ 海洋工程建筑业：是指在海上、海底和海岸所进行的用于海洋生产、交通、娱乐、防护等用途的建筑工程施工及其准备活动，包括海港建筑、滨海电站建筑、海岸堤坝建筑、海洋隧道桥梁建筑、海上油气田陆地终端及处理设施建造、海底线路管道和设备安装，不包括各部门、各地区的房屋建筑及房屋装修工程。

⑪ 海洋交通运输业：是指以船舶为主要工具从事海洋运输以及为海洋运输提供服务的活动，包括远洋旅客运输、沿海旅客运输、远洋货物运输、沿海货物运输、水上运输辅助活动、管道运输业、装卸搬运及其他运输服务活动。

⑫ 滨海旅游业：包括以海岸带、海岛及海洋各种自然景观、人文景观为依托的旅游经营、服务活动。主要包括：海洋观光游览、休闲娱乐、度假住宿、体育运动等活动。

⑬ 海洋科研教育管理服务业：是开发、利用和保护海洋过程中所进行的科研、教育、管理及服务等活动，包括海洋信息服务业、海洋环境监测预报服务、海洋保险与社会保障业、海洋科学研究、海洋技术服务业、海洋地质勘查业、海洋环境保护业、海洋教育、海洋管理、海洋社会团体与国际组织等（2006 年中国海洋经济统计公报）。

2 国内外海洋产业发展现状

2.1 国外海洋产业发展现状

20 世纪 50 年代以来，世界海洋经济快速增长，各海洋产业发展迅速。20 世纪 70 年代初，世界海洋产业总产值约 1 100 亿美元，1980 年增至 3 400 亿美元，1990 年达到 6 700 亿美元，2001 年达到 13 000 亿美元。20 世纪 90 年代以来，世界沿海各国及地区海洋经济的国内生产总值（GDP）平均以每年 11% 的速度在持续增长，预计未来 10 年全球海洋产业年均增长率为 3%，2020 年将达 30 000 亿美元（孙耀军，2010）。海洋经济已经成为沿海各国（地区）国民经济的重要组成部分。据欧洲委员会（The Council of Europe）的研究估计，海洋和沿海生态系统服务直接产生的经济价值每年在 180 亿欧元以上；临海产业和服务业直接产生的增加值每年 1 100 亿~1 900 亿欧元，约占欧盟国民生产总值（GNP）的 3%~5%；欧洲地区涉海产业产值已占欧盟 GNP 的 40% 以上。艾伦咨询集团（The Allen Consulting Group）统计报告，2003 年澳大利亚海洋产业的增加值为 267 亿美元，占所有产业增加值的 31.6%，提供了大约 253 130 个就业岗位，与海洋产业相关的其他产业产生的经济增加值高达 460 亿美元，创造了 690 890 个工作岗位（向云波等，2009）。2008 年澳大利亚海洋产业产值 415 亿美元，2009 年，澳大利亚基于海洋环境的经济活动取得的整体价值达到了 441 亿美元，比 2008 年增长了 6%，按现价计算，2002—2009 年，海洋产业产值年均增长速度达 9.2%（林香红，2011）。

2004 年，美国海洋经济总 GDP 达到 1380 亿美元以上，提供了 230 万个以上的就业岗位（王晓惠等，2010）。当前，海洋产业对美国经济的贡献是农业的 2.5 倍，美国海外贸易总量的 95% 和价值的 37% 通过海洋交通运输完成，而外大陆架海洋油气生产还贡献了全美 30% 的原油和 23% 的天然气产量。美国经济中，80% 的 GDP 受到了海岸地区的驱动，而 GDP 的 40% 以上也是受到了海岸线的驱动，只有 8% 是来自于陆地领域的驱动。海岸经济和海洋经济对于美国来说非常重要，分别占到就业率的 75% 和 GDP 的 51%（宋炳林，2012）。

2005—2006 年，英国海洋经济活动产值占国内生产总值的 4.2%，约 460 亿英镑；在英国就业中，海洋产业就业人数达 890 000 多人，占全国就业的 2.9%。海洋经济对英国经济的贡献率为 6.0%~6.8%（David Pugh，2010）。

21 世纪将是人类挑战海洋的新世纪。海洋是人类存在与发展的资源宝库和最后空间。人类社会正在以全新的姿态向海洋进军，国际海洋竞争日趋激烈。2001 年，联合国文件中首次提出了"21 世纪是海洋世纪"。此后的 10 年甚至 50 年内，国际海洋形势将发生较大的变化。美国指出：海洋是地球上"最后的开辟疆域"，未来 50 年要从外层空间转向海洋；加拿大提出：发展海洋产业，提高贡献，扩大就业，占领国际市场；日本将利用科技加速海洋开发和提高国际竞争能力；英国把发展海洋科学作为迎接跨世纪的一次革命；澳大利亚在此后的 10 ~ 15 年要强化海洋基础知识普及，加强海洋资源可持续利用与开发。美国制定了《21 世纪海洋蓝图和海洋行动计划》，把"维持海洋经济利益"作为 21 世纪海洋战略核心原则之一，奥巴马任总统后立即制定了第一个国家海洋政策，旨在加强海洋、海岸和大湖区管理，实现海洋的可持续发展；越南于 2007 年制订了《2020 年海洋战略》，目标是要成为东南亚海洋经济强国，到 2020 年海洋经济在越南 GDP 中的比重占到 53% ~ 55%；韩国在《海洋韩国 21》中提出海洋战略要实现"四化"，即世界化、未来化、实用化、地方化。

目前，在世界范围内已发展成熟的海洋产业有：海洋渔业、海水增养殖业、海水制盐及盐化工业、海洋石油工业、海洋娱乐和旅游业、海洋交通运输业和滨海砂矿开采业等，海洋将成为国际竞争的主要领域，包括高新技术引导下的经济竞争。发达国家的目光将从外太空转向海洋，人口靠海集中的趋势将加速，海洋经济正在并将继续成为全球经济新的增长点。

纵观国内外发展态势，21 世纪国际海洋竞争热点主要集中在以下方面：发现、开发利用海洋各种能源；勘探开发新的海洋矿产资源；获取更多、更广、更安全的海洋食品；加速海洋新药物资源的开发利用；实现更安全、更便捷的海上航线与运输方式。沿海各国和地区都更加重视发展海洋经济，并相应加大海洋开发和管理的力度，纷纷把建设海洋强国作为国家和地区的长期发展战略。

目前，全球现代海洋产业总产值达 14 000 亿美元，世界四大海洋支柱产业已经形成，海洋经济发展前景看好。

一是海洋石油工业。据不完全统计，仅世界陆架区含油气盆地面积达 $1\,500 \times 10^4\ hm^2$，已发现 800 多个含油气盆地，1 600 多个油气田，石油地质储量达 $1\,450 \times 10^8\ t$，天然气地质储量达 $140 \times 10^{12}\ m^3$。100 多个国家和地区从事海上石油勘探与开发，投入开发的经费每年达 850 亿美元。2000 年海上石油产量约 $13 \times 10^8\ t$，占世界油气总产量的 40%，产值约 3 000 亿美元。2003 年世界海洋石油生产量达 $12.57 \times 10^8\ t$，约占世界石油总生产量的 34.1%；2003 年世界海洋天然气生产量达 $6\,856 \times 10^8\ m^3$，约占世界天然气总生产量的 25.8%（苏斌等，2006）。21 世纪中叶海洋油气产量将超过陆地油气产量。

二是滨海旅游业。据世界旅游组织统计（李华等，2007），2002 年，滨海旅游业收入占全球旅游业总收入的 1/2，约为 2 500 亿美元，比 10 年前增加了 3 倍；37 个沿海国家的旅游总收入达 3 572.8 亿美元，占全球旅游总收入的 81%。1998 年全世界 40 大旅游目的地中有 37 个是沿海国家或地区。

三是现代海洋渔业。毕晓琳（2010）在"海洋知识溢出及其对沿海区域经济发展的效应研究"中提到，传统的海洋捕捞业已发展为"捕—养—加"并举的工业化渔业生产。近 10 年来，全世界海洋渔获量每年达 8 500 多万吨，产值约 2 000 亿美元。

四是海洋交通运输业。全世界较大海港 2 000 多个，国际货运的 90% 以上通过海上运输完成。2010 年世界集装箱港口吞吐量增长 11.6%，超过 2008 年创纪录的 5.35×10^8 TEU（毕晓琳，2010）。

总之，世界范围内的海洋产业发展经历了从资源消耗型到技术、资金密集型的产业结构升级，目前世界海洋三次产业是"二三一"的结构，随着蓝色经济理念和体系的不断完善，相信不久的将来海洋三次产业会出现"三二一"的排列顺序。

2.2 国外海洋产业发展经验

2.2.1 美国

（1）对国家海洋管理政策进行变革

美国多年来在海洋开发和利用方面取得了显著成效，海洋及相关产业已成为美国经济支柱之一。美国是一个海洋大国，其专属经济区内海域总面积达到 340 万平方海里。尽管如此，在海洋经济和沿海地区经济蓬勃发展的同时，美国并未能有效控制人类活动给海洋生态环境等造成的负面影响，其带来的结果是污染加剧、水质下降、湿地干涸以及鱼类资源遭到过度捕捞。美国海洋和沿海地区所出现的生态险情引发了美国各界的忧虑，美国开始对国家海洋管理政策重新做出彻底评估。在管理海洋和沿海地区资源时，充分考虑到海洋与陆地、大气以及包括人在内的所有生物间的复杂关系，并依此来界定管理范围。美国还特别强调，改革政府机构、加大海洋科研投入和加强与海洋相关的教育，对于实现海洋管理方式的转变至关重要（毛磊，2004）。美国是最早开展海洋循环经济相关理论和方法研究的国家之一。进入 21 世纪，美国开始反思其所面临的海洋经济发展现状。一方面，沿海人口的大量增加和海洋环境恶化对海洋经济发展和海岸带管理提出严峻挑战；另一方面，在海洋科技竞争中，欧洲、日本后来居上，在很多领域都超过了美国，使美国开始重新反思其海洋政策。2000 年，美国国会通过了《海洋法令》，提出制定新的国家海洋政策的原则，即有利于促进对生命与财产的保护、海洋资源的可持续利用；保护海洋环境、防止海洋污染，提高人类对海洋环境的了解；加大技术投资、促进能源开发等，以确保美国在国际事务中的领导地位。这是美国 30 多年来第二次全面系统地审议国家的海洋问题。法令要求设立完全独立的海洋政策委员会，负责全面制定美国在新世纪的海洋政策。时任美国总统布什亲自指定 16 位专家组建美国海洋政策委员会，委员会对美国海洋政策和法规进行了全面深入的调研，掌握了美国利用和管理海洋方面的第一手资料。并于 2004 年，正式提交了名为《21 世纪海洋蓝图》的国家海洋政策报告。2004 年 12 月美国公布《美国海洋行动计划》，提出了具体的落实措施（宋炳林，2012）。美国政府财政拨款的相当大的部分用于海洋新技术开发及其产业化，据统计，美国每年投入海洋开发的预算为 500 亿美元以上，而对有利于海洋环境保护和可持续发展的开发项目和技术，政府财政拨款会给予更大的倾斜（李莉，2009）。

（2）重视海洋科技发展

美国是世界海洋强国，自立国至今，从未忽视过与海洋的密切联系。因此，美国政府十分重视发展海洋科学技术（表 2 - 1）。

表 2-1　美国海洋研究优先领域和科研重点

社会主题	科研重点
海洋自然和文化资源的委托管理	通过更准确、更及时的评价，了解资源丰度和分布的现状和发展趋势；认识物种间和生存环境与物种的关系，支持资源稳定性和可持续性预报；认识可能影响资源稳定性和可持续性的人类利用形式；应用高级知识和先进技术，提高开阔海、海岸和五大湖各种自然资源的效益
增强受灾地区的自然恢复力	认识灾害事件的发生和演变，并应用这些知识改进对未来灾害事件的预报；认识沿海和海洋系统对自然灾害的响应能力，并应用这些认识评价未来自然灾害的脆弱性；将现有认识应用于多种灾害风险评估，支持减灾模型开发及其政策和策略的制定
促进海洋作业的开展	认识海洋作业和环境之间的相互作用；应用对环境影响和海洋作业的认识，加强海洋运输系统；应用对影响海洋作业的环境因子的知识，表述海域条件特征并进行预报
海洋在气候中的作用	认识海洋与气候在区域内及其上空的相互作用；认识气候变异和变化对海洋生物地球化学和生态系统的影响；应用对海洋的认识预测未来气候变化及其影响
改善生态系统的健康	认识和预报自然过程和人类活动过程对生态系统的影响；应用对自然过程和人类活动过程的认识，开展社会经济评价，开发人类多样化利用生态系统的影响评估模型；应用对海洋生态系统的认识，制定生态系统可持续利用和有效管理的适当指标和度量标准
提高人类健康水平	认识与海洋相关的对人类健康构成危害的根源和过程；认识与海洋相关的人类健康风险和海洋资源对于人类健康的潜在效益；认识人类利用海洋资源和价值，评估与海洋有关的人类健康威胁的影响以及人类活动如何影响这些威胁；应用对海洋生态系统和生物多样性的知识，开发提高人类福利的产品和生物学模型

近期的科研重点

- 预报沿岸生态系统对持久作用力和极端事件的响应
- 海洋生态系统有机体的对比分析
- 海洋生态系统传感器
- 评价经向翻转环流的变异：气候快速变化的影响

资料来源：《规划美国今后 10 年海洋科学事业》，布什政府于 2007 年发布了《规划美国今后 10 年海洋科学事业：海洋研究优先计划和实施战略》（以下简称《规划》），对美国今后 10 年的海洋科学事业进行了规划（石莉，2008）。

（3）成立专门海洋管理机构

美国 20 世纪 50 年代后，成立了海洋资源部门委员会、美国海洋资源和工程发展委员会、国家海洋大气管理局，负责管理全国的海洋资源、环境、科研、服务等工作。1992 年成立了由 30 多个海洋机构参加的海洋联盟，为建立联邦政府与民间企业、海洋科技机构与企业间的伙伴关系提供了组织保证。1992 年成立了全国海洋资源技术总公司，其主要职能是加速海洋资源开发技术的研发，组织海洋资源开发的重大项目（侯晓静，2011）。

（4）出台海洋产业发展战略规划

美国政府先后出台了一系列的海洋发展战略规划，尤其是在充分归纳和吸收了海洋科技界、管理界、海洋产业界及其他社会各界对美国海洋经济发展的意见、观点后，于 2007 年发布《规划美国今后十年海洋科学事业：海洋研究优先计划和实施战略》。2009 年 6 月 12 日，美国白宫新闻办公室发布奥巴马总统关于制定美国海洋政策及其实施战略的备忘录，决定由海洋政策特别工作组提出一套有效的海洋空间规划框架。该框架将采用全面、综合和基于生态系统的方法，既考虑到海洋、海岸与大湖区资源的保护问题，又考虑到经济活动、海洋资源利用者间的矛盾与冲突以及资源的可持续利用等各种问题，同时还应符合国际法规，包括 1982 年《联合国海洋法公约》反映的习惯国际法。奥巴马政府还提出大力提高美国海洋能产业的国际地位（侯晓静，2011）。

2.2.2　英国

（1）大力开发海洋能源

为了保护环境和实现社会可持续发展，英国制定了强调多元化能源的能源政策，鼓励发展包括海洋能源在内的各种可再生能源。早在 20 世纪 70 年代初，英国政府就制定了可再生能源发展规划，并成立了能源技术支持小组。为了促进开发利用可再生能源，1989 年，英国议会通过了非化石燃料责任法，规定在电力应用中心必须有一定比例的电力来自可再生能源，并对这些电力给予补偿。1992 年世界环境与发展大会后，英国又制定了进一步保护资源与环境的政策，其中措施之一就是大力开发利用海洋能资源。为了鼓励开发可再生能源，英国推出了"可再生能源计划"，取代了 20 世纪七八十年代制定的"非矿物燃料计划"。在重视研发的同时，英国已经开始把相对成熟的可再生能源技术用于实践。风能是可再生能源中成本较为低廉的一种。英国风能发电的历史悠久，技术在世界风能业居于领先地位。其他可再生能源研究工作在英国也发展迅速。在把垃圾通过掩埋转换成天然气的技术方面，英国处于世界领先水平。另外，英国在利用氢能、太阳能方面也取得了很大进展（褚同金，2007）。近年来，英国加大了对海洋科技创新资源的整合和建设力度。2010 年 4 月英国自然环境研究理事会（NERC）宣布建立一个全新的国家海洋研究中心，该机构将与英国海洋研究相关部门合作进行范围涵盖近岸到深海的海洋科技研究。新的英国国家海洋学研究中心（NOC）由 NERC 管理的位于英国南安普顿海洋研究中心（NOCS）研究机构和普劳德曼海洋实验室（POL）合并组成。NOC 将致力于提高包括英国皇家船舶研究中心（Royal Research Ships）在内的海洋研究部门的研究能力，提高深海潜水器和先进海洋技术的研究能力。NOC 还将成为全球平均海平面数据中心、英国海平面检测系统的气候变化和洪水警报数据的数据中心和英国国家海底沉积物数据中心（马吉山，2012）。

（2）重视海洋的综合利用和综合能力建设

英国是个古老的海洋国家，早在 18 世纪初，英国就以海运业和造船业领先于世界。20 世纪 60 年代以来，英国的海洋产业以石油和天然气为主，通过海洋油气开发活动，带动了本国造船、机械、电子等行业的快速发展（吕彩霞，2005）。与此同时，滨海旅游业及海洋设备材料工业也迅速崛起，从而带动了英国整个经济的发展。

1999—2000 年，英国涉海经济活动产值达 390 亿英镑（吕彩霞，2005），占英国 GDP 的 4.9%。英国经济与海洋密切相关。涉海事业的年产值为 370 亿英镑，95% 的进出口货物通过海洋运输。2003 年，英国渔船队的鱼、贝类上岸量 63×10^4 t，价值 5 亿英镑；2005 年，平均上岸价格为每吨 961 英镑（David Pugh，2010）。海上油气业年产值 230 亿英镑；英国建筑业所需砂石料，20% 产自近海洋。

英国现有 255 个海上油气田，产量占英国化工燃料的大部分。海上风能、波浪能和潮汐能等可再生能源到 2010 年占了一定比例。至 2005 年底，4 个海上风田已投产发电，至

2010 年另有 10 多个海上风田亦投产发电。

2005 年，英国沿海港口完成货物吞吐量 5.86×10^8 t，比 2004 年增长 2.2%。英国沿海港口完成集装箱 777.8×10^4 TEU，比 2004 年下降 2.9%。根据 2006 年 10 月英国运输部（DFT）对 2005 年度海运统计报告的数据，英国沿海主要港口（主要港口指 2000 年货物吞吐量不小于 100×10^4 t 的 52 个沿海港口）2005 年吞吐量总和达到 5.701×10^8 t，占英国全部沿海港口吞吐量的 97.3%。其中 2005 年吞吐量最大的 31 个主要沿海港口中，格里姆斯比港和伊名赫姆港仍然是英国吞吐量最大的港口，两个港口吞吐量占英国全部沿海港口吞吐量的 10.4%。2005 年英国主要沿海港口完成集装箱吞吐量 775.3×10^4 TEU，占到沿海港口集装箱吞吐量的 99.6%。吞吐量超过 100×10^4 TEU 的港口只有费利克斯托港和南安普敦港，费利克斯托港是集装箱吞吐量最大的港口，吞吐量也仅为 276×10^4 TEU（彭传圣，2007）。

英国继续在本国大陆架（UKCS）大量生产油气。海上天然气生产一直列为世界第 4 位，海上石油生产位居第 15 位。海上油气总产量位居世界第 12 位，排在尼日利亚、科威特和印度尼西亚之前。2006 年开采约 11 亿桶石油当量，使最近 40 多年来海上油气生产总量超过了 360 亿桶石油当量。这一产量满足了国内大部分需求。石油年产量为 5.88 亿桶，占 6.15 亿桶消费量的 96%。天然气产量 800×10^8 m³（bcm），占 870×10^8 m³ 消费量的 92%，不足部分由进口满足。

据英国 2008 年资料，英国海洋产业年产值占其 GDP 的 6.8%，海运、海洋油气开发、海洋可再生能源开发等主要海洋产业创造了 100 多万个就业岗位；95% 的国际贸易通过海洋运输；渔业捕捞船 7000 多艘，总吨位居欧盟第二；海洋水产养殖业产值占欧盟海洋水产养殖产值的 17%；海洋装备制造业发达，60% 以上产品出口海外。海洋可再生能源业是英国蓝色经济发展的一个新领域，不仅发展迅速而且在国家能源经济结构中的地位变得越来越重要。1996—2003 年间，英国对可再生能源的使用年均增长 14.5%；而 2003—2005 年，年均增长达到 22%（马吉山，2012）。

20 世纪 90 年代初，英国政府公布了《90 年代海洋科学技术发展战略规划》报告，提出今后 10 年国家海洋六大战略目标和海洋发展规划。1995 年英国政府成立海洋技术预测委员会。进入 21 世纪，英国政府公布了海洋责任报告，提出了关于政府政策的海洋管理原则。

2.2.3　加拿大

（1）海洋资源与产业管理体制完善

加拿大是北美主要海洋国家。加拿大政府从 20 世纪 70 年代开始关注海洋。坚持"一个方法"，即在海洋综合管理中坚持生态系方法；重视"两种知识"，即现代科学知识和传统生态知识；坚持"三项原则"，即综合管理原则、可持续发展原则和预防为主原则；实现"三个目标"，即了解和保护海洋环境，促进经济的可持续发展和确保加拿大在海洋事务中的国际领先地位；加强"四种协调"，即政府各部门之间的协调，各级政府间的协调，政府与产业界的协调，政府、产业界和广大公众间的协调（吕彩霞，2007）。

加拿大海洋事务管理的具体行业权限，按照不同的业务范围分散在各个涉海的联邦政府部门中，所涉及的联邦部门和机构多达 27 个，加拿大地方政府也参与海洋事务管理，包括 3 个专属地区和 10 个省中的 8 个省。按加拿大宪法规定，海洋主要由联邦政府管理，海岸带地区由有关的省政府负责管理。联邦政府与省政府的管理分界线是低潮线。各省/地区拥有一直到低潮线的资源并对这些资源的利用和管理拥有充分的管辖权。联邦政府对低潮线以下以及近海的海洋土地拥有主要管辖权（宋国明，2010）。

此外，根据一些协议，土著居民组织也有权参与加拿大海洋及海岸带事务管理。加拿大政府尊重土著居民的这些权利。目前主要是通过"土著水生生物资源和海洋管理计划"来体现。

（2）海洋资源与产业相关的法律法规健全

加拿大是一个海洋大国，其海洋资源立法有悠久的历史。早在 1868 年，就制定颁布了第一部《渔业法》，1869 年又通过了《沿海渔业保护法》，这两部法律至今仍然是加拿大渔业管理的法律基础，涵盖了海洋资源及产业管理等各个方面。《渔业法》详细规定了渔业资源和濒危物种的管理与保护，相关许可证的发放，包括鲤鱼、龙虾、海豹捕杀以及鱼道建造、生产资料报告和渔船安全设备配备等方面；国际渔业协定的执行；海上运输安全法提供了海上运输安全方面的管理规定；《加拿大油气运营法》提供了在加拿大海域内勘探和开发油气资源的管理规定等。此外，加拿大还签署了一些与海洋资源及产业有关的国际公约和协定，共同构成了有机联系、统一完整的海洋资源与产业管理的法律体系（刘振东，2008）。

（3）重视海洋的利用和保护，走可持续发展道路

为了实现国家的海洋战略目标，政府和有关各方制定了具体措施。这些措施包括加深对海洋的研究；保护海洋生物的多样性；加强对海洋环境的保护；加强海运和海事安全；加强对海洋的综合规划；振兴海洋产业；加强对公众，特别是青少年的教育，增强全社会的海洋保护意识观念。在海洋研究方面，确定了海洋资源和海洋空间的定义，广泛收集海洋资料，保护资源开发和海底矿物资源，加强了海洋科学和技术专家队伍建设等。在保护海洋生物的多样性方面，加拿大政府和非政府组织加强了对海洋生物种群、海洋气候变动、海洋深水生态系统的变化等方面的研究，并采取了限制捕捞捕杀濒危海洋鱼类和动物的措施。在海洋环境保护方面，加拿大制定了海洋水质标准和海洋环境污染界限标准，采取了对石油等有害物质流入海洋的预防措施。

（4）海洋战略是注重预防

加拿大的海洋管理非常注重生态和环境保护，工作重点放在预防，而不是待问题出现时的治理。在天蓝、水清、资源丰富的加拿大，政府和公民十分注重生态环境和动物植物的保护。加拿大环境保护的工作重点，就是对环境和野生动物的保护。对植物采取自生自灭的保护措施，一般不砍伐植物；对动物也采取自生自灭的措施加以保护，加拿大公民能够自觉做到不伤害动物。由于对自然环境采取顺其自然、不去强行改变的政策，加拿大的自然环境保护得非常好。各执法机构十分重视对公众的宣传教育，提高公众的法律意识和参与意识，注重事前预防和监督检查，预防和减少违法行为的发生（刘振东，2008）。

2.2.4　澳大利亚

（1）成立专门的国家海洋产业战略研究机构

澳大利亚政府成立了海洋产业和科学理事会（AMISC）作为国家海洋产业战略研究机

构，其任务是为达到海洋产业生态化向政府提供建议，制定澳大利亚海洋产业发展战略。

（2）制定切实的海洋产业发展战略

1997 年，澳大利亚联邦政府工业、科学和旅游部公布了由澳大利亚海洋产业和科学理事会负责编制的《海洋产业发展战略》。澳大利亚政府特别重视海洋产业的可持续发展，提出海洋产业的最佳化发展是以海洋环境保护为前提并具有有效可持续性，其核心是根据地区特点在环境承受力允许的范围内对海洋环境综合、多用途和合理使用。其制定的战略具有国际竞争优势和生态可持续性，对澳大利亚海洋产业的发展方向具有战略指导意义。在《战略》实施后，澳大利亚政府拟定了《澳大利亚海洋科学及技术计划》，为澳大利亚领海、毗临海的环境、资源保护及可持续使用研究制定了基本的科学行动计划。

（3）鼓励发展具有竞争优势的海洋产业，培育海洋新兴产业。澳大利亚海洋产业和科学委员会认为具有发展潜力而至今未充分发展的海洋新兴产业主要有：海洋生物技术和化学技术，海洋可再生能源利用如波能等和海水淡化等。新兴产业的发展需要政策的扶持及导向（侯晓静，2011）。

2.3 国外海洋高新技术产业发展模式

2.3.1 美国

美国西临太平洋，东临大西洋，地理位置得天独厚，海洋高科技产业发展更是走在了世界前列。20 世纪 80 年代，美国提出了"全球海洋科学规划"，把发展海洋科技提到全球战略的位置，目的在于保持并增强美国在海洋科技领域尤其是高科技领域的领先地位。美国的主要海洋产业有近海油气业、海运业及海上工程服务业和海洋生物技术产业等高附加值海洋产业。为了解决新型海洋产业实现产业化所面临的困难，也为了海洋经济的健康稳定发展，近些年来，美国政府和海洋产业界采取了一系列重大措施，包括建立联邦政府与民间企业的伙伴关系，设置小行业革新计划、加速产品的商品化，建立技术转让机制为陆地产业下海创造条件，开展海洋石油业合作研究计划（JIPs），兴办不同形式的海洋科技园，孕育海洋高新技术产业，积累资金，扩大海洋经济规模等。其中在兴办海洋科技园方面取得的成就尤其值得学习（陆铭，2009）。于谨凯（2007）对美国的具体做法进行了如下的总结分析。

（1）建立组织和机构推进海洋知识的传播

1992 年，由美国 30 多个海洋机构参加的"海洋联盟"成立，这为建立联邦政府与民间企业、海洋科研机构和企业间的伙伴关系提供了组织保证。该组织的主要任务是团结海洋界各种力量和成分，提高公众对海洋及沿海资源经济价值的认识，增强海洋产业国内技术产品的开发，密切产业界、科研机构和大学的伙伴关系，组织有关海洋资源开发的重大经济项目和环境项目研究。1995 年又成立了"海洋研究与教育财团"，其主要使命是加速海洋科学的发展，向科学界和公众传播信息；制定有关教育、研究计划及其设施的政策；促进财团成员、科学家、政府之间的信息和知识交流。美国国会拨款 203 万美元用于制作《蓝色革命》电视系列片，以普及海洋知识教育，提高全民的海洋意识。1998 年 6 月，美国全国海洋工作会议在美国加利福尼亚召开，会议提出一系列开发、保护和恢复重要海洋资源的建议，堪称美国海洋21世纪议程。

（2）建立海洋科技园

为了促进海洋高新技术发展，美国在密西西比河口区和夏威夷开办了两个海洋科技园。前者主要是从军事和空间领域的高技术向海洋空间和海洋资源开发的转移，加速密西西比河区域海洋产业的发展；后者以夏威夷自然能实验室为核心，主要致力于海洋热能转换技术的开发和海洋生物、海洋矿产、海洋环境保护等领域的技术产品开发。美国拥有世界领先水平的海洋科技人才队伍，目前大约有2100名科学家（其中包括一些世界知名科学家）活跃在海洋研究领域（马吉山，2012）。自20世纪90年代中期起，美国对海洋生物酶，尤其是极端环境下的海洋生物酶给予了极大的关注，对海洋生物技术的支持在不断增加，仅美国海洋基金的投资从1994—1996年就有很大的增长，1994年为320万美元，1995年为520万美元，1996年为1 200万美元。在海洋生物酶方面的研究主要集中在耐热酶在工业上的应用。

（3）制定切实可行的海洋发展规划

美国政府发布《90年代的海洋学：确定科技界与联邦政府新型伙伴关系》的报告，明确提出美国21世纪海洋政策目标，就是充分发挥海洋在提高美国全球经济竞争力的作用，以高技术满足海洋产业不断增长的需要；制定《1995—2005年海洋战略发展规划》，其目的，一是促进全球环境管理工作，保持和妥善管理国家的海洋资源；二是监测、描述和预报地球环境变化，确保海洋经济的可持续发展。其目标是对世界一流水平的研究和开发项目投资；为了经济的繁荣和环境的健康，对环境管理与海洋资源开发实施综合研究；提高天气、气候、海洋等方面的预报和评价工作；发展政府和民间的合作关系；利用现代信息技术，建立信息网。他们的总体战略是建立一支能肩负美国海洋与大气局（NOAA）使命的队伍。在2008年国际金融危机发生后，美国明确提出将以海洋高技术为依托的海洋新兴产业作为今后美国蓝色经济发展的战略目标。美国的整体政治经济结构、科技与资源条件为其蓝色经济的战略转型提供了重要的基础和前提（马吉山，2012）。

2.3.2　日本

日本是一个岛国，四面环海，土地贫瘠，资源匮乏，人口密度每平方千米300多人。日本之所以能成为一个世界强国，靠的是人力资源和高科技。日本不断发展高科技，充分利用其近海资源的优势，大力开发海洋中丰富的资源、能源，开展深海底和冰海域资源的调查、开发计划，通过高技术资源采矿系统开发各种海底的资源矿藏，确保日本资源、能源的稳定供应；其海水淡化技术设备畅销世界，同时利用"人工海流"从海水中提取浓缩铀；扩大和开辟人类新的活动场所，建立高功能海洋城；发展深海生物工程技术和深海探查技术等。这些都是通过发展海洋高科技实现的（陆铭，2009）。

（1）确定海洋高新技术产业的发展方向

1988年，日本召开了春季海洋学大会，讨论了1990年以后的海洋学研究方向。20世纪90年代的主要研究课题有以下四个方面：① 太平洋的大洋环流；② 海—气相互作用；③ 边缘海的海水循环；④ 新的海洋技术和装置等。日本科技厅还制定了为期5年的西太平洋深海研究计划，对物理海洋和地球化学、海洋生物学的研究重点进行了规划。还提出了海洋关键技术的开发实施时间要求，例如，2008年查明海洋开发对生物生态的影响，

2010 年开发划时代的水中航行器等（于谨凯，2007）。

（2）重视海洋开发与发展规划

日本政府一直十分重视海洋资源开发。早在 1968 年就制定了《日本海洋科学技术计划》，1980 年提出了"海洋开发的长期展望和基本对策"。日本产业研究会于 1984 年编写了《面向 21 世纪海洋开发利用报告》。1990 年日本又提出了"海洋开发基本构想及推进海洋开发方针政策的长期展望"的规划设想。该设想从国际海洋开发新形势和对未来社会发展的需求着眼，以海洋技术为先导，着重开发海洋高新技术，用以加强日本的海洋开发能力和提高国际竞争地位。1997 年，日本政府制定了面向 21 世纪的《海洋开发推进计划》及《海洋科技发展计划》，提出发展具有重大科学意义的基础海洋科学、海洋高新技术，进而提高国家竞争力（于谨凯，2007）。根据《日本海洋科学技术中心（JAMSTEC）第二期中期计划》（2009—2014），在今后几年海洋科学研究的重点包括：①地球环境变化研究：海洋环境变化研究、热带气候变化研究、北半球寒区研究、物质循环研究、全球变暖预测研究、短期气候变化应用预测研究、下一代模型研究；②海洋与极限环境生物圈研究：海洋生物多样性研究、深海与地壳内生物圈研究、海洋环境与生物圈变迁过程研究（马吉山，2012）。

（3）开展国际合作

在海洋高新技术产业的发展中，日本积极参与各种国际合作研究计划。日本计划与世界发达国家一起，率先制定国际合作计划，建造一些高水平的设施和实验设备，供各国科研人员共同利用。

2005 年 6 月初，世界上最先进的深海钻探船抵达日本横滨港，这艘巨大的海洋钻探船于 2007 年开往太平洋中地壳最薄的海面，与包括中国在内的十几个国家共同参与一场史无前例的地心探测计划——"综合大洋钻探计划"，以期钻出一个穿透地壳达到地幔的深洞，取回各种不同的岩石样本，探测地球内部结构的奥秘。这艘耗资 582 亿日元，由日本三菱重工业公司建造的钻探船被命名为"地球"号，长 210 m，排水量为 5.7×10^4 t，船上的钻井架从海面的高度算起为 121 m，可以停泊在水深 2 500 m 的海洋上进行深海钻探作业。"地球"号的钻头可钻透距离海底约 6 000 m 厚的地球地壳，到达海底 7 000 多米处的地幔层。据悉，这次海底钻探在当时是世界上钻探深度和规模最大的一次科学考察活动。"地球"号上配置了 6 个旋转式深海钻探推进器。这些钻探推进器均由全球卫星定位系统控制，保证能够垂直钻井，而不会出现偏差（科技导报，2005）。

2.3.3 英国

英国海洋科学技术协调委员会于 1989 年底向英国政府提交了《90 年代英国海洋科学技术发展规划》。1990 年英国政府公布了英国海洋科学技术发展战略报告，提出国家六大战略目标：大洋、领海、沿海水域及其生物资源的环境保护；海洋资源的开发利用；国防；气候变化及其影响预测；海洋技术；海域法制管理等。该战略报告提出了优先发展具有重大意义的海洋遥感、大型计算机、数据库、水下技术以及新型海洋观测仪器等高新技术。具体的政策和措施包括：

（1）制定了海洋科技措施和计划。主要是保持一项海洋基础研究和战略性研究的强有力的支持计划；开发有限领域的海洋高新技术；制定海洋科技领域训练有素的科学家、工程师和技术员等充足人才来源的计划；在国际海洋科技计划中，保持并增强英国的有效参与。

（2）成立"海洋科学技术协调委员会"，负责制定英国海洋科技发展规划，协调各部门海洋科技的发展。

（3）建立政府、科研机构和产业部门三位一体的联合开发体制。近10年来，英国十分重视技术转移工作，采取各种措施，促进高等院校、研究机构等科学工程基地与工业间的相互交流，将技术从科学工程基地转移到工业部门，形成政府、科研机构、产业部门三位一体的联合开发体制。南安普顿海洋学中心就是这样的机构，它集中了最优秀的人才和最先进的设备，以适应国内和国际上科学技术研究的需求。

（4）增加科技经费投入。1983—1995年英国的海洋科学研究与开发投入呈逐年增长的趋势。英国产业界提供的财力约占45%，政府占55%。1985年英国海洋研发经费约为1.93亿英镑，1990年增长到约4亿英镑，比1985年增长107%，到1995年增长到约4.865亿英镑（于谨凯，2007）。

2007年英国自然环境研究委员会（NERC）批准了7家海洋研究机构的联合申请，启动了名为"2025年海洋"（Ocean 2025）的战略性海洋科学计划。NERC将在未来5年（2007—2012年）向该项计划提供大约1.2亿英镑的科研经费。2025年海洋科学计划中的"战略性海洋基金提案"将允许英国各大学及其合作伙伴申请经费。

"2025年海洋"重点支持的十大研究领域是：①气候、海水流动、海平面；②海洋生物化学循环；③大陆架及海岸演化；④生物多样性、生态系统；⑤大陆边缘及深海研究；⑥可持续的海洋资源利用；⑦健康与人类活动的影响；⑧技术开发；⑨下一代海洋预测；⑩海洋环境中的综合持久观察。

"2025年海洋"还将支持3个英国国家研究机构：①英国海洋数据中心（British Oceanographic Data Centre）；②平均海平面永久服务中心（Permanent Service for Mean Sea Level）；③海藻与原生动物样品收集中心（Culture Collection for Algae and Protozoa）（宋国民，2010）。

2011年9月19日，英国商业、创新和技能部发布《英国海洋产业增长战略》。该报告是在对政府、企业和学术界意见不断整合的基础上形成的。为制定并实施海洋产业增长战略，英国成立了包括政府、公司、海洋产品用户等利益相关方共同组成的海洋产业领导理事会。

作为英国第一个海洋产业增长战略报告，该报告明确提出了未来重点发展的四大海洋产业：海洋休闲产业、装备产业、商贸产业和海洋可再生能源产业。报告还对海洋产业的范围做了限定，即仅包括海洋装备、海洋商贸、海洋休闲以及海洋可再生能源等新兴海洋产业，而不包括传统的海洋油气、海洋航运和海洋港口等产业。该报告指出，英国在海洋产业主要领域已经具备了国际竞争优势，全球市场为英国海洋产业发展提供了广泛机遇，气候变化挑战和自然资源开发不断推升原材料和能源价格也为英国的海洋可再生能源发展提供了新机会（中国海洋报，2012）。

2.4 国内海洋产业发展现状

近几年来，我国沿海各地区深入贯彻实践科学发展观，认真落实党中央、国务院发展海洋经济的战略部署，不断推进海洋经济结构调整，着力促进海洋经济发展方式转变，尤其自 2008 年遭遇国际金融危机后，继续坚持海洋产业结构的发展和结构升级，有效巩固和扩大了应对国际金融危机成果，海洋经济实现平稳较快发展。

我国海洋产业总体保持稳步增长。据初步核算，2010 年全国海洋生产总值 38 439 亿元，比 2009 年增长 12.8%（表 2-2）；海洋生产总值占国内生产总值的 9.7%（图 2-1）。其中，海洋产业 22 370 亿元，海洋相关产业 16 069 亿元；海洋第一产业 2 067 亿元，第二产业 18 114 亿元，第三产业 18 258 亿元。海洋经济三次产业结构为 5:47:48。据测算，2010 年全国涉海就业人员 3 350 万人，其中新增就业 80 万人（赵竹青，2011）。

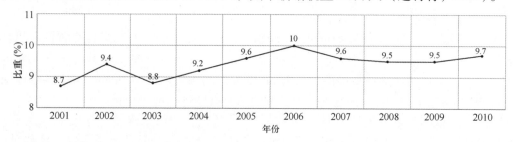

图 2-1　近 10 年中国海洋生产总值占国内生产总值比重（%）

表 2-2　2010 年全国海洋产业的海洋生产总值

产业类型	总值（亿元）	主要海洋产业构成比例（%）	增速（%）
海洋生产总值	38 439	—	12.8
海洋产业	22 370	—	12.3
主要海洋产业	15 531	100	13.1
海洋渔业	2 813	18.1	4.4
海洋油气业	1 302	8.4	53.9
海洋矿业	49	0.3	-0.5
海洋盐业	53	0.3	15.3
海洋化工业	565	3.6	12.4
海洋生物医药业	67	0.4	25
海洋电力业	28	0.2	30.1
海水利用业	10	0.1	18.4
海洋船舶工业	1 182	7.6	19.5
海洋工程建筑业	808	5.2	14.5

产业类型	总值（亿元）	主要海洋产业构成比例（%）	增速（%）
海洋交通运输业	3 816	24.6	16.7
滨海旅游业	4 838	31.2	7.9
海洋科研教育管理服务业	6 839	—	10.7
海洋相关产业	16 069	—	—

2010 年，我国主要海洋产业发展情况如下（图 2 - 2）。

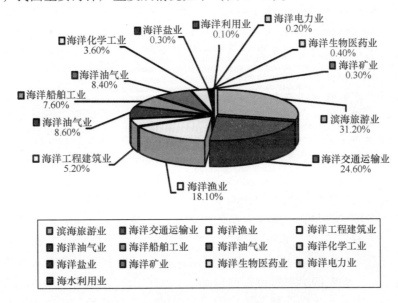

图 2 - 2 2010 年我国主要海洋产业构成（国家海洋局）

海洋油气业：我国继续加大海洋油气勘探开发力度，多个油气田陆续投产，海洋石油天然气产量首次超过 $5\,000 \times 10^4$ t。海洋油气业高速增长，全年实现增加值1 302亿元，比 2009 年增长 53.9%。

海洋电力业：海洋风电陆续进入规模开发阶段，海洋电力业继续保持快速增长态势，全年实现增加值 28 亿元，比 2009 年增长 30.1%。

海洋生物医药业：随着国家相关政策的有力实施，海洋生物医药业继续保持较快增长态势。全年实现增加值 67 亿元，比 2009 年增长 25.0%。

海洋船舶工业：我国造船完工量及新承接船舶订单量大幅增长，海洋船舶工业继续保持较快增长，全年实现增加值 1 182 亿元，比 2009 年增长 19.5%。

海水利用业：我国海水淡化能力不断增强，海水直接利用规模持续扩大，产业化水平进一步提升，海水利用业继续保持较快发展。全年实现增加值 10 亿元，比 2009 年增长 18.4%。

海洋交通运输业：随着国际贸易形势趋好和航运价格恢复性增长，海洋交通运输业迅速回暖。我国海洋交通运输业全年实现增加值 3 816 亿元，比 2009 年增长 16.7%。

海洋盐业：受不利天气以及盐田面积减小等因素影响，海盐产量有所下降，但由于价格持续上行，海洋盐业仍实现了良好的经济增长。全年实现增加值 53 亿元，比 2009 年增长 15.3%。

海洋工程建筑业：海洋工程建筑业保持稳步发展，全年实现增加值 808 亿元，比上年增长 14.5%。

海洋化工业：海洋化工业稳步增长，全年实现增加值 565 亿元，比 2009 年增长 12.4%。

滨海旅游业：沿海地区依托特色旅游资源，发展多样化旅游产品，滨海旅游业保持平稳增长。全年实现增加值 4 838 亿元，比 2009 年增长 7.9%。

海洋渔业：全国海洋渔业保持平缓增长，海水养殖产量稳步提高。全年实现增加值 2 813 亿元，比 2009 年增长 4.4%。

海洋矿业：随着管理力度的加强，我国海砂开采活动更加规范有序，海洋矿业全年实现增加值 49 亿元，比 2009 年减少 0.5%。

从区域海洋经济发展情况来看，2010 年，环渤海地区海洋生产总值 13 271 亿元，占全国海洋生产总值的比重为 34.5%，比 2009 年减少 0.1 个百分点。长江三角洲地区海洋生产总值 12 059 亿元，占全国海洋生产总值的比重为 31.4%，比 2009 年减少 0.6 个百分点。珠江三角洲地区海洋生产总值 8 291 亿元，占全国海洋生产总值的比重为 21.6%，比 2009 年增长 0.9 个百分点。

首先，当前我国区域经济发展大格局中，辽宁、天津、上海、广东、广西沿海 5 个区域已成为区域经济发展的龙头，海洋经济发展表现出迅猛势头。而山东地处连接京津冀地区和"长三角"、"珠三角"的重要位置，找准战略定位并尽快实现区域发展突破显得尤为重要。从南方看，"长三角"区域经济发展迅猛，尤其是上海作为中国经济发展龙头城市的地位不可动摇，山东的沿海经济带向南融入"长三角"困难极大。从北方看，首都北京经济中心移至天津，必将带动整个天津周边沿海经济带的发展。在这种情况下，与天津滨海新区建设联手受地域限制，山东省沿海经济带面临边缘化的境地。

其次，辽宁的"五点一线"、河北的"曹妃甸"、江苏的沿海战略、福建的海峡西岸、上海的浦东、广东深圳和海南特区、广西的北部湾等已在全国范围内形成了一个新的蓝色产业隆起带，并且这些地区都已进入了国家发展战略，但山东还是一片空白。政策优势上已经落后于这些地区，这对山东长远发展不利。

最后，地处东北亚重要战略地位的山东半岛，其发展不断加速的同时，也需要一个现代经济区来承接新一轮区域产业大转移。随着山东半岛制造业基地的崛起、半岛港口群的初具规模和海洋经济的快速发展，山东半岛蓝色经济区的雏形日益显现。

2011 年，沿海各地区在"十二五"规划的指导下，将坚定不移地贯彻党和国家的各项政策方针，加快海洋经济结构战略性调整，积极培育战略性海洋新兴产业，着力推动海洋传统产业优化升级，促进海洋经济协调健康发展（2010 年国家海洋经济统计公报）。

2.5　国内海洋产业发展经验

2.5.1　浙江省

浙江省位于我国东南沿海长江三角洲南翼,是人口密集、资源相对缺乏的陆域小省,然而,浙江却是个海洋大省,海域面积占全国海域面积近 1/10。因此,开发海洋和发展海洋经济已成为浙江省经济持续发展和繁荣昌盛的根本出路。浙江海洋经济的发展历史悠久,传统海洋产业如渔业、盐业和海运业早在新中国成立以前就已初具规模。但浙江的海洋经济长期以来一直处于以传统海洋产业为主的基本格局,其他海洋产业所占比例不大,因此,海洋经济发展缓慢。

浙江海洋经济较全面与快速的发展源于 20 世纪 80 年代以后,尤其是进入 90 年代,随着《浙江省海洋开发规划纲要(1993—2010 年)》的实施,海洋经济得到了较大的发展。浙江省在发展优化海洋产业时,主要的政策如下。

(1)进一步扩大沿海地区的对外开放

扩大沿海经济开发区域,形成沿海对外开放地带,可在现有基础上在沿海地区重点选择设立若干省级或地、市级经济开发区、台商投资区和旅游度假区,在政策上给予重点倾斜,享受优惠政策;积极鼓励和支持如舟山和宁波等经济基础和条件较好的沿海地区向更高的层次发展;在开放形式上,实行整岛批租、建立对外自由贸易区及开放通商口岸等多种形式。

扩大海岛地区经济管理权限,大力鼓励对海岛的整体开发,并允许集体、个人或联户等形式的承包。研究税收政策,适当减免税收,以利于形成既有优势又有特色的海岛市场。

积极鼓励外商投资,包括资金引进、技术引进和开拓国际市场,以弥补浙江发展海洋经济资金短缺,技术水平不高,市场竞争力较弱等方面的不足,对推动海洋产业的发展极为重要,而且是建立海洋外向型经济发展的基础和方向。

(2)发展海洋高新技术,积极实施"科技兴海工程"

加强海洋高新技术研究,提高海洋开发竞争能力,形成产业规模和产业主导,已是当今海洋经济快速发展的战略核心,也是浙江顺利实施"海洋经济大省"战略目标的关键所在。

浙江针对建设"海洋经济大省"的发展战略,制定了"8233"科技兴海工程,对现有的围绕海洋经济发展的关键技术问题进行科技攻关,重点解决影响海洋经济发展的重大技术问题,并加强科技成果的推广力度;大力发展海洋高新技术,用海洋高新技术改造传统海洋产业,提高海洋产业的附加值,促进海洋高新技术产业的发展;建立和完善与市场经济相适应的海洋科技体制与机制,打破传统思想观念和管理模式,在充分依靠现有科研力量的基础上,走内联外合的道路,建立相关的海洋科技和高新技术产业基地,提高科技贡献率的水平,加快海洋产业现代化的进程。

(3)优化产业结构,大力培育海洋新兴产业

浙江目前海洋产业发展的重点仍放在第一产业上,这与实现海洋经济大省的战略目标

极不适应。因此，浙江省正发展科技含量高的海洋产业，使海洋产业的优化立足于高科技，逐步提高海洋开发的科技和效益水平。

（4）理顺海洋管理体系，强化海洋综合管理

海洋管理体制既要体现中央与地方结合的原则，又要理顺综合管理与行业管理的矛盾。浙江省在继续进行行业管理、提高行业管理水平的同时，强化全面综合管理，不仅建立健全针对浙江海洋经济开发的法律和法规，而且加强海洋综合管理部门的权力，建立一套跨行业跨部门的海洋综合管理体系，有效地保护海洋资源与环境，使海洋开发保持健康、有序的发展状态（苏纪兰和蒋铁民，1999）。

2.5.2 辽宁省

辽宁省海岸线漫长，有丰富的港口、海洋水产、滨海旅游、海底矿产、海水化学及海洋能资源，经过多年的发展，辽宁省已形成海洋渔业、海洋交通、海洋油气、海洋造船、海洋盐化工业、海洋旅游6大支柱产业。未来辽宁省海洋经济的发展有内外两个动因，内因就是按照市场规律运作，挖掘辽宁省发展海洋经济的潜力，寻求自身的发展，而外因就是政府的政策支持，二者缺一不可。2006年6月，辽宁省政府与国家海洋局签订了《关于共同推进辽宁沿海经济带"五点一线"发展战略的实施意见》，充分利用辽宁省海洋资源，着力打造沿海经济带，促进产业结构调整和优化产业布局，有重点、有步骤地积极推进"五点一线"的"V"字形沿海经济带建设，大力发展临港工业和沿海经济，努力形成产业集群，构筑沿海与腹地互为支撑、良性互动的发展新格局和对外开放的新格局。这就为辽宁省海洋经济的发展提供了巨大的机遇。图2-3为辽宁省"五点一线"示意图。

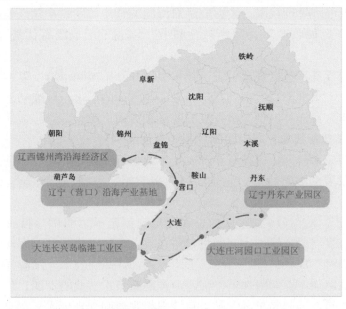

图2-3 辽宁省"五点一线"示意图

海洋产业结构的未来变化可能多种多样，制定合理的海洋产业的结构调整和升级方案，对于辽宁省海洋经济的发展起着至关重要的作用。

（1）抓住机遇，对海洋产业结构进行战略性调整

首先，要改善和优化产业结构，在辽宁省确立对外开放新格局之际，形成以海洋水产业为龙头，海洋造船业、海洋旅游业、海洋运输业、海洋油气业、海洋药业为重点的发展格局，培育成为未来经济增长的新的支柱产业。

其次，要以海洋高新技术改造传统海洋产业，促进传统海洋产业的现代化，加大投入，构建具有我国海洋科技优势的海洋创新技术研究体系，以科技带动海洋产业，提高海洋高技术对海洋经济的贡献率，推动我国海洋经济的可持续发展。在有条件的滨海滩涂上建立海洋科技产业开发园区，集科研、生产、休闲娱乐为一体，建设海洋新兴产业的孵化基地和示范基地。

再次，要充分利用邻近海域的深水港资源、滨海旅游资源、海洋生物资源和油气资源，推进辽宁海域综合发展，积极实施海陆一体化开发战略。

最后，在进一步抓好传统产业的同时，大力推进新兴产业的发展，做到传统产业支持新兴产业，新兴产业带动传统产业，形成海洋产业组合优势。重点发展以海水养殖业和海洋药业为内容的现代海洋生物产业，定位于现代生物技术的研发、应用和转化，并逐步发展成为海洋生物产业基地（代小松，2007）。

（2）实施"科技兴海"战略，提高循环使用海洋资源的效率，促进产业结构升级

一是围绕海洋渔业、船舶修造业、海洋油气业、海水综合利用、海洋化工、海洋制药、海洋环保和海洋产品加工8大类100项海洋高技术，进行科技攻关，提高海洋产业科技含量，促进产业优化升级。

二是大力组织开展海洋科技与经济的对接活动，进一步推动产学研结合，加强海洋科技开发企业与省内外科教单位的联系与合作，加快海洋科技成果的转化。

三是根据全省海洋经济发展区域布局的要求，今后10年重点建设3~5个省级科技兴海示范基地。突出技术创新和机制创新，加快海洋高科技成果产业化，使基地真正成为海洋科技成果转化的集中区域。培育一批海洋科技企业，并使之成为技术创新的主体。

四是进一步整合海洋科技力量，创办"十大"海洋工程技术中心。

五是加快发展海洋教育事业，提高海洋科技的总体素质和水平。积极培养引进海洋科技人才，建立海洋研发中心，强化和扩大各综合大学涉海院系的建设，培养海洋科技人才、经营管理人才和高素质的海洋产业大军；选派优秀中青年海洋科技和管理人才到国外学习培训，提高辽宁省海洋科技的总体素质和水平（代小松，2007）。

2.5.3 福建省

2.5.3.1 福建省海洋产业现状

近几年来，福建各地把从政策资金等方面扶持龙头企业作为培育海洋支柱产业集群的突破口，多种所有制的龙头企业取得了较快的发展。海洋渔业产业化迅速兴起；临海工业蓬勃发展；滨海旅游业方兴未艾；多种产业化组织形式共存，新的利益联结机制不断得到探索和实践。

2.5.3.2 福建省海洋经济存在的问题

尽管这几年福建海洋经济得到较快发展，结构不断调整优化，实力进一步加强，但海

洋经济持续稳定发展还存在许多不容忽视的问题。福建海洋产业发展长期缺乏宏观指导、协调和规划，海洋资源开发管理体制不够完善；海洋产业结构性矛盾突出，传统海洋产业仍处于粗放型发展阶段，海洋科技总体水平较低，一些新兴海洋产业尚未形成规模；部分海域生态环境恶化的趋势还没有得到有效遏制，近海渔业资源破坏严重，一些海洋珍稀物种濒临灭绝；部分海域和海岛开发秩序混乱、用海矛盾突出；海洋调查勘探程度低，可开发的重要资源底数不清；海洋产业发展的基础设施和技术装备相对落后（全国海洋经济发展规划纲要，2001）。

2.5.3.3 加快培育福建海洋产业集群的优势与方向和对策

（1）培育海洋产业集群的优势

在福建海洋支柱产业的选择上，注重扬长避短是一条最重要的原则。充分发挥本地区拥有的体制优势、区位优势、交通优势、资源优势、侨台优势等。

（2）培育海洋产业集群的方向

福建要不断促进海洋经济的稳定快速增长，重点应培育以下几个主导产业集群，带动其他海洋产业的发展。

① 海洋渔业。海洋渔业已被亚太经合组织列入加速贸易自由化的目标领域之一。福建要发展海洋渔业，就必须推动传统海洋渔业向现代海洋渔业转变。要投入一定的资金和技术大力发展远洋渔业，重点扶持一批远洋捕捞骨干企业，鼓励海洋渔业龙头企业与台湾著名企业联手，使闽台海洋经济形成合力（陈志强，2006）。

② 海洋交通运输业。保持港口总吞吐量稳步增长，加快建设现代化集装箱、散货等深水港口设施，重点建设国际航运中心深水港和主枢纽港，扩大港口辐射能力。

基本建立比较完善的港口运输市场体系。以港口为中心的国际集装箱运输、大宗散货运输等综合运输网络基本建立，港口布局更加完善，运输能力进一步提高，港口服务功能更加多样化，装备技术水平不断提高，基本建成主要港口的智能化管理系统。同时，要探索和研究"港铁联运"、"港路联运"模式，努力扩大货源腹地。

③ 石化工业。福建石油化学工业主要集中在泉州、厦门两地。下一步如何发挥深水港口优势，围绕加快"炼化一体化"项目的建设，以石化中上游项目为依托，加快推进后加工以及精细加工项目建设，向内地延伸石化产业链，是一个值得研究的问题。

④ 滨海旅游业。福建滨海旅游业一方面要进一步突出海洋生态和海洋文化特色，发展海滨度假旅游、海上观光旅游和涉海专项旅游；另一方面要实施省内旅游精品线路战略，把滨海与内陆的旅游点连接起来，资源共享，形成具有福建特色的旅游产业链（陈国生，2008）。

⑤ 海洋船舶工业。要加快建设以厦门、马尾、泉州、福安4个造船基地，重点对马尾造船厂、东南造船厂、福安双福船台、泉州船厂进行技术改造，带动宁德、龙海、连江等沿海船舶产业发展，同时带动内地船用家具、仪器设备等生产加工企业的发展，使福建成为东南地区新兴的船舶工业基地（陈志强，2006）。

2.5.4 广东省

2.5.4.1 广东省海洋发展的有利条件

广东省是海洋大省，海域辽阔，资源丰富，开发利用潜力很大，具有发展海洋经济、增创经济新优势的雄厚物质基础。

（1）资源优势

全省大陆海岸线长达 3 345 km，占全国的 1/6，居全国第一位；沿海 10 m 等深线以内的浅海和滩涂面积 127×10^4 hm²，约占全国的 1/5，也居全国第一位，可供围垦、海水养殖、晒盐、种植等多种利用；全省面积大于 500 m² 的海岛有 759 个，岛屿岸线 1 650 km，占全国的 1/9；海域面积 35×10^4 km²，相当于全省陆域面积的 2.3 倍。在全省所辖海域内，油气资源相当丰富，珠江口盆地地质就达 $40 \times 10^8 \sim 50 \times 10^8$ t，南海可采油气资源占全国的 2/3。南海有鱼类 1 000 多种，有经济价值的 200 多种，海洋捕捞量居全国前列，并逐渐向外海、远洋捕捞发展；沿岸有优良港湾 120 多处，可兴建不同级别、不同类型的港口、码头；滨海旅游景点 200 多处；盐田 9 000 多公顷，生产条件较好；潮汐能与海岛风能开发潜力很大；海滨砂矿资源亦十分丰富，很多具有工业开采价值。海洋矿产开发、海洋新能源开发、海水综合利用及海洋空间利用前景广阔。

（2）区位优势

从地理位置来看，首先广东地处南亚热带、热带，自然条件优越，非常适宜于海洋生物的生长繁殖，具有发展海洋渔业及其他海产品的天然优势。其次，广东毗邻港澳，华侨众多，与东南亚各国交往也十分方便，这里也是亚太地区经济最活跃的地区之一，区位条件十分优越。

（3）经济水平

广东沿海有 3 个经济特区、2 个对外开放城市及一系列对外开放经济区，加之改革开放先行一步，是我国沿海经济发展最快、最有特色的地区之一，物质基础雄厚，为广东海洋开发及经济的进一步发展创造了有利的条件。

2.5.4.2 广东省海洋产业发展现状及问题

广东是海岸线和海洋产业总产值都位居全国第一的海洋大省。自 2003 年省委、省政府召开第五次全省海洋工作会议以来，广东海洋经济发展进入了海洋经济学理论论证的快速成长期。2007 年全省海洋产业总产值已由 2002 年的 2 045 亿元增加到 5 162 亿元，连续 13 年居全国各省市区之首，5 年平均增长率高达 16%。全省海洋产业增加值占地区生产总值的比重已从 2002 年的 7.8% 快速提高到 2007 年的 10.8%。不论是海洋产业总产值还是增加值，广东均占全国的 1/5 以上。

目前，广东海洋产业已开始成为国民经济支柱产业之一。可以说，广东海洋经济发展现状很好，具领先优势（南方日报，2008）（图 2-4）。

广东省海洋经济虽然发展较为迅速，在我国海洋产业发挥着越来越重要的作用，但由于起步较晚，受到海洋开发技术水平的限制，发展过程中依然存在着许多问题。

（1）海洋产业发展不平衡，海洋区域经济发展差距明显

从产业结构上来看，三次产业结构虽然逐渐优化，但是与发达国家相比，产业结构依然不尽合理。其中，第二产业内部发展不平衡，大部分产业发展则明显滞后。第三产业中的海洋交通运输业，滨海旅游虽然有较大发展，但与发达国家相比，在技术水平、管理水平及配套服务等方面还存在明显差距。传统产业发展较为稳定，新兴产业发展较为单一，海洋电力工业一枝独秀，其他新兴产业虽然有所发展，但总体上还没有形成规模，产业门类与发达国家相比还存在很大差距。从产业布局上来看，珠江三角洲一带，海洋产业发

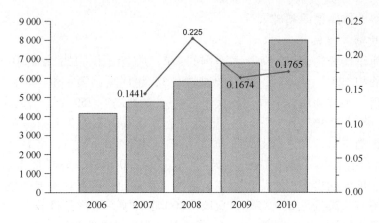

图2-4 "十一五"广东海洋经济生产总值及增长率示意图（《南方都市报》）

较为迅速，海洋产业产值占广东省海洋产业总产值的90%以上，东西两翼海洋产业发展相对缓慢，产业门类尚不齐全，主要为渔业资源依赖型产业，尤其是第二、第三产业发展缓慢，且自身发展能力相对较弱。

（2）海洋产业技术水平不高

海洋产业主要为资源依赖型产业，且技术含量相对较低。传统产业在广东省海洋产业中占有比较重要的地位，但产业的技术构成较为落后，外海及远洋捕捞的能力较弱。海洋交通运输方面，大型集装箱运输港口较少，港口的自动化、机械化水平总体不高，部分港口虽然发展迅速，但仍不能满足国民经济发展需求。未来产业中的海水综合利用技术、海洋能利用技术、深海油矿开采技术虽然有所发展，但仍处于起步阶段，且发展速度缓慢。

（3）经济发展过程中环境问题日益突出

广东省所辖海域尤其是重要河口区，由于毗邻陆域经济的快速发展，陆源污染物大量排放，致使海域污染日益严重，生态环境不断恶化，渔业资源日渐枯竭，生物多样性锐减，海域功能明显下降，资源再生和可持续发展利用能力不断减退。另外，风暴潮、咸潮、赤潮、溢油等灾害、事故频繁发生，严重影响海洋经济的可持续发展。

（4）海洋经济发展的社会支撑体系有待完善

海洋经济管理制度虽不断建立和完善，但与海洋经济发展的速度相比，仍处于滞后状态，海洋经济发展的融资机制、政策法规体系相对单一落后，推动海洋经济发展的海洋科技创新体制尚未形成，海洋科技研发仍处于分散状态。另外，全民海洋观念相对落后，需进一步推进海洋宣传教育工作（任品德和邓松，2011）。

2.5.4.3 广东省海洋产业发展展望

2010年12月，国家海洋局选择了山东、江苏、上海、浙江、广东的部分区域开展了全国海洋经济试点调查工作，将广东省确定为全国海洋经济试点调查的省级试点地区，以双试点为契机，广东海洋经济发展迎来了前所未有的机遇。

国家对广东、山东、浙江三个省的海洋经济试点的要求是差异化竞争，与山东强调海洋科技、浙江强调港口经济不同，广东省的特点是综合开发。为此，广东省以以下四个方面为突破口，推动整个海洋经济发展。

① 推进南海综合开发，向海洋要资源。着力推进深海工程，不断加快海洋渔业和油气等战略资源开发部署。

② 发展海洋战略性新兴产业，向海洋要财富。根据广东省的海洋资源和产业特色，重点突出海洋装备制造、现代海洋服务业、海水淡化和综合利用以及海洋生物医药等领域，构建海洋现代产业体系。

③ 探索科学围填海和海岛开发，向海洋要空间。先行探索科学围填海以及无居民海岛保护性开发和租赁开发模式，促进沿海滩涂资源和近海岛屿资源的可持续利用。

④ 建设沿海蓝色经济带，还海洋良好环境。加强海岸带生态系统的修复和建设。

未来广东海洋产业发展有以下两个重点。

一是深化科技兴海战略，搭建蓝色创新平台。研究认为，应加强海洋关键核心技术和前沿技术研究，支持以南方近海海洋科技创新基地、南方深海大洋研究基地、南方海洋产业战略装备研发基地为主体的南海海洋科技创新中心建设，搭建起蓝色创新平台。

二是着力打造高端引领的特色产业基地。研究认为，应实施重点示范工程，依托具有优势的海洋战略新兴产业基地和龙头企业，选择处于产业化初期、社会效益显著、市场机制难以有效发挥作用的重大技术和产品，培育一批创新能力强、特色突出的海洋战略性新兴产业示范基地，形成广东海洋产业增长极（郑杨，2011）。

2.5.5 天津市

2.5.5.1 天津市海洋产业发展路径

（1）海陆一体化发展途径

天津市投入产出分析表明，海洋产业同全市经济的依存关系远远高于海洋产业内部；而海洋产业的发展对全市经济又有极大的带动作用，这种作用表现在海洋产业产值增加将诱发对陆上产业产品的需求。因此，海洋产业的发展必须走海陆一体、联合开发的路子，才能把海洋资源优势转化为经济优势。

（2）依托主导产业，带动海洋经济全面发展

从天津市海洋产业投入产出分析，将天津市海洋产业划分三类。第一类产业群包括石油开采、石油化工、制碱业和海洋货运，从效益、产业之间关联度和技术水平诸方面看，它们在海洋产业中都是最好的。第二类产业群主要有盐业和港口及辅助业，这类产业具有一定的产业竞争优势和产业关联度且能吸纳劳动力就业。第三类产业群包括除第一、第二类产业以外的其他海洋产业群。发展海洋产业，不仅要获得高的效益，充分发挥其产业优势，带动相关产业发展，而且应该将创造就业机会也作为一项重要目标来考虑，为此，海洋产业的主导产业应定位在第一类和第二类产业群，具体包括海洋油气开发、石油化工、制碱业、海洋货运、盐业和港口辅助业等产业，以这6类产业为基础，发挥天津市优势，带动其他海洋产业的发展，实现整个海洋经济乃至全市经济的发展（张世英，2001）。

（3）加强技术投入，走科技兴海之路

加强技术改造、技术创新，提高海洋产业的科技含量和技术水平，推动科技成果产业化，对于海洋产业的发展有重大现实意义。充分发挥天津市海洋科研机构、高校和其他科研机构的优势，努力进行海洋高新技术开发，加快人才培养是当务之急。应充分发挥海洋科技园的孵化器功能，积极扶植具有广阔市场、经济效益看好的高科技产业，使其尽快发

展成熟。

（4）发展企业集团，实现规模经济，提高产业竞争力，走适度快速发展之路

采用先进技术，集约开发，适度发展产业规模，适当提高速度。提高资源利用率和产业效益，积极创造资金和技术条件，提高开发层次与扩大产业规模。企业集团的建立和发展要适合天津市海洋产业的特点，强调适度规模约束，以利于科研、开发与管理水平的提高。海洋产业可持续发展战略要求对海洋资源开发和规模进行有效的指导和控制，在海洋产业发展对策指导下，形成一整套海洋产业的政策体系，通过政策引导海洋产业的发展（张世英，2001）。

（5）促进对外经济技术发展政策，扶持海洋产业发展

天津海洋产业需要面向国际市场，扩大出口创汇，发展外向型经济，以促进海洋经济发展。配套政策对海洋主导产业实行多方面优惠政策，对一般产业和某些具有战略性的产业实行一定的优惠政策。

2.5.5.2　天津塘沽海洋高新技术开发区

天津塘沽海洋高新技术开发区成立于1992年6月，1995年经国务院正式批准晋升为国家级高新技术开发区，是我国唯一的以发展海洋高科技产业为主的国家级高新区，被国家确定为海洋高新技术产业化示范基地和全国科技兴海海洋精细化工示范基地。高新区位于京津塘高新技术产业带上，是天津新技术产业园区的辐射区，与天津经济技术开发区、天津港保税区互为补充，因此，塘沽海洋高新区的发展，有了良好的经济环境基础。

塘沽海洋高新技术开发区坚持以"环境建设为先导、利用外资为目标、招商引资为核心、科技产业为重点、海洋开发为特色"，建立了以市场为导向、以大学、科研机构为支撑，以企业为主体的技术创新机制，使海洋产业的发展规模和聚集效应不断壮大。相继建设了创业服务中心、民营科技园、经济服务中心、外国中小型企业科技工业园、大学园、国家科技兴海示范区、海洋精细化工示范基地和科技成果转化示范区等，具备了较好的现代管理服务体系和较强的科技产业化能力。天津塘沽海洋高新区经过15年的发展，走过了一段不平凡的创业历程，初步形成以海洋高科技、复合新材料、机械制造、电子信息4大产业为主的产业群体，为天津滨海新区的迅速崛起、国民经济持续快速发展做出了贡献。

天津塘沽海洋高新技术产业发展的主要经验有3条。①依托地缘优势是根本。天津塘沽区拥有独特的地域优势和丰富的海洋资源，海洋科技雄厚。塘沽海洋高新区根据本地的地缘优势，发展海洋高新区的相关产业，是海洋高新区发展的根本所在。②在传统产业基础上发展是特色。天津是中国北方近代工业的发祥地，工业基础雄厚。塘沽的海洋化工和造船工业历史悠久，实力雄厚，是中国海洋产业最发达的地区之一，拥有庞大的海洋产业群和一流的海洋产业科研机构。③重点实现区域聚焦。立足已有的海洋产业基础和塘沽丰富的海洋产业资源，抓好"海洋精细化工示范基地"的建设。集中力量以苦卤提钾项目为依托，带动一批海洋化工项目的发展，将海洋精细化工示范基地做精、做大、做强。并在海水淡化、海洋生物技术、海洋工程、海洋装备方面形成产业链，不断提升现有企业的规模和档次。集中区域力量，聚焦优势产业，形成塘沽区海洋高新技术产业发展的特色（陆铭，2009）。

2.5.6 上海市

上海沿海海洋资源利用程度是我国最高的地区之一。目前已形成一定规模的海洋产业，但海洋产业在上海市经济生产总值的比重还不高。诸大建和侯鲁斌（2002）认为上海的发展要全面推进实施中国21世纪议程和可持续发展战略，就应该系统地加强海洋产业的调整、培育和发展。

（1）国民经济收入核算中建立海洋经济子账户

在上海国民经济和社会的发展中，要按照扩大和细化的海洋产业方案统计上海海洋产业类型，经主管部门核准后在上海的国民经济账户中设立海洋经济子账户。在此基础上，计算海洋经济对上海国民经济生产总值的总体贡献情况，它的内部结构和支柱部分以及近年来的增长率，为制定上海21世纪海洋产业和海洋经济的整体发展框架提供科学根据。

（2）制定上海21世纪具有整体性的海洋产业规划

结合上海提高城市综合竞争力的要求，研究制定上海海洋产业发展的整体目标和思路。建议产业规划的制定要考虑下列指导思想。

① 上海的海洋产业要在改善和优化产业结构上下工夫，努力形成以海洋和港口交通运输业为龙头，海洋水产业、海洋造船业、海洋油气业、海洋药业、海洋旅游业重点发展的格局，争取培育成为上海未来经济增长的新的支柱产业。

② 从技术进步和海洋产业的发展趋势看，上海的海洋产业需要以海洋高新技术的发展为重点，努力推进海洋高新技术的产业化；利用海洋高新技术改造传统海洋产业，促进传统海洋产业的现代化。

③ 上海发展海洋产业要跳出上海的行政区划进行思考，要充分利用毗邻海域的深水港资源、滨海旅游资源、海洋生物资源和油气资源，推进长江口—杭州湾海域综合发展，积极实施海陆一体化开发战略。

（3）重点发展以海水养殖业和海洋药业为内容的现代海洋生物产业

上海的海洋产业发展除了要适当振兴传统海洋产业之外，更重要的是发展以海洋生物产业为支柱的新兴海洋产业，把21世纪上海海洋产业的发展定位于现代生物技术的应用和转化之上。

① 促进现代化海水养殖业和水产加工业的发展。开创海洋养鱼平台产业和建立养鱼工作船队，发展都市工业化养殖业，培育名、特、优水产物种育苗，开展现代化生物技术主要是细胞工程育种技术和鱼类基因工程技术研究等。

② 发展基于现代生物技术的海洋药业。争取在上海建立我国海洋生物资源样品库，通过海洋生物技术解决生物药源问题以及生物资源的可再生性利用，政府、企业、科研院所要联手加大开发海洋药物的资金投入。

（4）促进能源结构调整和油气产业发展

东海陆架油气资源丰富，已经向浦东地区输送。应抓住东海油气开发的契机，带动上海能源结构的调整以及能源产业的发展。

① 扩大天然气的利用范围。要全面实施城市生活燃气化，发展和推进天然气发电，鼓励和发展压缩天然气汽车，以天然气为原料，发展上海的化工工业。

② 提高上海天然气供给的安全度。建议上海重视海陆联动、东西气源的互补作用，

加大两者之间的协调发展，以提高输气和用气的安全度。

③ 促进与海洋油气开发相关的服务业发展。海上油气资源开发需要多种行业部门的相互配合，通过油气开发工程可以带动服务行业的形成，为进一步开发海上矿产资源创造有利条件。

2.6 国内外海湾城市发展模式

蜿蜒曲折的岸线是蓝色经济的生命线，大大小小的海湾是发展循环经济的最佳地方。粗略估计，世界上有几千个知名海湾和几百个知名海湾城市。凭借海洋优势资源和海洋经济区的发展，国内外很多海湾城市实现了经济的飞跃和城市的可持续发展，比如美国的西雅图、旧金山、坦帕市；加拿大的温哥华、维多利亚；澳大利亚的悉尼；日本的东京、大阪、神户；中国的香港；等等。何新颖（2010）通过国内外比较，对海湾城市的发展模式进行了详细的论述。

但是，不同国家的文化背景以及海湾区域的地理状况不同，不同的海湾城市海洋经济的发展理念、认识也存在差异。受各方面条件制约，我们选择了具有代表性的美国旧金山湾、坦帕湾、科德角湾；澳大利亚的悉尼湾；日本的东京湾、大阪湾、鹿儿岛湾；中国香港的维多利亚湾、大连湾等十几个城市进行对比分析。

根据世界海湾城市的发展历程，可将海湾城市的海洋经济区发展模式主要分为三种类型：生态友好型、重化工业型和现代都市型（表2-3）。

表2-3　海湾城市的海洋经济区发展模式

类型	主要特点	典型海湾	主要发展产业
生态友好型	地处偏远；环境优美	美国科德角湾、日本鹿儿岛湾、中国威海的桑沟湾	农业、渔业、海盐业、旅游业
重化工业型	地处经济中心，环境污染严重	韩国迎日湾、日本大阪湾、东京湾和中国大连湾	钢铁、造船、发电、石油化工业
现代都市型	地处经济中心，环境无较大污染	美国旧金山湾、西雅图；澳大利亚悉尼湾；加拿大的温哥华、维多利亚湾	港口、物流、电子信息、旅游、生物技术、教育业

一般情况下，生态友好型海湾城市地处偏远，经济欠发达。其海洋经济区主要以传统海洋产业为主，主要有农业、渔业和海盐。产业基本上处于自然的状态，客观上保护了当地的生态环境。全球这样的海湾原来越少，多以宝贵的旅游胜地、自然保护区和国家海滨公园的形式保留下来，例如美国的科德角湾。重化工型海湾城市处于经济中心区域，经济发达。它是在城市工业化发展阶段，单方面追求经济总量和效益的产物。其海洋经济区的产业主要包括钢铁、发电、造船、石油化工等重化工产业，对生态环境破坏严重。这种海湾在发展中国家，特别是东北亚地区更为明显，例如，日本的大阪湾、东京湾等，青岛的胶州湾也有向这个方向发展的趋势。现代都市型海湾城市的海洋经济区主要发展以人才、知识密集为主的产业，包括港口、物流、旅游、电子信息、生物技术、教育等高科技、现

代服务业、高端制造业等产业，城市在寻求经济效益的同时，保护了周边的生态环境。

根据以上三种海洋经济区发展模式的分析，似乎可以看出海湾城市海洋经济区的发展的渐变过程：从生态友好型—重化工业型—现代都市型，从低级阶段到高级阶段发展演化。但这不是必然规律。首先，生态友好型在发展过程中可能停留在某一个阶段，例如，美国的科德角海湾地区成为国家公园和野生动物植物保护区，处于原始的自然生态状态，产业处于原始状态，但旅游业很发达；其次，生态友好型可直接跨越到现代都市型。例如，美国的坦帕湾的两个著名的城市，其海洋经济区没有经历重化工业阶段，直接跨越到现代都市型。旧金山湾畔的旧金山、奥克兰等城市发展旅游、教育、电子、硅谷等高科技产业，西雅图发展旅游、飞机制造、电子、软件等高端制造业，也基本上跨过了重化工阶段。

同时，我们可以看出各自的特点。生态友好型和现代都市型发展模式的共同特点是注重生态环境的保护，这也是与重工业发展模式的最大不同。无论是海洋经济区，还是海湾城市，其发展都要追求可持续性。可持续发展理念要求在经济开发建设的过程中，与环境保持协调和持续的稳定性，使生态环境的负荷达到最小。

另外一个不同点就是生态友好型和现代都市型发展模式的海湾城市的主导产业都包含旅游业。主要原因有：第一，注重生态环境保护的结果；第二，在开发的过程中，结合了滨海地区的空间特点，引进了博览、展示、娱乐和休憩等项目。现代都市型发展模式更加强化滨海地区的文化、信息、商业、教育和居住等性能。例如，滨海居民居住区的设计具有人性化特点，主要以小的、院落式居住组团为单位，因地制宜。生活设施齐全、形式多样，环境优美，具有观赏性；第三，开发活动充分考虑到了包含美学、遗产、人性以及历史传统在内的文化品位。例如，对原有的工业厂房、船坞码头进行了充分的再开发与利用，形成了富有个性的城市景观。

我们要借鉴国内外海湾城市海洋经济带的功能地位、基础设施建设、空间利用及生态保护等经验，研究山东省蓝色经济区可持续发展的模式，避免走重工业化模式的先发展后治理的老路。按照"保护就是科学发展、保护就是硬道理、保护就是生产力、保护就是效益"的理念，将有序开发与合理利用相结合，切实解决生态环境污染问题。同时，也要营造良好的创业环境，拓展合理的发展空间，优化蓝色经济区内的产业布局和海洋产业结构，增强其综合竞争力。

2.7 构建我国沿海海洋产业体系的要点浅释

我国沿海省市区海洋产业结构仍然有待调整。原因之一就是受自身资源状况等客观条件的制约，海洋产业起步较晚，产业结构仍处于较低级的层次；另外一个重要的原因是体制，海洋产业分属不同的管理主体，缺乏一个真正统筹全局、能够真正把海洋产业管理起来的机构，导致了整个海洋产业发展处于一种不协调的无序状态。要克服这种市场配置资源失灵的状态，必须加强政府的宏观政策管理，遵循海洋产业结构调整演进的规律，从整体效益出发，充分利用本省具有优势的资源禀赋，制定海洋产业整体发展规划和发展战略，协调三次产业的发展（黄瑞芬等，2008）。

构建现代海洋产业体系是打造和建设好山东半岛蓝色经济区的核心任务。以培育战略性新兴产业为方向，以发展海洋优势产业集群为重点，强化园区、基地和企业的载体作用，加快发展海洋第一产业，优化发展海洋第二产业，大力发展海洋第三产业，促进三次产业在更高水平上协同发展。全国存在的问题在山东同样存在。下面主要以山东省为例，结合全国沿海海洋产业发展现状，对海洋产业体系的发展策略进行初步的分析。

2.7.1 加快发展海洋第一产业

山东省要加强科技创新，健全服务体系，大力实施现代海洋渔业重点工程，提高综合效益，进一步巩固海洋第一产业的基础地位。

（1）现代水产养殖业

调整渔业养殖结构，着力培育特色品种，加快完善水产原良种体系和疫病防控体系，建设全国重要的海水养殖优良种质研发中心、海洋生物种质资源库和海产品质量检测中心，打造一批良种基地、标准化健康养殖园区和出口海产品安全示范区。① 以荣成、长岛、蓬莱、莱州、胶南等海域为主体，推进生态低碳养殖，建设总体规模 20×10^4 hm^2 以上的浅海优势海产品养殖基地。② 以东营、潍坊、滨州等沿海地区为重点，建设 13.3×10^4 hm^2 标准化生态健康养殖基地。③ 以莱州、文登、荣成、无棣、日照东港区、昌邑、寿光等沿海地区为重点，建设一批优质海水鱼工厂化养殖基地和现代渔业示范区。

（2）渔业增殖业

依法加强渔业资源管理，科学保护和合理利用近海渔业资源，加大渔业资源修复力度，推行立体增殖模式。逐步改善渔业资源种群结构和质量，建设人工渔礁带、废弃石油平台渔礁区和渔业种质资源保护区，重点在莱州湾东部、庙岛群岛、崆峒列岛、荣成、崂山、即墨近海、海州湾北部等海域建设全国重要的海洋牧场示范区，逐步建设休闲渔业示范区。

（3）现代远洋渔业

实施海外渔业工程，争取公海渔业捕捞配额，适当增加现代化专业远洋渔船建造规模，重点培育荣成、寿光、蓬莱、黄岛等远洋渔业基地。推进远洋渔业产品精深加工和市场销售体系建设，把烟台金枪鱼交易中心打造成为国际性金枪鱼产品集散地。巩固提高过洋性渔业，加快发展大洋性渔业，建设一批海外综合性远洋渔业基地，提高参与国际渔业资源分配能力。到2020年，远洋渔业年产量、远洋渔船数量分别提高到 50×10^4 t 和 650 艘左右。

（4）滨海特色农业

在滨海地区因地制宜发展设施蔬菜、优质果品、特色作物等高效农业。推进无公害农产品、绿色食品、有机食品认证，培育名牌产品，建设沿海农业休闲观光走廊。

2.7.2 优先发展海洋第二产业

以结构调整为主线，以海洋生物、装备制造、能源矿产、工程建筑、现代海洋化工、海洋水产品精深加工等产业为重点，坚持自主化、规模化、品牌化、高端化的发展方向，着力打造带动能力强的海洋优势产业集群，进一步强化海洋第二产业的支柱作用。

（1）海洋生物产业

加强海洋生物技术研发与成果转化，重点发展海洋药物、海洋功能性食品和化妆品、海洋生物新材料、海水养殖优质种苗等系列产品，培育一批具有国际竞争力的大企业，把烟台、威海、日照、潍坊建设成为国内一流的海洋生物产业基地，把青岛打造成为国际一流的海洋生物研发和产业中心。

（2）海洋装备制造业

重点发展造修船、游艇和邮轮，以及海洋油气开发装备、临港机械装备、海水淡化装备、海洋电力装备、海洋仪器装备、核电设备、环保设备与材料制造等产业，建设国家海洋设备检测中心，把东营、潍坊、威海、日照、滨州打造成专业性现代海洋装备及配套制造业基地，把青岛、烟台打造成具有国际竞争力的综合性海洋装备制造业基地。

（3）海洋能源矿产业

加强潮汐能、波浪能、海流能、温差能等海洋能发电技术的研究，建设海洋能源利用示范项目。以青岛为中心，加快低成本藻类炼油等关键技术的研发，适时建设海洋藻类生物能源和非粮燃料乙醇项目。加强对海洋石油和天然气、海底煤矿、海底建筑砂和金矿等资源的勘探和开发，建立重要海洋资源数据库。实施黄渤海油气、龙口煤田、莱州金矿、莱州湾卤水、离岸建筑砂等开发工程，加强与中央企业的战略合作，规划建设国家重要的海洋油气、矿产开发和加工基地。

（4）海洋工程建筑业

加强关键技术研发和应用，推进实施海上石油钻井平台、港口深水航道、防波堤、跨海桥隧、海底线路管道和设备安装等重大海洋工程；加快企业兼并重组和资源整合，打造综合性设计集团和大型专业化施工集团，培育一批具有国际竞争力的龙头企业，把青岛、日照、烟台等建设成为全国重要的海洋工程建筑业基地。

（5）现代海洋化工产业

以大型企业集团为龙头，加快兼并重组，引导海洋化工集聚发展。巩固盐业大省地位，优化盐化工组织结构和产业结构，积极推进地方盐化工骨干企业与中盐总公司等央企合作，推进盐化工一体化示范工程，形成以高端产品为主的产业新优势，建成海洋化学品和盐化工产业基地。积极发展海水化学新材料产业，重点开发生产海洋无机功能材料、海水淡化新材料、海洋高分子材料等新产品，加快建设青岛、烟台、潍坊、威海等海洋新材料产业基地（邵长城，2011）。

（6）海洋水产品精深加工业

积极开发鲜活、冷鲜等水产食品和海洋保健食品，提升海产品精深加工水平，支持龙头企业做大做强，在烟台、威海、青岛、日照、潍坊等地建设一批水产品精深加工基地，加快建设荣成、城阳、芝罘等一批冷链物流基地，提高出口产品附加值，使其成为重要的水产品价格形成中心、水产品物流中心和水产品加工基地。

2.7.3　大力发展海洋第三产业

加快发展生产性和生活性服务业，积极推进服务业综合改革，构建充满活力、特色突出、优势互补的服务业发展格局，提升海洋第三产业的引领和服务作用。

（1）海洋运输物流业

做大做强海运龙头企业，积极发展沿海和远洋运输，推进水陆联运、河海联运，培植壮大港口物流业，加快构建现代化的海洋运输体系。大力推行港运联营，把港口与沿海运输和疏港运输结合起来；有效整合港口物流资源，大力培育大型现代物流企业集团，加快发展第三方物流；发挥好保税港区、出口加工区和开放口岸的作用，规划建设一批现代物流园区和大宗商品集散地，重点建设青岛、日照、烟台、威海 4 大临港物流中心，积极推进东营、潍坊、滨州、莱州等临港物流园区建设，打造以青岛为龙头的东北亚国际物流中心。

（2）海洋文化旅游业

突出海洋特色，推动文化、体育与旅游融合发展，建设全国重要的海洋文化和体育产业基地，打造国际知名的滨海旅游目的地。① 文化产业。大力发展海洋文化创意、动漫游戏、数字出版等新兴文化产业，全力打造一批海洋文艺精品，建设一批有影响力和带动力的海洋文化产业园。② 体育产业。发挥青岛、日照、烟台、威海、潍坊等海上运动设施比较完备的优势，加快建设综合性海洋体育中心和海上运动产业基地。③ 旅游产业。大力开发特色旅游产品，提高旅游产品质量和国际化水平，完善旅游休闲配套设施，建设长岛休闲度假岛和荣成好运角旅游度假区，把青岛、烟台、威海等打造成为国内外知名的滨海休闲度假目的地；依托滨海沙滩、滨海湿地资源，开展滨海旅游小城市、旅游小镇标准化建设；深刻挖掘海洋人文资源内涵，加快建设一批特色海洋文化旅游景区；加快发展工业旅游，重点打造青岛国际啤酒城、青岛国际电子信息城、烟台国际葡萄酒城、东营石油城等产业旅游目的地；高水平设计海洋旅游精品线路，建设三条各具特色、互为补充的滨海旅游带，做大做强山东蓝色旅游品牌。

（3）涉海金融服务业

加强与国内外金融机构的业务协作和股权合作，加快引进金融机构法人总部、地区总部和结算中心；按市场化原则整合金融资源，探索组建服务海洋经济发展的大型金融集团；深化农村信用社改革，积极发展村镇银行、贷款公司等多种形式的农村新型金融组织；加快发展金融租赁公司等非银行金融机构和证券公司。规范发展各类保险企业，开发服务海洋经济发展的保险产业；进一步加强和完善保险服务，建立承保和理赔的便利通道；大力发展科技保险，促进海洋科技成果转化。

（4）涉海商务服务业

适应海洋经济发展要求，大力发展软件信息、创意设计、中介服务等新型服务业，改造提升商贸流通业。① 软件和信息服务业。依托青岛、烟台、潍坊、威海等软件园，大力发展软件外包，建设具有较强国际影响力的软件出口加工基地。加快推进电子政务建设，规范发展电子商务，积极发展数据处理等新型信息服务业。实施标准化战略，加强标准化信息服务平台建设。② 创意设计产业。鼓励发展涉海创意产业，重点培育一批创意设计企业，建设创意设计产业集聚区。鼓励大专院校设置工业设计专业，加强人才培养和培训，培育壮大一批专业工业设计公司。③ 中介服务和会展业。加快培育涉海业务中介组织，大力发展海事代理、海洋环保、海洋科技成果交易等新兴商务服务业；培育一批知名会展企业集团，把青岛、烟台等地发展成为具有较强影响力的特色会展城市。④ 新型商贸流通业。积极运用信息技术改造提升传统商贸流通业，大力发展海洋产品连锁经营、特许经营等新型流通方式及相配套的高效物流配送体系。

2.7.4　科技促进海洋产业结构调整

（1）优化三次产业结构

在现代西方微观经济分析中，弹性系数（或为弹性）是指一变量的微小增长率对另一变量的微小增长率之比。如有 X、Y 两个变量，弹性系数即为 $(\Delta Y/Y)/(\Delta X/X)$。在经济系统分析中，常用的有需求价格弹性和需求收入弹性，供给价格弹性，前者反映价格变动对需求的作用和收入变动对需求的作用，后者反映价格变动对供给的作用。在经济系统中利用弹性这个概念可进行有关变量间的关系分析，如在上述几种弹性系数中，可分析价格变动对各种商品需求的影响，居民收入的变动对各类商品需求的影响，以及价格的变动对商品供应的影响（如劳动力价格对劳动力供应的关系）等。用弹性系数进行变量间的关系分析还是有用处的（姚愉芳，1993）。

海洋产业结构的优化是在原来产业结构的基础上，对海洋产业结构作进一步的调整，使其达到最优的产出规模，海洋产业结构的调整不能牺牲某一产业代价来促进其他产业的发展。从对海洋第三产业增长弹性系数的分析可知，山东和海南的第三产业增长弹性系数明显偏高，与海洋产业整体发展速度不够协调，说明对第一第二产业的发展有所忽视，因此，应适当降低第三产业的发展速度，保持三次产业发展的协调性。

浙江省的第三产业增长弹性系数在1以下。但基于浙江省具有发展海洋第三产业的优势，因此，第三产业的发展有待进一步的加强；其余省份的第三产业增长弹性系数在 $1 \sim 3$ 之间，略高于海洋产业的整体增长速度，这种良好的状况应继续保持。总之，沿海省市要保持适当的第三产业增长弹性系数（黄瑞芬等，2008）。

（2）提高海洋产业工业化水平

霍夫曼系数又称霍夫曼比例，指一国工业化进程中消费品部门与资本品部门的净产值之比，它的大小体现了一个省市海洋产业工业化发展水平的高低。山东、福建和海南的霍夫曼系数一直居高不下，说明这三个省份海洋工业化发展水平较低，传统的海洋渔业在海洋产业中仍占据主要地位，但由于对海洋鱼类的过度捕捞和海水的严重污染，传统渔业进一步发展的动力不足，因此，这些省份的海洋产业应向工业化方向转移，以增强海洋产业经济持续增长的动力。具体来说，山东应从海洋渔业向海上交通运输、海洋盐业、海洋化工和滨海旅游业转型；海南应发挥自己在自然景观上的优势，大力发展滨海旅游业，其他省市区也要摆脱对传统渔业的过分依赖。

（3）加大传统海洋产业的科技改造力度

产业结构调整的过程，也是借助先进的科学技术、改造原有的传统产业、培育新兴产业的过程。所以，优化海洋产业结构，沿海各省市区必须树立并努力贯彻"科技兴海"的思想，提高先进技术的开发和应用在海洋产业中的贡献率，对渔业、盐业等传统海洋产业进行技术改造，优化其内部的行业结构；同时，依托高新技术，对海上油气、海洋药物、海洋能和海洋化工等新兴海洋产业加大投资的力度，并且在适当的政策支持和优惠措施上给予支持。对传统海洋产业的改造和新兴海洋产业的培育，离不开技术、人才和信息市场的建设，因此，沿海各省广泛开展国际海洋科技合作与交流，有计划地引进海洋高科技人才和高新技术，增加科技储备。

（4）依托陆域建立海洋产业整合支撑体系

海洋产业与陆地产业之间是相互依存的关系，许多海洋产业已经融入陆地产业之中，并且与陆地产业之间形成了相互交叉的关系，而陆地产业发展较早，因此，沿海各省市区要以陆地产业经济为支点，建立海洋产业整合支撑体系。

以上我国沿海重要省市海洋产业结构分析及优化的策略，可以为山东半岛蓝色经济区产业结构优化提供借鉴，但山东半岛蓝色经济区产业结构优化不应拘泥于以上策略，而要立足于山东半岛的实际情况，因地制宜，找到适合山东半岛蓝色经济区的产业结构优化策略（黄瑞芬等，2008）。

构建现代海洋产业体系是打造和建设好山东半岛蓝色经济区的核心任务。以培育战略性新兴产业为方向，以发展海洋优势产业集群为重点，强化园区、基地和企业的载体作用，加快发展海洋第一产业，优化发展海洋第二产业，大力发展海洋第三产业，促进三次产业在更高水平上协同发展。

2.8 我国海洋产业发展新趋势

2011 年 4 月 29 日，国家海洋局发布的《中国海洋发展报告（2011）》指出，"十二五"期间，我国将初步形成海洋新兴产业体系，支撑引领海洋经济发展，战略性海洋新兴产业整体年均增速将不低于 20%，产业增加值实现翻两番。报告表示："十二五"期间是我国强化海洋权益保障能力，实现海洋经济增长方式转变以及产业结构调整，建立海洋新兴战略产业体系的关键时期。面对日益严峻的海洋维权、海洋生态环境保护形势和海洋资源开发利用的巨大需求，宜实施以高技术为先导的海洋产业发展战略。

"十二五"期间，我国将重点支持发展一批具有核心竞争力的海洋高技术先导产业，形成比较完善的海洋高技术产业体系，形成由海洋生物育种与健康养殖、海洋药物和生物制品、海水利用、海洋可再生能源与新能源产业等组成的海洋高技术产业群，保持这些产业群年增长速度不低于 30%，在同期海洋产业增加值中所占比重提高 10 个百分点左右。

《中国海洋发展报告（2011）》同时指出，到 2015 年，我国海洋新兴产业增加值对国民经济贡献将提高 1 个百分点，争取超过 6 000 亿元，培育成熟壮大 3～5 个战略性海洋新兴产业。到 2020 年，国家海洋高技术产业基地将成为国家产业结构升级和区域经济发展的重要引擎，海洋将成为国家发展战略性新兴产业的主战场。

那么，海洋经济有哪些具体产业最值得投资？《浙商》杂志发布了海洋经济最具投资前景的 6 大产业榜单，结合了近年来海洋经济各大产业的布局、产业总值、发展增速以及未来发展空间等众多因素综合评定（俞越，2011），具体如下。

（1）海洋物流业

随着国际贸易形势趋好和航运价格恢复性增长，海洋物流业迅速回暖。2010 年，我国海洋物流业全年实现增加值 3 816 亿元，比 2009 年增长 16.7%。打造大宗商品交易市场，是培育海洋经济发展核心竞争力的重要途径。一批大宗商品交易市场脱颖而出，宁波、舟山都把构筑大宗商品交易市场平台放在海洋经济发展中的突出位置。

（2）海洋船舶工业

当前，我国已成为世界第二大造船国，正处于造船大国向造船强国转变的关键时期。

我国造船完工量及新承接船舶订单量大幅增长，海洋船舶工业继续保持较快增长，2010 年实现增加值 1 182 亿元，比 2009 年增长 19.5%（全国海洋经济发展规划纲要，2011）。

未来，海洋船舶工业要突出主业、多元经营、军民结合，由造船大国向造船强国稳步发展。形成环渤海船舶工业带和以上海为中心的东海地区船舶工业基地，以广州为中心的南海地区船舶工业基地。重点发展超大型油轮、液化天然气船、液化石油气船、大型滚装船等高技术、高附加值船舶产品及船用配套设备，同时稳步提高修船能力（徐敬俊，2010）。

（3）海洋油气业

我国继续加大海洋油气勘探开发力度，多个油气田陆续投产，海洋石油天然气产量首次超过 $5\,000 \times 10^4$ t。海洋油气业高速增长，全年实现增加值 1 302 亿元，比 2009 年增长 53.9%。重点建设面向珠江三角洲、长江三角洲、环渤海经济圈的南海、东海、渤海天然气田，逐步形成三个区域性市场供应体系。规划建设国家石油战略储备基地，发展商业石油储备和成品油储备，也已成为发展海洋经济的重要战略之一。

（4）滨海旅游业

中国滨海旅游业正处于快速发育的"少年期"。2010 年实现增加值 4 838 亿元，比 2009 年增长 7.9%。受经济社会发展水平和旅游业发展阶段等影响，中国滨海旅游业与世界水平还有较大差距。这从另一方面说明，中国滨海旅游业拥有很大的发展空间和潜力。

国家海洋局下发的"海十条"，即关于为扩大内需促进经济平稳较快发展做好服务保障工作的通知，提出对适宜开发的海岛，选择合理开发利用方式。同时，推进无居民海岛的合理利用，单位和个人可以按照规划开发利用无居民海岛，鼓励外资和社会资金参与无居民海岛的开发利用活动，此政策将加快滨海旅游业的发展。

（5）海洋渔业

全国海洋渔业保持平缓增长，海水养殖产量稳步提高。2010 年全年实现增加值 2 813 亿元，比 2009 年增长 4.4%。海洋渔业将积极发展水产品精深加工业，对产业结构进行调整，以水产品保鲜、保活和低值水产品精深加工为重点，搞好水产品加工废弃物的综合利用。提高加工技术水平，搞好水产品加工的清洁生产。结合水产品远洋捕捞、养殖业区域布局，建设以重点渔港为主的集交易、仓储、配送、运输为一体的水产品物流中心。

（6）生物技术产业

生物技术应是 21 世纪最具发展前途的朝阳产业。海洋生物技术产业作为生物技术产业类群的一个分支，由于其丰富的海洋资源保障，越来越多地得到各国的重视和关注。2010 年实现增加值 67 亿元。当前，海洋生物医药等现代海洋生物技术产业已成为世界医药功能食品开发研究的热点，在海洋生物活性物质中寻找抗病毒、抗肿瘤特效药，已成为国内外研究开发的方向，其产业发展也已初具规模（全国海洋经济发展规划纲要，2011）。

3　山东省海洋资源状况

3.1　山东省海岸类型

山东省两面环海,北濒渤海,东临黄海,大陆海岸线长达 3 345 km (http: // www. gov. cn/test/2013 – 04/17/content_ 2380159. htm)(图 3 – 1)。受构造控制的影响,山东省海岸带地貌类型丰富多样,依据物质组成特征,山东海岸可分为潮坪海岸、砂质海岸和基岩海岸等主要类型(山东省人民政府,2011)(图 3 – 2、图 3 – 3)。

图 3 – 1　山东省海岸线

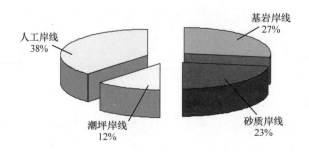

图 3 – 2　山东省各类型岸线长度百分比(马德毅和侯英民,2013)

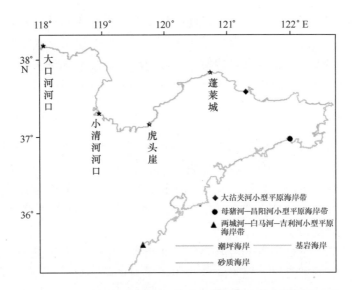

图 3-3　山东省潮坪海岸、砂质海岸和基岩海岸类型分布

3.1.1　潮坪海岸

潮坪海岸，又称平原海岸，主要由河流携带入海的大量细颗粒泥沙在潮流与波浪作用下输运、沉积而成。其特征为：岸滩物质组成多属黏土、粉砂等；岸线平直，地势平坦，以潮汐作用为主要动力。

山东省潮坪海岸主要分布在西起大口河河口，东至小清河河口的黄河三角洲海岸段和西起小清河河口，东至虎头崖的潍北平原泥质海岸段，共长约 401 km，其中大口河到小清河岸段约长 231 km，主要分布在东营市，小部分分布在潍坊市；小清河到虎头崖岸段约长 170 km，都分布在潍坊市。其总的自然特点是：一般海拔在 10 m 以下，地势平坦，岸线比较平直，多沙洲，泥质潮滩广泛发育，滩涂宽度 5～10 km，总面积达 2 215 km²，占全省滩涂面积的 68.7%。黄河口外水下地形平坦，以强堆积为特征，构成平坦的水下浅滩和海底平原。沿岸水浅、滩宽、地势平坦，沉积物以粉砂和淤泥质粉砂为主，加上水质肥沃，适合多种贝类生长栖息，是全国著名的贝类产区。这一区域滩涂土质易于压实，渗透性差，是建设盐田的理想土质。山东部分海湾内也存在潮坪海岸，如胶州湾内，主要分布在胶州湾的东北部和西北部，岸线长可达 48.68 km。

3.1.2　砂质海岸

砂质海岸又称堆积海岸，由平原的堆积物质被搬运到海岸边，又经波浪或风改造堆积而成。其特征为：组成物质以松散的砂（砾）为主，岸滩较窄而坡度较陡，动力上以波浪作用为主。

砂质海岸是山东海岸的主要地貌类型之一，全长 769 km。山东省砂质海岸主要分为沙坝—潟湖海岸和滨海小型平原海岸。沙坝—潟湖海岸的主要岸段有：莱州刁龙嘴至蓬莱栾家口、牟平养马岛（象岛）至双岛港、威海皂埠至河口村（马兰湾西）、荣成桑沟湾沿岸、乳山南寨至白沙口、海阳凤城至马河港、胶南利根湾南部、日照臧家荒至东潘家村，主要为山前冲积—洪积平原的海岸带，沿海砂源丰富，在沿岸多形成沙嘴、沙坝，进而构成沙坝—潟湖海岸；滨海小型平原海岸是山东砂质海岸中淤涨最迅速的岸段，平均每年可达数十米，多发育在较大河流入海口两侧，主要岸段有：烟台大沽夹河小型平原海岸、文登母猪河—昌阳河小型平原海岸、胶南两城河—白马河—吉利河小型平原海岸。

3.1.3 基岩海岸

基岩海岸是由坚硬岩石组成的海岸。它常有突出的海岬，在海岬之间形成深入陆地的海湾，岬湾相间，绵延不绝，海岸线十分曲折。山东半岛多为花岗岩形成的基岩海岸，广泛分布在鲁东丘陵及峪山山地的近海边缘，北起蓬莱城，南至胶南与日照交界处的吉利—白马河口，包括渤海海峡的庙岛群岛在内。沿岸大部分以低缓的波状起伏的低丘陵及剥蚀、侵蚀平原为其地貌特色。

岬湾海岸：岬湾海岸是山东基岩海岸分布面积最广的一种海岸类型。主要岸段有：虎头崖至青鳞铺较稳定的岬湾岸、蓬莱阁至八角较平直的岬湾岸、芝罘岛至养马岛（象岛）基岩连岛坝岸、双岛湾至皂埠基岩岬湾岸、河口村至成山角蚀退的岬湾岸、成山角至靖海卫基岩岬角岸、白沙口至冷家庄蚀退的基岩湾岸、丁字湾至薛家岛基岩岬湾岸、崔家潞湾至棋子湾基岩岬湾岸、任家台至臧家荒基岩岬湾岸、东潘家村至岚山头基岩岬角海蚀岸。

溺谷（河口湾）海岸：主要指山东沿海的乳山口湾和丁字湾等海湾。

黄土台地海岸：主要分布在蓬莱城西至栾家口至泊子一带。莱州海新庄至海庙口、胶州湾内红石崖附近也有零星分布。

玄武岩台地海岸：山东玄武岩台地海岸主要分布在北部的龙口、蓬莱及庙岛群岛。新生代玄武岩组成的海蚀崖直立海滨，其下发育有宽数十米的海蚀平台，各种海蚀地貌发育。玄武岩海蚀崖的高度各地有所不同，有的崖高可达数十米。陡崖之下有磨圆较好的砾石滩。

图3-4为山东省沿海各地市各类型海岸线长度直方图。

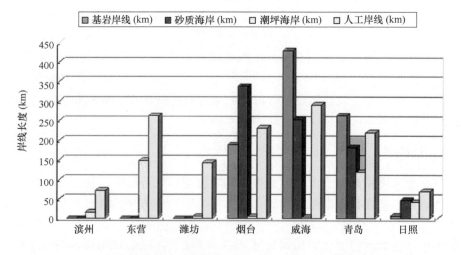

图3-4 山东省沿海各地市各类型海岸线长度直方图（马德毅和侯英民，2013）

3.1.4 山东省岸线人工利用分布状况

山东省岸线长达 3 000 km 以上，岸线利用总长度为 1 584.544 km，其中人工岸线（围海造地岸线、渔业岸线、海底工程岸线、工矿岸线、交通运输岸线、排污倾倒岸线和部分特殊岸线）可达 1 292 km（马德毅和侯英民，2013）。北部岸线多人工养殖池和促淤池，山东省的潮坪海岸和砂质海岸皆分布于此；东部和南部岸线多港口和人工坝，山东省的基岩海岸也基本在此分布（图 3-5）。总体上看，山东省的渔业岸线占岸线利用总长度的百分比可达 57.9%，交通运输岸线、旅游娱乐岸线和工矿岸线分别占到 14.7%、9.3% 和 4.6%（图 3-6），这与当地的海岸类型和经济发展状况密不可分。

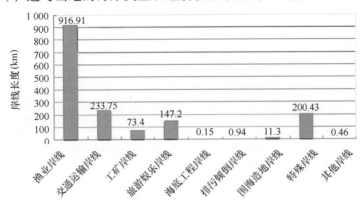

图 3-5 山东省岸线人工利用分布示意图（马德毅和侯英民，2013）

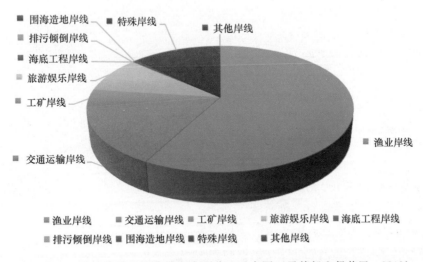

图 3-6 山东省各类人工岸线所占百分比示意图（马德毅和侯英民，2013）

3.2 山东省入海河流资源

山东地表水系较发育，河流纵横交错，平均河网密度为 0.24 km/km^2。干流长度超过

10 km 的河流有 1 554 条。山东的入海河流北起与河北省交界的漳卫新河，南至与江苏省交界的绣针河，计有大小数百条。

3.2.1 入海河流的分布

入海河流的发育和分布受地质构造、地形和气候的控制。平原河流主要分布在鲁北平原和胶莱平原地区，沿海地区河长大于 100 km 的河流大多分布在这些地区，山东入海河流的总径流量和输沙量也主要取决于这几条较大的河流（图 3 – 7）。胶莱河以东及山东半岛东南沿海诸小河为山溪河流，它们受鲁东丘陵和鲁中南丘陵的制约。河流发源于低山丘陵，大致呈放射状流入渤海和黄海。这些河流一般为短源河，季节性明显（李荣升和赵善伦，2002）。

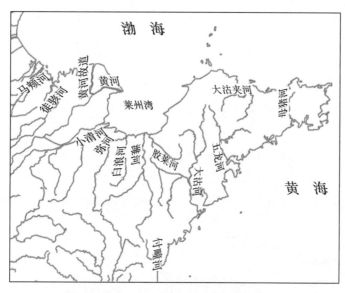

图 3 – 7　山东省主要入海河流示意图

3.2.2 入海河流的类型

按照流域长度可将山东入海河流分成以下 5 类。

（1）流域长度大于 400 km 的河流

有黄河、马颊河和徒骇河 3 条河流。

黄河由东明县徐家堤进入山东境内，自西南向东北流，至垦利县注入渤海。省境内河道长度 617 km，约为全河长的 1/9。流域面积 18 300 km²，约为整个流域面积的 1/56。河道比降为 0.101‰ ~ 0.148‰，由上而下逐渐变小。黄河在山东境内的主要支流有大汶河和玉符河。大汶河发源于章丘县城东南池凉泉，于东平城西北马口附近注入东平湖。玉符河发源于济南市历城梯子山北麓，经长清于济南市区北店子注入黄河。

马颊河于河南省濮阳县南关与金堤河相接，东北流经河北省，于莘县俎店乡沙王庄西入山东省境，经莘县、冠县、聊城、临清、茌平、高唐、夏津、平原、陵县、临邑、乐陵、庆云和无棣 13 县市，于无棣县沙头堡东注入渤海。河长 521 km，其中山东省境内河长 448 km，流域面积 12 239.2 km²，其中山东境内 10 638.4 km²，河道平均比降 0.1‰。

徒骇河发源于莘县古云乡文明寨村东，由西南向东北流经莘县、南乐（河南省）、阳谷、聊城、茌平、高唐、禹城、齐河、临邑、济阳、商河、惠民、滨县和沾化 14 个县市，于沾化县套儿河口注入渤海。河长 436 km，流域面积 13 902 km²，其中山东省 13 296 km²，河道平均比降为 0.11‰。

（2）流域长度在 200~400 km 的河流

有小清河、弥河、潍河和漳卫新河 4 条河流。

小清河自睦里庄东流，经济南市区、历城、章丘、邹平、高青、桓台、博兴、广饶和寿光 8 县，于羊角沟东注入渤海。河长 233 km，流域面积 10 498.8 km²，河道平均比降为 0.15‰，流域河网密度 0.27 km/km²。

弥河发源于临朐沂山西麓天齐湾，顺坡蜿蜒西流，至临朐九山附近折向东北流，经过冶源水库，又经益都，于寿光广陵乡南半截河村，分为 3 股入渤海。其中东北流的一股，河槽较为宽广，为弥河主河道，在寿光北宋岭东，纳丹河，至潍坊市寒亭区央子港入海。其余两股为弥河入海岔流，均由南半截河村北流入海。河长 206 km，流域面积 3 847.5 km²，河道平均比降 3.2‰，流域河网密度 0.3 km/km²。

潍河又称淮河，北源为箕山河，发源于沂水县官庄乡箕山西麓宝山坡村西北，为潍河正源。南源亦名石河，发源于莒县龙王庙乡大沈庄村西北屋山。两源汇合后又东南流，至五莲县管帅镇而东北流，经过墙夼水库，至诸城北转向北流，经峡山水库，又北流经高密、安丘、坊子、昌邑等县区，于昌邑下营镇北注入渤海。河长 233 km，流域面积 64 493.2 km²，河道平均比降 1.04‰，流域河网密度 0.41 km/km²。

（3）流域长度在 100~200 km 的河流

有大沽河、支脉河、五龙河、胶莱河和白浪河 5 条河流。

大沽河发源于招远县阜山西麓，南流经过勾山水库，又南流进入莱西市境内。经过产芝水库，又南流至莱西辇子头村北，经洙河、小沽河、五沽河、南胶莱河的注入，最终于胶州湾入海。河长 179.9 km，流域面积 4 161.9 km²，河道平均比降 1.2‰，流域内河网密度 0.34 km/km²。

支脉河发源于高青县西部黄河南大堤下，水流呈扇状辐聚于吉池沟，曲折东流，在高青县前池村附近始有堤防约束，因此亦称支脉河源于前池村。支脉河东流经高青、博兴、广饶 3 县注入渤海。河长 134.55 km，流域面积 3 356 km²。

胶莱河干流为人工开凿的运河，河道顺直。胶莱河于平度南部姚家附近海拔 11.7 m 处分水。北段由分水处向西北流，经平度、高密两县边界，又西北流，经平度、昌邑两县边界，在昌邑流河东，转而北流，在莱州海沧口北注入渤海，谓之北胶莱河，又称北运河。南段由分水处向东南流，经平度、高密边界，在马家花园流入胶县境，又东南流，在胶县前店口乡圈子村南汇大沽河入胶州湾，谓之南胶莱河，又称南运河。胶莱河全长 130 km，流域总面积 5 479 km²。其中，北胶莱河长 100 km，流域面积 3 974 km²；南胶莱河长 30 km，流域面积 1 505 km²。

（4）流域长度在 50~100 km 的河流

有大沽夹河、母猪河、傅疃河等 8 条。

大沽夹河是胶东半岛地区注入北黄海的最大河流。上源有两支：东支名外夹河，亦称大沽河；西支名内夹河，亦称清洋河。两河在烟台福山区永福园村汇合后，始称大沽夹河。两河中以东支较长，为大沽夹河干流。它发源于海阳县北部郭城镇牧牛山，曲折东流，在牟平县埠西头附近曲折而东北流，经栖霞、福山两县区东部和牟平县西部，至牟平县东陌堂北转向西北流，在烟台市区小沙埠南转而北流，于东胜利村北注入北黄海。河长 80 km，流域面积 2 295.5 km²，河道平均比降 1.1‰，流域河网密度 0.69 km/km²。

母猪河又称老母猪河，是胶东半岛东部最大河流，因支流众多而得名。其主流为西母猪河，发源于文登、威海交界处的大田山东麓牙乔，西北流，绕过大田山，在文登韩家村转向西南。曲折西南流，至文登丁家洼，泊子河西北来注入。泊子河发源于文登西北道西山，东南流，由右岸注入母猪河，河长 18 km，流域面积176.7 km²，河道平均比降为 1.42‰。母猪河又西南流，在文登于家洼转向南流，经过米山水库，又南流至文登周格庄西，东母猪河东来注入。东母猪河是母猪河最大支流，它发源于威海市草庙正旗山，西南流由左岸注入母猪河，河长 45.7 km，流域面积为 362.2 km²，河道平均比降 1.56‰。母猪河又南流，在高岛南入南黄海。母猪河河长 58 km，流域面积 1 260.4 km²，河道平均比降2.08‰，流域河网密度0.25 km/km²。

傅疃河发源于五莲县大马鞍山南麓，南流经过日照水库，转而东南流，于日照蔡家滩入南黄海。河长 71.8 km，流域面积 1 040 km²，河道平均比降 2.3‰，河网密度 0.37 km/km²。

（5）流域长度在 30~50 km 的河流

有白马—吉利河、潮河、绣针河等 20 条。

白马—吉利河。白马河源出胶南县丰台村西，吉利河源出诸城鲁山西麓，东南流于胶南县河崖相会，其河长分别为 39 km 和 33.7 km，河道平均比降分别为 2.6‰和 3‰。两河汇合后继而南流，在胶南县马家滩南注入南黄海。汇合后河长 5.5 km。白马—吉利河总流域面积为 497 km²，河网密度为 0.42 km/km²。

潮河又名两城河，发源于五莲县大耳山北麓杨家沟，东南流，于日照的安家口子入南黄海，河长 45 km，流域面积 415.6 km²，河道平均比降 5.6‰，河网密度 0.39 km/km²。

绣针河发源于莒南县竹芦乡三皇山东坡，东南流，在日照安东卫镇获水南入南黄海，河长 45 km，流域面积 396 km²，河道平均比降 5.6‰，河网密度0.39 km/km²。

3.2.3　入海河流的径流量和输沙量

山东省入海河流中，以黄河径流量和输沙量为最高且占据山东省径流量和输沙量的绝大部分（表 3-1），其中 20 世纪 50 年代和 60 年代属丰水系列，年均径流量分别为 480.5×10⁸ m³ 和 501.2×10⁸ m³，与多年平均值相比偏多 29.5% 和 35.0%。70 年代以来，入海水量呈减少趋势，80 年代平均来水 285.9×10⁸ m³，较多年平均值偏少 23.0%。1987 年以来，黄河流域降水偏少，入海水量锐减。据统计，1987—1994 年，利津站年平均径流量 183×10⁸ m³，较多年平均偏少 50.7%（李荣升和赵善伦，2002）。

表 3-1　山东省主要入海河流水文特征

河流名称	河长（km）	径流量（×10⁸ m³）	输沙量（×10⁴ t）	统计时段（年）
黄河	5 464	319.38	104 900	1950—1990

河流名称	河长（km）	径流量（$\times 10^8$ m³）	输沙量（$\times 10^4$ t）	统计时段（年）
潍河	233	14.7	342	1953—1979
小清河	215	9.15	34.7	1956—1979
大沽夹河	80	6.15	34	1952—1979
弥河	206	6.02	108	1953—1979
五龙河	124	5.99	165.4	1958—1965
北胶莱河	100	4.96	30.1	1952—1957
傅疃河	73.5	3.62	37.11	1958—1965
母猪河	65	3.54	83.1	1952—1979
大沽河	169.6	3.45	121.7	1958—1965
黄垒河	69	3.2	32.6	1952—1975
乳山河	64	2.23	31.7	1956—1979
白马—吉利河	44.5	1.69	24.3	1952—1979
黄水河	55.4	1.46	20.4	1956—1965
辛安河	42.5	0.84	20.1	1952—1979

注：引自庄振业等，2000；丰爱平等，2006；山东省水文图集，1975；陈吉余，1995；中国海湾志第四分册，1993。

与黄河相比，其余河流无论径流量还是输沙量都较少，且在1980年后，随着人类活动对河流的影响增多，如上游建坝，引水灌溉等，使得以上河流的径流量和输沙量也呈现减少的趋势。

山东降水量集中于6—9月，因而河流输沙量也集中在这个时期。其中黄河输沙量占全省入海河流的输沙总量的99%以上。据1934—1980年利津水文站的资料统计，黄河多年平均含沙量为25.4 kg/m³，居世界第一；月平均含沙量的高值期为7—10月，8月的平均含沙量高达45.6 kg/m³。黄河多年平均年输沙量为10.8$\times 10^8$ t，年内分配不均。输沙高峰期与洪水期吻合，以7—10月最多，占全年输沙量的83.2%，其中又以8月最多，占30.8%；12月至翌年2月输沙较少，占1.9%。

除黄河外，流入渤海的漳卫新河、马颊河、徒骇河等9条河的资料统计表明，年平均输沙总量为557.9$\times 10^4$ t，仅为黄河输沙量的0.5%。输沙量的年内分配高峰期同径流一样，集中在6—9月。

流入胶州湾的大沽河、洋河、白沙河等四条主要河流的年平均输沙总量为85.2$\times 10^4$ t，其中主要是大沽河和洋河，占到82.2%。大沽河和洋河的输沙量高峰集中在6—8月。

流入黄海（不含胶州湾）的大沽夹河、辛安河等8条河流的年平均输沙总量为217.6$\times 10^4$ t，加上输入胶州湾的沙量，总共只占山东入海河流输沙总量的0.28%。其中主要是五龙河，年平均输沙量为84$\times 10^4$ t，占38.6%。年内分配主要集中于6—8月（李荣升和赵善伦，2002）。

3.2.4　入海河流的截流水库

（1）黄河流域

卧虎山水库位于玉符河上游，总库容 1.10×10^8 m³，兴利库容 0.36×10^8 m³。水库防洪能力达到万年一遇，设计灌溉面积 5 500 hm²，有效灌溉面积约 4 500 hm²。

雪野水库位于大汶河支流赢汶河上，总库容 2.21×10^8 m³，兴利库容 1.11×10^8 m³。水库达到千年一遇防洪能力，设计灌溉面积 1.33×10^4 hm²，有效灌溉面积8 000 hm²，年平均发电 89×10^4 kW·h。

（2）小清河流域

太河水库位于淄河上游，总库容 1.02×10^8 m³，兴利库容 0.74×10^8 m³。水库达百年一遇设计防洪标准，设计灌溉面积约 3×10^4 hm²，有效灌溉面积超过 1×10^4 hm²，可供给5 万人用水。

（3）潍河流域

墙夼水库位于潍河上游，总库容为 3.28×10^8 m³，兴利库容 0.85×10^8 m³。水库防洪能力达到万年一遇，设计灌溉面积超过 2.5×10^4 hm²，有效灌溉面积 2×10^4 hm²，年平均发电量 55.6×10^4 kW·h。

峡山水库位于潍河中游，总库容 13.77×10^8 m³，兴利库容 5.01×10^8 m³。水库达百年一遇设计防洪标准，设计灌溉面积超过 10×10^4 hm²，有效灌溉面积约 7×10^4 hm²，年平均发电量 312×10^4 kW·h。

（4）弥河流域

冶源水库位于弥河上游，总库容 2.03×10^8 m³，兴利库容 0.84×10^8 m³。水库防洪能力达 3 000 年一遇，设计灌溉面积约 1.3×10^4 hm²，有效灌溉面积超过 1.1×10^4 hm²，年平均发电量 27.75×10^4 kW·h。

（5）白浪河流域

白浪河水库位于河中游，总库容 1.22×10^8 m³，兴利库容 0.41×10^8 m³。水库达到 500 年一遇防洪能力，设计灌溉面积 4 400 hm²，有效灌溉面积 4 200 hm²。

3.2.5　入海河流的水资源污染

随着城市和工业的迅速发展，加之人们对保护水环境的重要性缺乏足够认识，治理措施不力，向水体排入大量含有毒有害物质的废水、废渣，致使山东省的水体逐步受到污染，水环境趋于恶化。进入 20 世纪 80 年代，随着废水和污染物质的排放量日益增加，水污染更为严重，并且有进一步加重的趋势。据 1985 年山东全省 66 条大小河流的 117 处水质监测资料，全省河流、湖泊、水库的水质，符合国家标准"地面水环境质量标准"（GB 3838—83）Ⅰ类、Ⅱ类、Ⅲ类（可作为生活饮用水）的有 35 个测站，Ⅳ类、Ⅴ类（轻污染和污染水体）的有 39 个，超Ⅴ类，即严重污染水体 43 个（表 3-2）。

表 3 - 2　1985 年山东省地表水水质污染综合评价

水质差别	Ⅰ类	Ⅱ类	Ⅲ类	Ⅳ类	Ⅴ类	超Ⅴ类	合计
测站（个）	4	16	15	29	10	43	117
占总测站百分比（%）	3.4	13.7	12.8	24.8	8.5	36.8	100

（1）黄河口污染

黄河口及其近岸水域水污染严重，主要污染物为汞和氮，且黄河口近岸水域大多数污染物含量高于黄河口。与历史资料相比，黄河口汞和锌含量相差无几，但其含量在近岸水域增长幅度大，因此，可以推测黄河口三角洲的污水排放是造成近岸局部水域污染的主要原因。黄河口附近氮含量高且增长幅度大，表明黄河口水域的水污染可能会加剧渤海湾的富营养化。

黄河口底泥污染程度较低，不会造成明显的生态负面影响。但近年来重金属、氮和有机质含量均有大幅度提高，特别是汞含量增加幅度更快。泥沙中汞和锌含量 20 年的增长幅度与其在水中的增长幅度相似（刘成等，2005）。

（2）小清河口污染

由于小清河向莱州湾输入大量的有机物和营养盐，致使莱州湾水体受到严重破坏，水体的高锰酸盐指数高于国家海水水质标准（GB 3097—1997）中的限定值。小清河口水体富营养化严重，并且亚硝酸盐偏高，大部分水体的浓度在 0.1 mg/L 以上（孙庆振，2009）。河口污染对渔业资源产生很大危害，严重影响了莱州湾生态系统的健康并制约当地经济发展。虽然近几年小清河经过多次治理，但河口各项污染指标并没有呈明显下降的趋势，污染形势仍然相当严峻。

（3）大沽河口污染

胶州湾大沽河口及邻近海域表层海水水质的富营养化程度总体水平较高，其中河口及河道区域富营养化趋势较为明显，并且有加重的趋势。无机氮和石油类为该海域的主要污染物。污染要素基本上呈现由河口区域向海湾内递增的趋势（韩彬等，2010）。

水资源污染关系到社会经济的可持续发展，应加强污染防治工作，加大污染防治力度，保护水资源，防止水污染进一步恶化。

3.3　山东省海湾资源

3.3.1　概述

山东半岛三面环海，大陆海岸线北自无棣县的大口河河口，南至日照市的绣针河口，陆地海岸线总长 3 345 km（也有数据为 3 024 km，见《2012 年山东省情况》之"自然地理"），约占全国的 1/6。沿岸分布 200 多个大小不一的海湾，以半封闭型居多。大部分海湾有河流注入，形成了形态各异的河口湾。海湾的大小、形态多受地质构造控制，有的独立成湾，有的是大湾中包括小湾，如黄根塘湾、利根湾、胶州湾、崂山湾、靖海湾、桑沟湾、莱州湾等，面积都在 50 km² 以上，其中包括许多小湾（杨治家等，1992）。图 3 - 8

为山东省海湾位置分布情况。

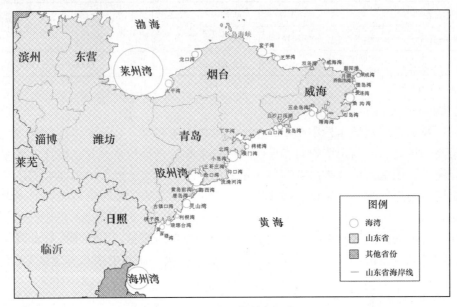

图3-8　山东省海湾位置分布

《联合国海洋法公约》（1982年）第十条第二款规定："海湾是明显水曲，其凹入程度和曲口宽度的比例，使其有被陆地环抱的水域，而不仅为海岸的弯曲。但水曲除其面积等于或大于横越曲口所划的直线作为直径的半圆形的面积外，不应视为海湾。"据此统计，山东沿海面积大于1 km²的海湾有51个。除省内最大的莱州湾和埕口潟湖位于黄河三角洲和潍北平原沿海外，其余均处于鲁东丘陵沿海，其中胶东半岛北岸9个，东端12个，南岸17个，胶州湾以南11个（李荣升和赵善伦，2002）。表3-3为统计的山东省主要海湾。

表3-3　山东省主要海湾统计（李荣升和赵善伦，2002）

名称	口门宽度（km）	面积（km²）	最大水深（m）	注入河流	隶属	可开发项目（包括已开发）
莱州湾	96	6 060	18	黄河、小清河、白浪河、潍河、胶莱河等	东营、潍坊、烟台	石油、盐业、金矿、渔场、养殖
龙口湾	13.4	84.13	10.6	界河、河抱河、成家河、龙口河	龙口	煤田、金矿
套子湾	17.12	117.87	14	大姑夹河、黄金河、柳林河、旱夹河等	福山、烟台	深水港口、旅游
芝罘湾	6.6	34.6	11		烟台	旅游、港口
双岛湾	1.8	18.12	5	羊亭河、廒上河、初村河、崮岭河等	文登、威海	科研、养殖

名称	口门宽度（km）	面积（km²）	最大水深（m）	注入河流	隶属	可开发项目（包括已开发）
威海湾	6.8	62.77	35	徐家河、望岛河、长峰河	威海	深水码头、养殖、旅游
朝阳港	0.15	10.63	2		荣成	养殖、自然保护区、海岸公园
马山港（月湖）	0.21	4.63	2		荣成	自然保护区、科研、海岸公园
养鱼池湾	0.95	5.24	7.4		荣成	养殖、小型港口
临洛湾	2.7	3.81	9		荣成	养殖
俚岛湾	2.86	3.42	10		荣成	养殖、小型港口
爱连湾	2.88	5.56	15.8		荣成	养殖、小型港口
桑沟湾	11.5	150.26	15	王莲河、小洛河、沽河、崖头河等	荣成	中小型港口、养殖
石岛湾	5.1	35.64	11		荣成	港口、养殖
靖海湾	12.78	140.34	8	青龙河、蔡官家河、铺里河等	荣成、文登	养殖、盐业、港口、发电
乳山口湾	0.8	54.45	17	锯河、乳山河	乳山	养殖、盐业
险岛湾	1.98	4.43	6		乳山	养殖
白沙口潟湖	0.1	3.91	1.3	白沙滩河	乳山	养殖、潮汐发电
丁字湾	6	130.47	12.6	五龙河、店集河、莲阴河、白沙河等	海阳、莱阳、即墨	盐业、养殖
北湾	11	163.13	13	大任河、温泉河、新生河等	即墨	盐业、养殖、温泉疗养
小岛湾	7.1	34.65	8	晓望河、王哥庄河、石人河、土寨河等	即墨、青岛	养殖、中小型港口、旅游
胶州湾	3.1	438.00	64	海泊河、李村河、白沙河、南胶莱河等	青岛	港口、养殖、旅游等
唐岛湾	2.5	17.00	6		青岛、胶南	养殖
古镇口湾	2.3	21.21	4		胶南	近海捕捞、养殖
灵山湾	23.4	107	12	风河	胶南	养殖、港口
琅琊台湾	3.8	14.53	5		胶南	养殖、旅游
海州湾	42	876.39	12.2	绣针河、龙王河、青口河、新沭河等	日照、连云港	渔场、养殖、港口、旅游

3.3.2　典型海湾

（1）莱州湾：位于山东半岛西北，渤海南部，与辽东湾、渤海湾并称渤海三大海湾，为山东海湾之冠。湾口西起现代黄河新入海口，东至屺坶岛高角。由于黄河等河流泥沙的淤积作用，使其面积不断缩小，沿岸水深也随之变浅。

（2）龙口湾：位于山东半岛北部，为莱州湾的附属海湾。湾口开向西南，北起屺坶岛高角，南至界河口，属于开敞式海湾，呈半圆形，为典型的连岛沙坝成因的次生海湾，地理位置优越，周边地区有丰富的矿产资源，具有良好的开发前景。

（3）威海湾：位于山东半岛北岸，与辽东半岛隔海相望，东起东山嘴，南至鬼子头。入湾河流携沙少，自然沉积作用微弱，适合建设码头，发展海上运输。

（4）胶州湾：位于黄海之滨，山东半岛南岸，是半封闭式海湾，湾口向东南。海湾环境优美、资源丰富，自然条件优越，适合深水港口建设、人工养殖业及旅游业的发展，但经过近百年特别是近几十年的开发，大量生活污水、工业废水和城市垃圾排放到海湾中，海区污染严重，另外，由于自然和人为因素的影响，如围海造田等，胶州湾面积日趋缩小。因此，政府亟须改善胶州湾生态环境并维持其优良状态的动态平衡。

（5）海州湾：主要分布在江苏省连云港市沿岸，日照市南部海岸也与其邻接。湾口北起日照岚山镇的佛手嘴，南至连云港区高公岛，东临黄海。南北两侧均是建港的有利场所；具有丰富的水产资源，渔业发达；由于其位于中纬度地区，气候条件适于晒盐；其地处我国海岸中部，第二亚欧大陆桥东端，腹地广阔，地理位置优越。

丰富的海湾资源是山东省得天独厚的优势，具有广阔的可用于开发建设的空间。众多的海湾除可修建港口外，还可用于养殖业、盐业和旅游业，以及建设潮汐电站等。

3.4　山东省海岛资源

3.4.1　山东海岛资源概况

山东半岛向东突出于渤海与黄海中，与辽东半岛、朝鲜半岛、日本列岛隔海相望，山东大大小小的海岛及岛群则沿着山东半岛分布在渤海与黄海中。其中庙岛群岛屹立在渤海海峡之中，是渤海和黄海的分界处，扼海峡咽喉，前三岛（平山岛、达山岛、车牛山岛）坐落在海州湾口，是山东南部沿岸渔业资源增殖的重要基地（时红丽，2009）。

据山东省"908专项"海岛（礁）综合调查，山东省有海岛456个，海岛总面积约111.22 km²，海岛岸线长约561.44 km。其中面积500 m²以上海岛共有320个，有常住居民岛34个，领海基点岛8个。海岛中淤积型沙质岛66个，主要分布在滨州、东营和潍坊市；基岩岛254个，主要分布在烟台、威海、青岛和日照（黄海军等，2010）。

3.4.2　山东海岛分类

山东省海岛按照海岛地质结构及物质组成分为基岩岛、沙岛和人工岛。

山东海域的沙岛组成以贝壳砂、黏土质粉砂和粉砂质黏土为主，一般分布在平均高潮线与特大高潮线之间的潮滩地带。此类海岛又可进一步分为贝壳堤岛和残留冲积岛。

沙岛主要分布在黄河三角洲北侧的滨州和潍坊昌邑。该地区海岛海岸类型多为粉砂淤泥质海岸,即沉积物以粉砂和淤泥质粉砂为主,泥质潮滩广泛发育。由于沿岸水浅、滩宽、地势平坦,加上水质肥沃,是比较理想的海洋农牧化基地。

该区除部分海岛生活污水外,无工业或其他污染来源,土壤没有污染,海域水质、生态环境良好,未受到污染危害,水质的污染物主要是海上作业生产船只含油废水的排放,这也是造成部分滩涂和浅海油类污染的主要来源,底质中污染物含量较水质污染物含量多。滨州和潍坊昌邑的海岛上植被稀疏,有些海岛没有植被生长,有的植被也是一些以盐生植物为主的草本植物,比如翅碱蓬群丛、蒿类群丛、芦苇群丛等。

基岩岛多为构造运动而形成。多数基岩裸露,四周岸壁较陡,海蚀地貌发育。周围海滩宽度较小,海底沉积物厚度不大。基岩埋藏深度小,为港口及各种海上工程建设提供了良好条件。基岩岛多数呈岛群分布,还有不少海岛可据其所处的自然地理条件和开发程度分为人工陆连岛、人工岛连岛、岛连岛、潮间岛和孤岛五种类型(李荣升和赵善伦,2002)。

3.4.3 山东海岛资源状况

山东省海岛特殊的地理位置和自然环境条件,使其拥有独特的资源。

(1) 生物资源

丰富的饵料,适宜的生态环境,使山东海岛分布海域成为多种鱼虾集聚区域,形成了莱州湾、烟威、石岛、青海、海州湾、连青石等几大著名的近岸渔场,总面积达 17×10^4 km²。该海区有鱼虾资源 260 余种,经济贝类 20 多种,经济藻类 10 多种。

山东省 31 个有人海岛可利用的浅海和滩涂面积约 1.5×10^4 km²,发展滩涂种植和养殖的潜力巨大。长山列岛的名贵药材种类繁多,其中,陆地药材主要有灵芝、元胡、麻黄、地榆、土元和蝎子等 204 科 569 种;海上药材有刺参、石决明等贵重药材 91 科 154 种;在岛上栖息的鸟类,有 24 科 53 种。此外,还有闻名全国的蛇岛,蛇类资源相当丰富。

山东省海岛有许多著名的海洋自然保护区。例如,庙岛海洋自然保护区,面积 5 250 km²,是由国家海洋局主持的地方级海洋自然保护区,保护对象是暖温带海岛生态。山东省省属海洋自然保护区有青岛市大公岛岛屿生态系统海洋自然保护区,占地 1 200 km²,珍稀鸟类及栖息地是其保护对象。另外,还有庙岛群岛海豹(省级)自然保护区、海阳千里岩海洋生态系统海洋自然保护区和无棣贝壳堤与湿地生态系统海洋自然保护区。

(2) 旅游资源

山东省海岛往往既有优美的自然景观,又有别致的人文景观,非常适合发展旅游业。长山列岛,素有"珠矶球石"之称,更是闻名于全国;风景优美的田横岛上有五百义士墓和田横祠址;斋堂岛、沐官岛据说是秦始皇登琅琊台时侍官斋戒、沐浴的地方;灵山岛高513.6 m,是我国第三高岛,岛上奇山怪石、林木葱茏,有望海楼、老虎嘴、象鼻山等地质景观;还有崆峒岛、刘公岛等。

山东省的海岛,山海相映,气候温和,非常适合发展旅游业,且大多离大陆海岸不远,通达性好。

山东省海岛相对集中在六大分布区(表 3-4)。区域集中性强有利于形成和优化旅游网络，增加旅游景点和游客容量，从而延长游客滞留时间，提高旅游业的收入。

表3-4 山东省海岛六大分布区（信忠保等，2004）

名称	个数	分布面积
徒骇河口—马颊河口	57	36 km × 59 km
佺峒岛	20	30 km × 25 km
刘公岛	14	29 km × 20 km
庙岛群岛	26	45 km × 72 km
成山头—石岛	61	34 km × 68 km
乳山口—青岛	75	136 km × 106 km

（3）空间资源

不少岛屿深居海湾内，基岩岸段长，深水区离岸近，适宜建设各种类型的港口。石岛湾内的镆铘岛，距岸边3 km处水深即达10 m以上，可建5万吨级以上的大港。北长山岛、养马岛等岛屿可建中小型港口。

应根据海岛空间资源的特点进行分层次利用，可在海岛建常规科学观测站、导航塔、电台；在海岛山坡建森林、生态公园、地质公园、度假村、别墅等；在海岸带开展攀岩、垂钓、沙滩娱乐和湿地养殖等；利用近岸水体发展养殖和水上娱乐业、建海底公园等（信忠保等，2004）。

（4）卤水资源

山东省海岛的气候多为暖温带东亚季风大陆性半湿润气候或暖温带季风型海洋性过渡气候，具有春季多风、干燥，夏热多雨，冬寒季长，四季分明的特点，光照充足，光能资源丰富，这种气候使海水含盐量较高，地下卤水资源十分丰富，埋藏较浅，易于开采，给发展晒盐业带来了极大的便利。

除上述资源外，山东海岛的贝壳砂资源、海底砂、淡水、海洋能等资源也都比较丰富。

3.4.4 山东海岛资源开发问题

目前，山东省一些海岛根据自身的优势已逐步进行开发，开发利用的方向主要是养殖业、海洋捕捞业、旅游业以及盐田、地下卤水、风能的开发利用。同时考虑到当地的自然生态环境和人文景观，建立了一些自然和人文保护区（时红丽，2009）。在海岛资源的开发利用中应注意以下几个方面。

① 进一步加强海岛资源调查研究，开展大比例尺海岛功能区划，以区划指导开发和保护。群岛总体规划和分岛规划结合，纳入国民经济发展规划之中。加大执法力度，进一步完善海岛开发与保护的法律体系。

② 提高科技水平和海洋意识。当前应优先发展海水增殖养殖技术、海洋生物工程技术、海岛的调查和探测技术、海产品加工技术及海洋捕捞技术等。公民海洋意识是海岛发展能否成功的关键。要通过海洋知识的普及教育和专业教育，增强海岛和沿海居民的海洋

意识，促使海洋事业的公民参与，推动海洋意识的提高和海洋新价值观的建立与发展。

③ 加强基础设施建设。山东海岛基础设施薄弱一直是海岛经济发展的制约因素，当务之急是解决淡水匮乏、电力不足和交通不畅等问题，还需不断提高海岛的信息化水平。

④ 切实保护生态环境。对环境有危害的企业必须加快工艺改造，加大环保投资。要加大执法力度，对耗能大、污染重、效益差的企业，坚决实行关、停、并、转；治理水土流失，实行退耕还林，恢复自然植被；严格控制海岛渔业资源的捕捞强度；在生物资源丰富，生物多样性好的海岛，积极申请海岛自然保护区，建立自然保护区，建立自然保护区是保持海岛上生物多样性、维护海岛生态平衡的最有效的措施（信忠保等，2004）。

3.5　山东省滨海沙滩资源

山东半岛海岸线长约 3 000 多千米，约占全国岸线总长度的 1/6，居全国第二。在蜿蜒曲折的岸线上分布有大大小小的沙滩约 123 个，累计长度约 365 km，约占山东半岛海岸线长度的 1/9。滨海沙滩是山东半岛蓝色经济区建设中最为重要的滨海景观地带之一。图 3-9 所示为山东半岛滨海沙滩的分布范围。

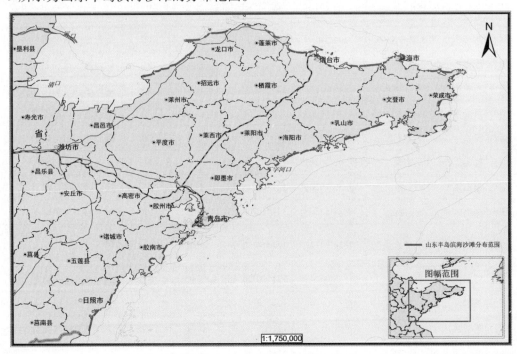

图 3-9　山东半岛滨海沙滩分布范围

3.5.1　山东省滨海沙滩资源概况

山东的滨海沙滩主要分布在日照、青岛、威海和烟台 4 个地区。据国家海洋局公益专项最新调查资料，山东省沙滩总数 123 个，总长度 365 km，占上述 4 个地区海岸长度的 20% 左右，空间分布比较均匀，有利于规划与利用。表 3-5 所示为山东滨海沙滩名录。

表3-5　山东省滨海沙滩名录

序号	地市	县区	沙滩名称	沙滩中点坐标		沙滩长度（km）	沙滩宽度（m）	沙滩全称
				纬度（N）	经度（E）			
1	烟台	莱州市	三山岛—刁龙嘴	37°22′42.88″	119°53′46.56″	7.7	90	烟台莱州市三山岛—刁龙嘴
2	烟台	莱州市	海北嘴—三山岛	37°25′02.97″	119°58′58.10″	4.6	25	烟台莱州市海北嘴—三山岛
3	烟台	莱州市	石虎嘴—海北嘴	37°26′09.37″	120°02′25.11″	7	35	烟台莱州市石虎嘴—海北嘴
4	烟台	招远市	界河西	37°29′30.77″	120°10′30.32″	17.3	50	烟台招远市界河西
5	烟台	龙口市	界河北	37°34′08.89″	120°16′26.08″	5.8	35	烟台龙口市界河北
6	烟台	龙口市	龙口港北	37°41′10.43″	120°18′58.31″	8.59	50	烟台龙口市龙口港北
7	烟台	龙口市	南山集团西	37°43′04.35″	120°24′39.27″	2.55	23	烟台龙口市南山集团西
8	烟台	龙口市	南山集团月亮湾	37°44′13.77″	120°26′03.62″	2.7	62	烟台龙口市南山集团月亮湾
9	烟台	龙口市	栾家口—港栾	37°44′56.99″	120°31′30.43″	13.63	60	烟台龙口市栾家口—港栾
10	烟台	蓬莱市	蓬莱阁东	37°49′15.81″	120°45′42.43″	1.08	90	烟台蓬莱市蓬莱阁东
11	烟台	蓬莱市	蓬莱仙境东	37°49′23.46″	120°46′57.29″	1.25	53	烟台蓬莱市蓬莱仙境东
12	烟台	蓬莱市	小皂北	37°48′56.67″	120°47′57.56″	2.06	50	烟台蓬莱市小皂北
13	烟台	蓬莱市	谢宋营	37°45′27.39″	120°58′01.91″	2.3	29	烟台蓬莱市谢宋营
14	烟台	福山区	马家村	37°42′36.07″	121°01′59.75″	5.3	80	烟台福山区马家村
15	烟台	福山区	芦洋	37°39′29.69″	121°07′43.73″	1.57	55	烟台福山区芦洋
16	烟台	福山区	黄金河西	37°35′12.08″	121°10′00.85″	5.9	106	烟台福山区黄金河西
17	烟台	福山区	开发区海水浴场	37°34′27.23″	121°14′50.74″	8.56	134	烟台福山区开发区海水浴场
18	烟台	福山区	夹河东	37°35′05.49″	121°20′20.68″	3.95	100	烟台福山区夹河东
19	烟台	芝罘区	第一海水浴场	37°32′08.92″	121°24′47.49″	0.68	70	烟台芝罘区第一海水浴场
20	烟台	芝罘区	月亮湾	37°32′01.23″	121°25′36.37″	0.26	39	烟台芝罘区月亮湾
21	烟台	芝罘区	第二海水浴场	37°31′10.44″	121°26′39.84″	0.36	43	烟台芝罘区第二海水浴场
22	烟台	莱山区	烟大海水浴场	37°28′46.63″	121°27′26.62″	2.8	60	烟台莱山区烟大海水浴场
23	烟台	莱山区	东泊子	37°27′18.87″	121°29′57.45″	2.7	70	烟台莱山区东泊子
24	烟台	牟平市	金山港西	37°27′14.80″	121°42′25.90″	5.6	100	烟台牟平市金山港西
25	烟台	牟平市	金山港东	37°27′47.99″	121°51′57.62″	15.7	120	烟台牟平市金山港东
26	威海	环翠区	初村北海	37°28′18.12″	121°56′13.46″	1.76	58	威海环翠区初村北海

序号	地市	县区	沙滩名称	沙滩中点坐标		沙滩长度（km）	沙滩宽度（m）	沙滩全称
				纬度（N）	经度（E）			
27	威海	环翠区	金海路	37°29′03.40″	121°58′31.97″	3.23	73	威海环翠区金海路
28	威海	环翠区	后荆港	37°30′32.11″	122°00′51.12″	3.06	41	威海环翠区后荆港
29	威海	环翠区	国际海水浴场	37°31′38.14″	122°02′16.60″	2.15	83	威海环翠区国际海水浴场
30	威海	环翠区	威海金海滩	37°31′59.39″	122°03′58.74″	1.03	47	威海环翠区威海金海滩
31	威海	环翠区	玉龙湾	37°32′30.65″	122°05′28.95″	0.38	25	威海环翠区玉龙湾
32	威海	环翠区	葡萄滩	37°32′32.62″	122°06′23.32″	0.99	46	威海环翠区葡萄滩
33	威海	环翠区	靖子	37°33′02.15″	122°07′16.19″	0.37	12	威海环翠区靖子
34	威海	环翠区	山东村	37°32′54.92″	122°08′09.32″	0.29	20	威海环翠区山东村
35	威海	环翠区	伴月湾	37°31′41.48″	122°09′05.66″	0.72	36	威海环翠区伴月湾
36	威海	环翠区	海源公园	37°31′09.17″	122°08′50.17″	0.67	5	威海环翠区海源公园
37	威海	环翠区	杨家滩	37°25′59.96″	122°09′43.63″	2.44	13	威海环翠区杨家滩
38	威海	环翠区	卫家滩	37°25′24.06″	122°16′41.46″	1.45	19	威海环翠区卫家滩
39	威海	环翠区	逍遥港	37°24′32.35″	122°19′49.33″	0.96	38	威海环翠区逍遥港
40	威海	环翠区	黄石哨	37°24′44.76″	122°22′15.11″	1.44	20	威海环翠区黄石哨
41	威海	荣成市	纹石宝滩	37°24′33.03″	122°25′22.32″	5.81	52	威海荣成市纹石宝滩
42	威海	荣成市	香子顶	37°25′22.93″	122°28′11.84″	2.17	31	威海荣成市香子顶
43	威海	荣成市	朝阳港	37°24′55.37″	122°28′51.64″	2.15	32	威海荣成市朝阳港
44	威海	荣成市	成山林场	37°23′54.71″	122°33′10.29″	6.45	76	威海荣成市成山林场
45	威海	荣成市	仙人桥	37°24′03.14″	122°34′35.72″	0.72	20	威海荣成市仙人桥
46	威海	荣成市	柳夼	37°24′22.66″	122°35′01.95″	0.43	19	威海荣成市柳夼
47	威海	荣成市	羡霞湾	37°24′41.73″	122°37′17.15″	0.32	22	威海荣成市羡霞湾
48	威海	荣成市	龙眼湾	37°24′48.21″	122°38′24.62″	1.26	16	威海荣成市龙眼湾
49	威海	荣成市	马栏湾	37°24′40.41″	122°39′29.00″	0.68	15	威海荣成市马栏湾
50	威海	荣成市	成山头	37°24′03.48″	122°41′45.75″	0.76	19	威海荣成市成山头
51	威海	荣成市	松埠嘴	37°22′45.34″	122°37′18.17″	3.60	45	威海荣成市松埠嘴
52	威海	荣成市	天鹅湖	37°21′34.69″	122°35′14.34″	4.86	42	威海荣成市天鹅湖
53	威海	荣成市	马道	37°16′58.22″	122°32′52.97″	0.91	29	威海荣成市马道
54	威海	荣成市	纹石滩	37°13′28.84″	122°35′19.46″	0.65	18	威海荣成市纹石滩
55	威海	荣成市	瓦屋口—金角港	37°11′57.24″	122°36′25.01″	2.28	48	威海荣成市瓦屋口—金角港

序号	地市	县区	沙滩名称	沙滩中点坐标		沙滩长度（km）	沙滩宽度（m）	沙滩全称
				纬度（N）	经度（E）			
56	威海	荣成市	爱连	37°11′25.85″	122°34′41.80″	0.72	19	威海荣成市爱连
57	威海	荣成市	张家	37°10′37.53″	122°33′26.16″	1.88	32	威海荣成市张家
58	威海	荣成市	荣成海滨公园	37°08′07.41″	122°28′24.61″	6.14	78	威海荣成市荣成海滨公园
59	威海	荣成市	马家寨	37°01′28.42″	122°29′02.49″	1.04	20	威海荣成市马家寨
60	威海	荣成市	马家寨东	37°01′37.01″	122°30′32.09″	0.90	26	威海荣成市马家寨东
61	威海	荣成市	东楮岛	37°01′58.55″	122°32′09.18″	0.58	20	威海荣成市东楮岛
62	威海	荣成市	楮岛东	37°02′33.80″	122°33′25.43″	0.51	28	威海荣成市楮岛东
63	威海	荣成市	白席	37°02′27.40″	122°34′06.18″	0.43	29	威海荣成市白席
64	威海	荣成市	红岛圈	37°02′18.51″	122°34′09.86″	0.65	20	威海荣成市红岛圈
65	威海	荣成市	马栏阱—楮岛	37°01′59.49″	122°32′46.31″	3.16	120	威海荣成市马栏阱—楮岛
66	威海	荣成市	小井石	36°58′50.64″	122°32′14.63″	0.46	35	威海荣成市小井石
67	威海	荣成市	乱石圈	36°58′09.67″	122°31′53.71″	0.58	43	威海荣成市乱石圈
68	威海	荣成市	东镆铘	36°57′09.83″	122°31′13.24″	3.95	39	威海荣成市东镆铘
69	威海	荣成市	镆铘岛	36°53′55.02″	122°29′53.01″	0.69	40	威海荣成市镆铘岛
70	威海	荣成市	石岛湾	36°55′10.42″	122°25′04.75″	1.64	61	威海荣成市石岛湾
71	威海	荣成市	石岛宾馆	36°52′34.65″	122°25′57.01″	0.20	49	威海荣成市石岛宾馆
72	威海	荣成市	东泉	36°50′28.83″	122°21′01.60″	1.42	43	威海荣成市东泉
73	威海	荣成市	西海崖	36°50′22.93″	122°19′27.27″	1.38	54	威海荣成市西海崖
74	威海	荣成市	山西头	36°50′44.38″	122°15′56.08″	0.32	17	威海荣成市山西头
75	威海	荣成市	靖海卫	36°50′56.49″	122°12′11.14″	2.92	45	威海荣成市靖海卫
76	威海	文登市	港南	36°57′10.13″	122°05′54.97″	1.55	17	威海文登市港南
77	威海	文登市	南辛庄	36°55′12.20″	122°04′33.30″	1.93	71	威海文登市南辛庄
78	威海	文登市	前岛	36°54′28.20″	122°02′33.81″	1.02	50	威海文登市前岛
79	威海	文登市	文登金滩	36°55′47.32″	121°54′19.70″	8.75	45	威海文登市文登金滩
80	威海	乳山市	白浪	36°54′06.09″	121°48′57.49″	8.26	82	威海乳山市白浪
81	威海	乳山市	仙人湾	36°50′22.42″	121°44′00.04″	1.63	49	威海乳山市仙人湾
82	威海	乳山市	乳山银滩	36°49′24.96″	121°39′59.47″	8.89	100	威海乳山市乳山银滩
83	威海	乳山市	驳网	36°46′01.85″	121°37′23.32″	0.84	37	威海乳山市驳网
84	威海	乳山市	大乳山	36°46′17.57″	121°30′05.27″	0.55	91	威海乳山市大乳山
85	烟台	海阳市	桃源	36°46′15.80″	121°27′57.91″	0.36	39	烟台海阳市桃源

序号	地市	县区	沙滩名称	沙滩中点坐标		沙滩长度（km）	沙滩宽度（m）	沙滩全称
				纬度（N）	经度（E）			
86	烟台	海阳市	梁家	36°45′38.72″	121°24′14.35″	0.60	55	烟台海阳市梁家
87	烟台	海阳市	大辛家	36°44′40.22″	121°22′52.65″	1.70	95	烟台海阳市大辛家
88	烟台	海阳市	远牛	36°43′05.49″	121°19′38.77″	4.50	70	烟台海阳市远牛
89	烟台	海阳市	高家庄	36°42′20.75″	121°16′14.97″	6.60	61	烟台海阳市高家庄
90	烟台	海阳市	海阳万米海滩	36°41′30.59″	121°12′17.40″	4.50	93	烟台海阳市海阳万米海滩
91	烟台	海阳市	潮里—庄上—羊角盘	36°39′16.18″	121°07′33.23″	10.10	117	烟台海阳市潮里—庄上—羊角盘
92	烟台	海阳市	丁字嘴	36°35′01.53″	121°01′15.39″	4.70	122	烟台海阳市丁字嘴
93	青岛	即墨市	南营子	36°24′48.00″	120°54′11.60″	2.31	87	青岛即墨市南营子
94	青岛	即墨市	巉山	36°23′36.30″	120°53′04.80″	0.82	44	青岛即墨市巉山
95	青岛	崂山区	港东	36°16′37.80″	120°40′27.40″	0.43	40	青岛崂山区港东
96	青岛	崂山区	峰山西	36°15′29.40″	120°40′22.50″	0.46	53	青岛崂山区峰山西
97	青岛	崂山区	仰口湾	36°14′22.90″	120°40′01.70″	1.30	86	青岛崂山区仰口湾
98	青岛	崂山区	元宝石湾	36°11′49.40″	120°40′58.20″	0.84	48	青岛崂山区元宝石湾
99	青岛	崂山区	流清河海水浴场	36°07′24.80″	120°36′24.10″	0.87	67	青岛崂山区流清河海水浴场
100	青岛	崂山区	石老人海水浴场	36°05′35.60″	120°28′03.70″	2.06	130	青岛崂山区石老人海水浴场
101	青岛	市南区	第三海水浴场	36°03′00.00″	120°21′38.20″	0.81	66	青岛市南区第三海水浴场
102	青岛	市南区	前海木栈道	36°02′58.46″	120°21′20.48″	0.65	21	青岛市南区前海木栈道
103	青岛	市南区	第二海水浴场	36°03′01.40″	120°20′47.90″	0.38	53	青岛市南区第二海水浴场
104	青岛	市南区	第一海水浴场	36°03′19.60″	120°20′19.90″	0.60	74	青岛市南区第一海水浴场
105	青岛	市南区	第六海水浴场	36°03′42.90″	120°18′40.70″	0.59	25	青岛市南区第六海水浴场
106	青岛	黄岛区	金沙滩海水浴场	35°58′05.13″	120°15′15.67″	2.69	139	青岛黄岛区金沙滩海水浴场
107	青岛	黄岛区	鹿角湾	35°56′55.41″	120°13′56.18″	2.77	75	青岛黄岛区鹿角湾
108	青岛	黄岛区	银沙滩	35°55′00.22″	120°11′44.30″	1.45	94	青岛黄岛区银沙滩
109	青岛	黄岛区	鱼鸣嘴	35°53′58.84″	120°11′23.31″	0.55	25	青岛黄岛区鱼鸣咀
110	青岛	胶南市	白果	35°54′32.43″	120°06′23.65″	2.99	48	青岛胶南市白果
111	青岛	胶南市	烟台前	35°52′59.12″	120°03′46.08″	9.60	110	青岛胶南市烟台前
112	青岛	胶南市	高峪	35°46′27.08″	120°01′57.92″	1.11	51	青岛胶南市高峪

序号	地市	县区	沙滩名称	沙滩中点坐标		沙滩长度（km）	沙滩宽度（m）	沙滩全称
				纬度（N）	经度（E）			
113	青岛	胶南市	南小庄	35°45′47.81″	120°01′39.21″	1.19	62	青岛胶南市南小庄
114	青岛	胶南市	古镇口	35°45′23.67″	119°54′42.55″	8.80	28	青岛胶南市古镇口
115	青岛	胶南市	周家庄	35°41′43.17″	119°54′46.04″	1.90	54	青岛胶南市周家庄
116	青岛	胶南市	王家台后	35°39′48.85″	119°54′10.19″	2.65	92	青岛胶南市王家台后
117	日照	东港区	海滨国家森林公园	35°31′28.80″	119°37′18.38″	5.15	58	日照东港区海滨国家森林公园
118	日照	东港区	大陈家	35°29′21.37″	119°36′26.33″	2.08	41	日照东港区大陈家
119	日照	东港区	东小庄	35°28′02.94″	119°35′56.16″	1.33	32	日照东港区东小庄
120	日照	东港区	富蓉村	35°27′38.90″	119°35′27.00″	0.50	48	日照东港区富蓉村
121	日照	岚山区	万平口海水浴场	35°25′33.50″	119°34′01.50″	6.35	87	日照岚山区万平口海水浴场
122	日照	岚山区	涛雒镇	35°16′30.11″	119°24′48.48″	7.31	225	日照岚山区涛雒镇
123	日照	岚山区	虎山	35°08′27.64″	119°22′36.67″	14.68	175	日照岚山区虎山

通过调查研究发现山东半岛沙滩数量大、分布广，部分海滩周边随着人类活动的增多而逐渐发展成为城市的中心区域，部分海滩已经成为城市的名片。在众多海滩中，目前已经开发利用的海滩有28处，累积长度89.63 km（表3-6）。

表3-6 山东海滩开发利用汇总

区域	海滩名称	海滩长度（km）	海滩宽度（m）	干滩厚度（m）	水质	区域特征
日照	万平口海水浴场	6.39	150	3.2	一类水质	名胜景区
日照	海滨国家森林公园	5.24	173	3.06	一类水质	乡镇周边
青岛	王家台后	2.78	141	1~2	二类水质	名胜景区
青岛	胶南海水浴场	9.97	161	1.3	二类水质	县市周边
青岛	银沙滩	1.5	227	0.96	一类水质	名胜景区
青岛	金沙滩海水浴场	2.73	204	0.73	一类水质	名胜景区
青岛	第六海水浴场	0.63	48	0.5	一类水质	中心城市周边
青岛	第一海水浴场	0.64	222	1~2	一类水质	中心城市周边
青岛	第二海水浴场	0.4	109	1.2	一类水质	中心城市周边
青岛	第三海水浴场	1.06	164	1.2	一类水质	中心城市周边
青岛	石老人海水浴场	2.1	213	1.6	二类水质	中心城市周边

区域	海滩名称	海滩长度（km）	海滩宽度（m）	干滩厚度（m）	水质	区域特征
青岛	流清河海水浴场	0.94	122	1.3	二类水质	名胜景区
青岛	仰口湾	1.46	122	1.5	二类水质	县市周边
威海	乳山银滩	8.9	290	2.1	二类水质	名胜景区
威海	石岛湾	2.3	140	2.1	二类水质	乡镇周边
威海	荣成海滨公园	5.4	190	2.1	二类水质	县市周边
威海	天鹅湖	5.1	80	2.1	一类水质	乡镇周边
威海	伴月湾	0.59	30	1.1	一类水质	中心城市周边
威海	国际海水浴场	1.97	60	2.1	一类水质	中心城市周边
烟台	海阳万米海滩	4.5	70	2	二类水质	县市周边
烟台	烟大海水浴场	2.8	60	2	二类水质	中心城市周边
烟台	烟台第一海水浴场	0.68	70	2	二类水质	中心城市周边
烟台	开发区海水浴场	8.56	134	2	一类水质	中心城市周边
烟台	蓬莱阁东	1.08	90	2	一类水质	名胜景区
烟台	南山集团月亮湾	2.7	62	2	一类水质	县市周边
烟台	烟台月亮湾	0.26	39	2	二类水质	中心城市周边
烟台	蓬莱仙境东	1.25	53	1.7	一类水质	名胜景区
烟台	三山岛—刁龙嘴	7.7	90	1.75	一类水质	名胜景区

在山东半岛滨海沙滩中，岬湾型海滩、平直海滩均有。山东省滨海沙滩不仅数量较多，而且沙滩沙层较厚，通过钻探或探槽开挖，对部分海滩进行了沙层厚度的探测，具体的沙滩厚度见表3-7。

表3-7　山东省滨海沙滩厚度探测汇总

海滩名称	地点	钻孔位置	钻探深度（m）	砂层厚度（m）	备注
远牛	北头村北	中潮区	2.2	>2	1.7 m 左右为青灰色细砂
	云溪村北	高潮线	2.1	>2	2 m 以下为细砂
大辛家	西山北头村	高潮线	2.17	>2	
马家	沙窝孙家后	高潮线	2.1	>2	
	马家村后	高潮线	2.1	>2	
蓬莱仙境东	蓬莱三仙山东	高潮线	2.1	>2	1.7 m 左右为青灰色细砂
三山岛—刁龙嘴	三山岛黄金海岸	高潮线	2.1	>2	

海滩名称	地点	钻孔位置	钻探深度（m）	砂层厚度（m）	备注
东泊子	养马岛西	高潮线	2.1	>2	
烟大海水浴场	烟大浴场	高潮线	2.13	>2	
夹河东	夹河东	高潮线	2.1	>2	
开发区海水浴场	夹河西	滩肩顶	2.1	>2	
		中潮区	2.1	>2	
		高潮线	2.1	>2	
		中潮区	2.1	>2	
小皂北	三仙山东	高潮线	2.1	>2	上部似人工填埋，含建筑垃圾
蓬莱阁东	蓬莱阁东	高潮线	2	2	2 m以下无法钻动，基岩
栾家口—港栾	港栾—栾家口	高潮区	2.1	>2	
		高潮区	2.1	>2	
		高潮线	2.1	1.65	1.65 m左右难钻动，可能是淤泥
		中潮区	1.6	1.5	1.5 m以下淤泥
		高潮线	1.77	1.7	1.7 m以下淤泥
		中潮区	1.8	1.75	1.75 m以下淤泥
龙口港北	龙口港北		2.1	>2	
界河西	湖汪村后	高潮区	2.1	>2	
	宅上村后	高潮区	2.1	>2	
石虎嘴—海北嘴	后坡村后	潮间带	2.1	2	2 m左右见黑色淤泥
国际海水浴场	威海国际海水浴场	潮间带	2.1	>2	
伴月湾	威海半月湾	潮间带	1.1	1.1	1.1 m左右为石头，无法继续钻探
纹石宝滩	纹石宝滩	高潮区	2.1	>2	
		高潮区	2.1	>2	
朝阳港	朝阳港	中潮区	2.1	>2	
天鹅湖	天鹅湖	中潮区	2.1	>2	
荣成海滨公园	荣成海滨公园	高潮区	2.05	>2	
马栏湾—楮岛	马栏湾—楮岛	低潮区	1.9	1.9	其下有砾石，无法钻探下去
		低潮区	1.1	1.1	其下为砾石，无法钻探下去
东镆铘	东镆铘岛	中潮区	2.1	>2	
石岛湾	石岛湾	中潮区	2.1	>2	
靖海卫	靖海卫南	中潮区	2.1	>2	
文登金滩	文登金滩	高潮线	2.1	>2	
仙人湾	乳山白浪湾	中潮区	1.6	1.5	1.5 m左右为黑色泥质沉积物

海滩名称	地点	钻孔位置	钻探深度（m）	砂层厚度（m）	备注
乳山银滩	乳山银滩	中潮区	2.1	>2	
大辛家	大辛家	中潮区	2.1	>2	
高家庄	高家庄	高潮区	2.1	>2	
海阳万米海滩	海阳万米沙滩	中潮区	2	>2	
潮里—庄上—羊角盘	庄上	中潮区	2	>2	
		高潮区	2	>2	
石老人海水浴场	崂山区石老人海水浴场	中潮区	2	>2	
		中潮区	2	>2	
		中潮区	2	>2	
第二海水浴场	市南区第二海水浴场	中潮区	0.5	0.35~0.55	0.5 m以下为砾石
第三海水浴场	市南区第三海水浴场	中潮区	0.5	0.30~0.50	0.5 m以下为砾石
流清河海水浴场	崂山区沙子口街道西麦窑村流清河	中潮区	2	>2	
仰口湾	崂山曲家庄村仰口湾	中潮区	2	>2	表层较粗，向下变细
南营子	即墨田横镇南营子村	中潮区	2	>2	细砂
银沙滩	黄岛区石岭子村银沙滩	中潮区	2	>2	
金沙滩海水浴场	黄岛区金沙滩海水浴场	中潮区	2	>2	
胶南海水浴场	胶南珠山街道烟台前村	中潮区	2	>2	
		中潮区	2	>2	
白果	胶南灵山卫街道白果村	中潮区	2	>2	表层较粗，多砾
周家庄	山东省青岛市胶南琅琊镇周家庄	高潮带	2	>2	表层较粗，向下变细
		中潮区	2	>2	
万平口海水浴场	日照东港区万平口浴场	中潮区	2	>2	
		中潮区	2	>2	
		中潮区	2	>2	表层略粗
涛雒镇	日照虎山镇（南段）及涛雒镇（北段）	中潮区	2	>2	
		中潮区	2	>2	
大陈家	日照东港区大陈家村	中潮区	2	>2	

通过对山东半岛沙滩的资料汇总分析，发现山东半岛滨海沙滩资源丰富，部分沙滩，尤其是靠近市区的较大型的沙滩已经开发成为旅游胜地，每年为区域经济发展，尤其是旅游业的发展做出了巨大的贡献。

3.5.2　山东省滨海沙滩类型及其分布

目前，国内外还没有一个公认的海滩地貌类型的分类原则和标准。蔡锋等（2005）按照岸滩形态组合特征和成因将华南砂质海岸地貌类型划分为岬湾岸、沙坝潟湖岸和夷直岸3种基本类型。夏东兴等（1993）以浪潮作用指数 K 作为重要参数，将山东半岛虎头崖至岚山头岸段分为5段4种类型：平直海岸，潟湖沙坝海岸，低平海岸和岬湾海岸。因此，结合蔡锋和夏东兴的分类方案，参考庄振业和李从先（1989）对山东半岛沙坝分布的研究，将研究区砂质海岸地貌类型划分为3种类型：岬湾型海岸、沙坝潟湖海岸和夷直型海岸，其中沙坝潟湖海岸又可分为沙坝型、沙嘴型和连岛型海岸3个亚型。

岬湾型海岸多发育在基岩岬角之间的海湾中，是山东常见的海岸类型。受两端出露的基岩岬角掩蔽，沙滩多发育在湾底，呈凹弧形。沙滩坡度较大，长度和宽度较小，一般不发育风成沙丘，发育浪控型地貌（蔡锋等，2005）。

沙坝潟湖海岸是在研究区分布最多的海岸类型。沙坝型海岸，冰消期海侵过程中，在波浪力的作用下发育平行海岸的沙坝，不断被推向海岸，海平面达到最大海泛面后缓慢下降，沙坝随之露出水面发育形成障壁海岸的障壁岛体系。随着时间的推移，岛后的潟湖被陆源沉积物或向陆吹扬的风沙充填，将障壁岛与海岸连接在一起，沙坝型海岸发育的沙滩多顺直而绵长，长者可至10 km。沙嘴型海岸均发育在障壁海湾的接岸沙嘴，沙嘴生长方向和与岸线斜交的波浪引起的沿岸输沙方向一致，沙嘴末端多弯曲，弯曲方向由末端涨落潮流的孰强孰弱决定，沙滩多呈凹弧型。连岛型海岸由于近岸的岛屿对波浪的遮蔽作用，在岛与陆之间的波影区发育三角形砂体（蔡锋等，2005），最终将海岛与陆地连为一体形成连岛砂体，多有潟湖伴生。连岛型海岸原始海岸地势多为低平岸，因此发育低缓而又宽广的沙滩，并伴有沙丘发育。研究区东段的楮岛和镆铘岛岸段发育的连岛沙滩长度均较长，分别为3 km和4 km（杨继超等，2012）。

夷直型海岸主要分布在以新构造期形成的断陷盆地和断陷区为背景的河口三角洲平原岸段。这些岸段的第四纪沉积层厚度大，海相层和陆相层多次交替叠置，其岩性一般为砾砂、砂、砂质黏土和黏土质粉砂等质地疏松的陆源碎屑沉积物，是典型的软质海岸。全新世海侵海面相对稳定后，上述岸段平原边缘由于缺乏基岩岬角（或岛礁）对向岸入射波浪的遮挡，整个岸段在波浪直接而长期的塑造下自我调整响应，以致形成的砂质海岸较为平直。夷直岸型砂质海岸的地貌特征如下：① 海岸地势低平，岸线平直，不见基岩岬角；② 由于原始岸坡坡度小，向岸入射波浪的波能较为分散，滨海输沙能力弱，常形成以细粒砂为主的宽阔平缓且长度较大的海滩；③ 岸滩地貌呈现弱侵蚀—堆积状态，少见潟湖、沙嘴或沿岸沙坝之类的明显堆积地貌或岩礁、沙砾滩等强侵蚀地貌（蔡锋等，2005）。

山东省滨海沙滩类型及分布见表3-8。

表3-8 山东省滨海沙滩类型及分布

地市	县区	海滩名称	沙滩类型
烟台	芝罘区	第一海水浴场	岬湾型
烟台	芝罘区	第二海水浴场	岬湾型
烟台	芝罘区	月亮湾	岬湾型
烟台	福山区	夹河东	夷直型
烟台	福山区	开发区海水浴场	夷直型

续表

地市	县区	海滩名称	沙滩类型
烟台	福山区	芦洋	岬湾型
烟台	福山区	黄金河西	夷直型
烟台	福山区	马家	岬湾型
烟台	莱州市	石虎嘴—海北嘴	沙坝—潟湖/沙嘴型
烟台	莱州市	海北嘴—三山岛	沙坝—潟湖/沙嘴型
烟台	莱州市	三山岛—刁龙嘴	沙坝—潟湖/沙嘴型
烟台	龙口市	南山集团月亮湾	岬湾型
烟台	龙口市	龙口港北	沙坝—潟湖/沙嘴型
烟台	龙口市	界河北	夷直型
烟台	龙口市	南山集团西	沙坝—潟湖/沙坝型
烟台	招远市	界河西	夷直型
烟台	蓬莱市	小皂北	岬湾型
烟台	蓬莱市	蓬莱阁东	岬湾型
烟台	蓬莱市	栾家口—港栾	夷直型
烟台	蓬莱市	谢宋营	岬湾型
烟台	蓬莱市	蓬莱仙境东	岬湾型
烟台	莱山市	东泊子	岬湾型
烟台	莱山市	烟大海水浴场	岬湾型
烟台	牟平市	金山港东	沙坝—潟湖/沙嘴型
烟台	牟平市	金山港西	沙坝—潟湖/沙嘴型
烟台	海阳市	丁字嘴	沙坝—潟湖/沙嘴型
烟台	海阳市	潮里—庄上—羊角盘	沙坝—潟湖/沙嘴型
烟台	海阳市	海阳万米海滩	沙坝—潟湖/沙嘴型
烟台	海阳市	高家庄	岬湾型
烟台	海阳市	远牛	岬湾型
烟台	海阳市	大辛家	岬湾型
烟台	海阳市	梁家	岬湾型
烟台	海阳市	桃源	岬湾型
威海	环翠区	黄石哨	沙坝—潟湖/沙坝型
威海	环翠区	逍遥港	沙坝—潟湖/沙坝型

续表

地市	县区	海滩名称	沙滩类型
威海	环翠区	卫家滩	岬湾型
威海	环翠区	杨家滩	岬湾型
威海	环翠区	海源公园	岬湾型
威海	环翠区	伴月湾	岬湾型
威海	环翠区	山东村	岬湾型
威海	环翠区	靖子	岬湾型
威海	环翠区	葡萄滩	岬湾型
威海	环翠区	玉龙湾	岬湾型
威海	环翠区	威海金海滩	岬湾型
威海	环翠区	国际海水浴场	岬湾型
威海	环翠区	后荆港	岬湾型
威海	环翠区	金海路	沙坝—潟湖/沙嘴型
威海	环翠区	初村北海	沙坝—潟湖/沙嘴型
威海	荣成市	靖海卫	岬湾型
威海	荣成市	山西头	岬湾型
威海	荣成市	西海崖	岬湾型
威海	荣成市	东泉	岬湾型
威海	荣成市	石岛宾馆	岬湾型
威海	荣成市	石岛湾	沙坝—潟湖/沙嘴型
威海	荣成市	镆铘岛	岬湾型
威海	荣成市	东镆铘	沙坝—潟湖/连岛型
威海	荣成市	乱石圈	沙坝—潟湖/连岛型
威海	荣成市	小井石	沙坝—潟湖/连岛型
威海	荣成市	马栏湾—楮岛	沙坝—潟湖/连岛型
威海	荣成市	红岛圈	岬湾型
威海	荣成市	白席	岬湾型
威海	荣成市	楮岛东	岬湾型
威海	荣成市	东楮岛	沙坝—潟湖/连岛型
威海	荣成市	马家寨东	沙坝—潟湖/沙嘴型
威海	荣成市	马家寨	沙坝—潟湖/沙嘴型

地市	县区	海滩名称	沙滩类型
威海	荣成市	荣成海滨公园	沙坝—潟湖/沙嘴型
威海	荣成市	张家	岬湾型
威海	荣成市	爱连	岬湾型
威海	荣成市	瓦屋口—金角港	岬湾型
威海	荣成市	纹石滩	岬湾型
威海	荣成市	马道	岬湾型
威海	荣成市	天鹅湖	沙坝—潟湖/沙嘴型
威海	荣成市	松埠嘴	沙坝—潟湖/沙坝型
威海	荣成市	成山头	岬湾型
威海	荣成市	马栏湾	岬湾型
威海	荣成市	龙眼湾	岬湾型
威海	荣成市	羡霞湾	岬湾型
威海	荣成市	柳夼	岬湾型
威海	荣成市	仙人桥	岬湾型
威海	荣成市	成山林场	沙坝—潟湖/沙嘴型
威海	荣成市	朝阳港	沙坝—潟湖/沙嘴型
威海	荣成市	香子顶	岬湾型
威海	荣成市	纹石宝滩	沙坝—潟湖/沙坝型
威海	文登市	文登金滩	沙坝—潟湖/沙坝型
威海	文登市	前岛	岬湾型
威海	文登市	南辛庄	岬湾型
威海	文登市	港南	岬湾型
威海	乳山市	大乳山	岬湾型
威海	乳山市	驳网	岬湾型
威海	乳山市	乳山银滩	沙坝—潟湖/沙嘴型
威海	乳山市	仙人湾	岬湾型
威海	乳山市	白浪	沙坝—潟湖/沙坝型
青岛	市南区	第一海水浴场	岬湾型
青岛	市南区	第二海水浴场	岬湾型
青岛	市南区	前海木栈道	岬湾型

地市	县区	海滩名称	沙滩类型
青岛	市南区	第三海水浴场	岬湾型
青岛	市南区	第六海水浴场	岬湾型
青岛	即墨市	巉山	岬湾型
青岛	即墨市	南营子	岬湾型
青岛	崂山区	石老人海水浴场	岬湾型
青岛	崂山区	流清河海水浴场	岬湾型
青岛	崂山区	元宝石湾	岬湾型
青岛	崂山区	仰口湾	岬湾型
青岛	崂山区	山西	岬湾型
青岛	崂山区	港东	岬湾型
青岛	黄岛区	鱼鸣嘴	夷直型
青岛	黄岛区	银沙滩	夷直型
青岛	黄岛区	鹿角湾	岬湾型
青岛	黄岛区	金沙滩海水浴场	岬湾型
青岛	胶南市	王家台后	岬湾型
青岛	胶南市	周家庄	沙坝—潟湖/沙坝型
青岛	胶南市	古镇口	岬湾型
青岛	胶南市	南小庄	岬湾型
青岛	胶南市	高峪	岬湾型
青岛	胶南市	胶南海水浴场	岬湾型
青岛	胶南市	白果	岬湾型
日照	岚山区	虎山	夷直型
日照	岚山区	涛雒镇	夷直型
日照	岚山区	万平口海水浴场	沙坝—潟湖/沙嘴型
日照	东港区	富蓉村	岬湾型
日照	东港区	东小庄	夷直型
日照	东港区	大陈家	夷直型
日照	东港区	海滨国家森林公园	夷直型

3.6　山东省滨海湿地资源

3.6.1　湿地的定义和价值

（1）湿地的定义

湿地是地球上生物多样性丰富和生产力较高的生态系统，是人类赖以生存的宝贵资源，是野生动植物的栖息地。湿地与森林、海洋一起并列为地球三大生态系统，它在抵御洪水、调节径流、控制污染、调节气候、维护自然生态平衡等方面具有不可替代的作用，被称为"生命的摇篮"、"地球之肾"。国际上对湿地的定义是：不问其为天然或人工，长久或暂时性的沼泽、湿原、泥炭地或水域地带，或静止或流动，或为淡水、半咸水体，包括低潮时不超过 6 m 的水域。所有的湿地都有一个共同特点，就是至少偶尔被水覆盖或充满了水。

（2）湿地的价值

① 生态效益价值。湿地兼有水陆两类生态系统的某些特征，因而具有多种生态功能。湿地在涵养水源、调节气候、控制污染、维持生态平衡、降解污染物等方面的功能显著。同时，由于湿地生态系统特殊的水、光、热等条件，成为许多重要野生水生动植物的生长栖息之地，尤其是鱼类和珍稀水禽的栖息与繁衍区域，对保护生物多样性和为人类提供生产、生活资源方面发挥了重要作用。

② 经济效益价值。湿地具有提供丰富的物产功能，是社会经济可持续发展的重要物质基础。湿地为人类提供水源、粮食、肉类、药材、能源及工业原料，被誉为资源宝库。

③ 社会效益价值。湿地具有自然观光、旅游、娱乐等美学方面的价值，因自然景色壮观秀丽而成为旅游和疗养胜地。此外，湿地为教育和科学研究提供了对象、材料和试验基地，具有重要的教育与科研价值（罗万伦和刘海霞，2011）。

3.6.2　山东滨海湿地类型和分布

山东湿地广阔，自然条件复杂，生态系统多种多样。山东湿地资源分为近海及海岸带、湖泊、河流、沼泽湿地 4 大类 17 种亚类，总面积为 17 122 km²，占全省陆地总面积的7.58%。其中，近海及海岸湿地面积为 9 941 km²，占全省湿地资源面积的 58%，在国内占有重要地位。

（1）类型

山东滨海湿地主要是指近海及海岸湿地，包括河口、三角洲、基岩质滨海湿地、淤泥质滨海湿地、海草和芦苇潮滩湿地、高盐碱潮滩湿地、沙洲湿地、离岛湿地 8 个亚型（贺芳丁和许延生，2006）。

（2）分布

依据 Ramsar 公约及山东自然地理条件差异、生物区系相似性，可将全省滨海湿地划分为 2 个湿地区域，见表 3-9。

表3－9　山东省滨海湿地区域

区域名称	子区域名称	面积（km²）
黄河三角洲及莱州湾湿地	滨州滨海湿地	1 682
	黄河三角洲湿地	6 000
	莱州湾湿地	1 200
鲁东与鲁东南滨海湿地	长岛湿地	52.5
	威海湿地	676.96
	胶州湾湿地	438
	日照湿地	363.87

3.6.3　山东滨海湿地现状

（1）滨州滨海湿地

滨州市位于山东省北部，地处黄河三角洲腹地，位于"九河尾闾"，地势低洼、平坦，独特的地理位置和地形地貌决定了丰富的湿地资源。滨州沿海湿地位于渤海之滨，地处无棣县、沾化县境内，总面积1 682 km²。海岸线全长238.9 km，潮上带湿地600 km²，潮间带湿地达802 km²，浅海（低潮线以下6 m）1 400 km²。滨州市沿海湿地的分布具有湿地面积广阔、分布集中的特点，随着向西南内地的深入，湿地面积逐渐减少，分布也比较零散。

滨州贝壳堤岛与湿地自然保护区位于我国渤海西南岸无棣县北部和中东部的浅海区域和滨海低地。保护区总面积804.8 km²，贝壳堤岛全长76 km，贝壳总储量达3.6×10^8 t，为世界三大贝壳堤岛之一，是一处国内独有、世界罕见的贝壳滩脊海岸，与美国圣路易斯安娜州贝壳堤、南美苏里南贝壳堤并称世界三大古贝壳堤。保护区内湿地类型主要有粉砂淤泥质海岸、滨岸沼泽湿地和河口湿地为主的自然湿地以及养殖池和盐田为主的人工湿地。两列贝壳堤岛之间的湿地和向海的潮间湿地与潮下湿地组成了世界罕见的贝壳堤岛与湿地系统。贝壳堤滨海湿地生物多样性丰富。保护区内发现的野生珍稀动物达459种，是一个典型的"天然生物博物馆"。滨州的芦苇湿地生态工业园的经济效益也十分显著（邵桂兰和董艳英，2009）。

（2）黄河三角洲湿地

黄河三角洲地处黄河入海口，北临渤海湾，东靠莱州湾，湿地面积6 000 km²。黄河三角洲湿地主要分布在黄河现行河口、刁口和神仙沟流路废弃河口及其周围的滨海地带。除浅海湿地外，各类湿地中滩涂湿地面积最大，分布于三角洲扇形边缘地带，形成一个宽广的扇带。其他类型湿地面积较小，主要分布在古河道、河漫滩、洼地和阶地上，其中以沼泽、水库和沟渠占优势，其他湿地组分成斑块分布于三角洲之中（图3－10）。

黄河三角洲湿地类型呈现出以三角洲中心地带为起始点向北、东和东南方呈扇形辐射，并分层分布的特征。位于三角洲中心地带的湿地类型是稻田湿地，往外一层是苇地沼泽湿地，接下来是虾蟹盐田湿地，再下一层是海岸滩涂湿地，处于最外层的是潮间带湿地和－6 m浅海湿地，而河流湿地和水库湿地则像掩映在三角洲境内的珍珠项链一样相互关

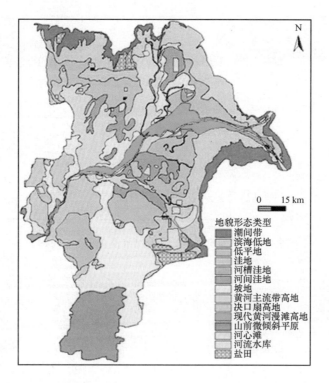

图 3-10 黄河三角洲湿地分类（中国地质环境信息网，2009）

联（徐晴和冯仲科，2008）。

1992 年 10 月由国务院批准在此建立国家级自然保护区，是我国暖温带最年轻、最广阔、保存最完整，以保护黄河口新生湿地生态系统和珍稀濒危鸟类为主体的自然保护区，是东北亚内陆和环西太平洋鸟类迁徙的"中转站"、越冬地和繁殖地，在我国生物多样性保护和湿地研究中占有非常重要的地位。保护区内有水生物 641 种，植物 393 种，仅国家一级保护鸟类就有 7 种，二级保护鸟类 34 种，共计有 10 万余只。现在正在开发一些湿地生态旅游景点，如观鸟台、人工河道、湿地观光木栈道等，预计年生态旅游的收入达 100 多万元。

（3）莱州湾湿地

莱州湾南岸地势低平，河网密集，有小清河、白浪河、虞河、弥河、潍河和胶莱河等众多河流经莱州湾入海；同时，受海湾西侧的黄河入海口泥沙沿海岸向 SE 运移堆积的影响，受海陆的相互作用，形成了大面积的滨海滩涂、沼泽，湿地面积1 200 km²。分布有底栖动物 160 多种，鱼类 80 多种，鸟类 140 余种（吴珊珊和张祖陆，2009）。

除河流及河口湿地外，莱州湾各类湿地呈环带状分布，表现出明显的空间结构特征。自海向陆分别为潮下带湿地、潮间带湿地和潮上带湿地。在不同位置的潮上带湿地由于开发状况的差异，也表现出不同的湿地类型分异（图 3-11）。

莱州湾建有防潮堤的岸段，在防潮堤以内（向陆方向）养殖池、盐田分布集中，其间散布条带状碱蓬湿地、柽柳湿地，最上部为淡水芦苇沼泽湿地、香蒲湿地；昌邑市灶户盐场至西利渔之间自高潮线开始呈带状分布盐地碱蓬湿地、柽柳湿地、旱生茅草湿地、盐

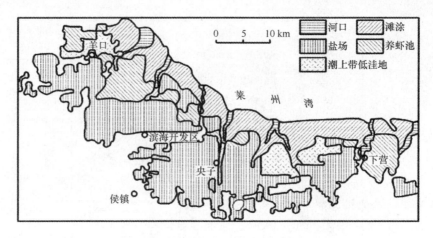

图 3 - 11　莱州湾南岸湿地类型（高美霞等，2009）

田，最上部为散布的淡水芦苇沼泽湿地、香蒲湿地和农田排水渠。河流及河口湿地自陆向海贯穿上述三大类湿地（张绪良等，2004）。

（4）长岛湿地

位于黄海、渤海交汇处的渤海海峡，由散布的 32 个岛屿及浅海水域组成，面积 52.5 km²。长山列岛长岛水道以南海底基本平坦，70% 以上为泥、泥砂质，5 m 等深线内海域面积 3 km²；长岛水道以北地形变化较大，潮间带分布面积约 1.35 km²，5 m 等深线内岩礁面积约 13.3 km²。各种海洋及湿地野生动物共有 15 门，264 科，602 种，是我国东部候鸟迁徙的重要驿站（钟海波等，2010）。

（5）威海湿地

威海市滨海湿地主要分布在沿海海岸、河口与海湾，占全市湿地面积的 74.5%。海岸湿地面积 576.02 km²，包括浅海水域、潮间带、泥沙滩、潮间沼泽、砾石性海岸、海岸潟湖。河口与海湾湿地面积 100.94 km²。全市河口海湾主要有靖海河河口海湾、母猪河河口海湾、五垒岛河口海湾、乳山河河口海湾。威海海岸曲折，沿海海湾 30 多处，主要有双岛港湾、朝阳港海湾、月湖海湾、石岛湾（孙松龄等，2000）。

威海荣成湿地由马山、朝阳、八河、靖海等潟湖、港湾和海涂组成，总面积 286.49 km²。其中，海岸湿地 245.78 km²，河口湾湿地 14.37 km²，河流和湖泊湿地 26.34 km²。荣成湿地每年都有数以万计的水禽来此停栖，被列入中国重要湿地名录（阎建国，2005）。

（6）胶州湾湿地

胶州湾湿地位于山东半岛南端，面积达 438 km²。主要包括：胶州湾浅海水域湿地；潮间带滩涂湿地；洋河、女姑口河口海湾湿地；城阳区河套滨海沼泽湿地；大沽河、白沙河河流沼泽湿地；城阳区棘洪滩、胶州少海水库湖泊湿地；城阳区上马、南万和胶州市东风盐田湿地。

胶州湾湿地是过境候鸟中途停歇、补充能量的"驿站"和珍稀水鸟的重要越冬区、繁殖区。国际鸟类保护联盟在其发表的《全球生态区 2000 年规划》中已经将胶州湾湿地列为国际重要鸟区。大沽河河口和胶州湾浅海水域湿地被列入中国重要湿地名录，在国内外具有重要影响（任红梅，2010）。

（7）日照湿地

日照市地处鲁东南沿海，滨海湿地资源较为丰富，拥有浅海水域、潮间带与泥沙滩、砾石性海岸、沙泥质海岸、海湾与河口湾等湿地类型，总面积 363.87 km^2。

浅海水域面积 120 km^2，水质良好、污染轻，是各种鱼虾生长繁衍的良好场所；潮间带、泥沙滩面积 50.58 km^2，潮间带多为细砂质，整个岸滩北宽南窄，北部达 2 000 m 以上，中部约 500 m，南部则不足 50 m；在中部的张家台、石臼港湾、奎山嘴及南部岚山头一带断续分布着 21 km 长的砾石性海岸；沙泥质海岸面积 192.39 km^2，其中沙丘 15.62 km^2，砂质纯净松软，是防海潮的天然堤坝；盐碱滩 39 km^2，大多已被开挖成了盐田和鱼虾池，其中盐田 10 km^2，鱼虾池 12 km^2；日照海岸较为平直，除北部的皇家塘湾和南部的海州湾，仅在岸线中段有较小的凹凸，较大的河流入海口有夹仓口、小海口、安家口、新口、荻水口、韩家营子口。沿海开发历史悠久，现在浅海水域主要用于捕捞和水产养殖，沿海滩涂多用于养殖对虾、贝类，部分盐碱滩被开挖成盐田和虾池，初步建成了南北连片的上百公里海上牧场（方丽等，1999）。

3.6.4　山东滨海湿地资源开发建议

（1）加强滨海湿地的基础研究。对山东省湿地的面积、类型、分布进行广泛深入的研究，并进行湿地编目，确定有重要价值需优先保护的湿地。开展湿地生态系统的物流、能流研究，进行湿地环境功能的定量评价，湿地生物资源的最大持续产量研究和湿地开发中可持续发展技术的研究。

（2）加强湿地立法、宣传。尽快建立有利于湿地保护与持续利用的法规体系，实施有利于湿地持续存在的经济政策。加强湿地重要性的宣传，形成全社会都来保护湿地的共识。

（3）建立湿地自然保护区。这是保护湿地及其生物多样性的最佳途径。

（4）合理开发利用湿地资源。合理开发利用湿地的生物资源、土地资源、水资源和旅游资源，充分发挥湿地的生态、经济和社会功能；发展以水生经济植物种植、水产养殖为主的湿地生态农业；开展湿地的生态旅游，建设山东半岛的黄金海岸；充分利用湿地的环境净化功能，有效地保护自然环境（孙松龄等，2000）。

3.7　山东省港口资源

港口资源是海岸带范围内重要的自然资源之一（童钧安，1992）。海洋港口资源是指符合一定规格船舶航行与停泊条件，并具有可供某类标准港口修建和使用的海域与陆域条件，以及具有一定的腹地条件的海岸、海湾、河岸、岛屿等，是港口赖以建设与发展的天然基础。

山东海岸线曲折绵长，深水岸线资源丰富，拥有不同类型的海岸，2/3 以上海岸为山地基岩港湾式海岸，岬湾相间，水深坡陡，具有众多优良港湾、深水岬角和通向外海的深水航道，港口资源丰富，可用于修建深水泊位的港址有 51 处，其中 10 万~20 万吨级港址有 23 处，5 万吨级港址 14 处，万吨级港址 14 处（童钧安，1992）。

山东是我国北方唯一拥有 3 个亿吨级大港（青岛港、日照港、烟台港）的省份。改革开放以来，山东省沿海港口迅猛发展，形成了以青岛港、烟台港、日照港为主要港口，龙口港和威海港为地区性重要港口，滨州、东营、潍坊、莱州、蓬莱、石岛等中小港口为补充的分层次港口布局。到 2011 年底，全省沿海港口 7 处、485 个生产性泊位，其中万吨级以上泊位 207 个，总吞吐能力 4.82 亿吨。沿海港口吞吐量完成 9.62 亿吨，比 2010 年增长 11.3%。

3.7.1 山东港口资源类型

（1）海湾

山东共有海湾 200 多处，其中面积大于 1 km² 的有 51 处，水深大于 5 m 的有 32 处，水深大于 10 m 的有 18 处。胶州湾、龙口湾、芝罘湾、威海湾、石岛湾、古镇口湾等许多海湾都具有建设港口的优良条件，尤以胶州湾为最优越（李荣升和赵善伦，2002）。

（2）岬角

岬角突入大海，浪大、流急，但深水线逼近，水域广阔。随着船舶吨位的增大，抗风能力的增强，深水岬角便成为建设深水码头的重要场所。山东沿海有大大小小的岬角、山嘴、沙嘴、沙坝 1 000 多处，其中屺姆岛、龙洞嘴、刘家旺、古龙嘴、龙须岛、薛家岛、鱼鸣嘴、丁家嘴、朝阳嘴、大珠山嘴至胡道湾一带，均适于建造可供抗风浪强的大吨位船舶停靠的深水码头，不少可建 10 万～20 万吨级的深水泊位。全省已在岬角建成的海港主要有石臼港、岚山港、凤城港、董家口港和三山岛港等（李荣升和赵善伦，2002）。

（3）河口

山东入海河流众多，长度大于 30 km 的河流有 40 条。若开发利用得当，仍是重要的港口资源，可用于修建中小型港口。目前比较重要的河口港有：徒骇河的东风港，广利河的广利港，小清河的羊口港，白浪河与弥河的央子港（亦称潍北港），潍河的下营港，青龙河的张家埠港，乳山河的乳山港等。沿海地区除黄河、小清河经过整治可发展海河联运外，其他基本不具备海河联运的条件（李荣升和赵善伦，2002）。

（4）港址资源

山东沿海建港条件极其优越，单就水深而言，适合建设浅水、中级和深水各类泊位。鲁北平原沿岸一般来说不具备建设大中型港口的条件，现有港口也多为小型河口港。在山东半岛西北部的平直沙岸建港条件较差，建港应持慎重态度。山东半岛的其余海岸，港口资源占全省总量 90% 以上，可建深水泊位的港址也全位于此。全省沿海离岸 2 km 以内自然水深可建深水泊位的港址共 51 处，其中可建 10 万～20 万吨级泊位的港址 23 处，5 万吨级泊位的港址 14 处，万吨级泊位的港址 14 处。就港口密度而言，可供选择建中级以上港址密度高于全国平均水平（李荣升和赵善伦，2002）。

（5）航道

航道是供船舶航行、进出港口或某一海域的水道，可以是天然的，也可以是人工开挖的。山东沿海港口航道分布具有明显的区域性。虎头崖以东港口航道主要利用天然深水区，适当开挖海底沉积物开通深水航道。基岩海岸港口的航道明显比河口港的航道短，水深大，可接纳的船舶吨位也大，吞吐能力高。近海海域的天然航道有老铁山水道、大钦水道、砣矶水道、登州水道、成山水道、斋堂水道、灵山水道及胶州湾的中央水道、沧口水道、洋河水道。比较重要的港口航道有龙口港航道、蓬莱航道、烟台港航道、威海港航道、青岛港航道、石臼港航道等。虎头崖以西平原泥质砂质岸段的河口港,水深条件差,淤积严重(李荣升和赵善伦,2002)。

(6)锚地

锚地亦称泊地或停泊地,是水域中指定地点专供船舶抛锚停泊、避风、检疫、装卸货物及供船队编组作业的地方。山东半岛沿岸锚地资源条件优越,比较重要的有 6 处(表 3 – 10)。

表 3 – 10 山东省沿海主要锚地

锚地		水深 (m)	长 (m)	宽 (m)	总面积 (km²)	备注
龙口港 锚地	1 号	−8.9 ~ −10.8	2 200	1 520	3.34	泥底,可避7级北风和东北风
	2 号	−6.2 ~ −7.8	2 400	1 120	2.7	泥底,可避北风和东北风
烟台港 锚地	引航检疫锚地	−7 ~ −14	2 932	1 852	27.6	底质为泥沙
	引航锚地	−17	3 665	2 778		底质为泥沙
	油轮过驳锚地	−18	2 119	1 543		底质为泥沙
	避风锚地	−7 ~ −9				底质为泥沙
威海港 锚地	1 号避风锚地	−5	960	690	1.6	底质为软泥
	2 号待泊锚地	−6.5	890	690		
	3 号避风过驳锚地	−9	700	500		
青岛港 锚地	21 号	−25 ~ −40	1 600	1 000	13.6	水深大,避风条件好,底质为泥或泥沙
	22 号	−5 ~ −30	3 200	3 100		
	23 号	−14 ~ −36	1 400	1 500		
石臼港锚地		−18	7 408	7 408	54.9	含1~4号锚地,底质为淤泥,掩护条件较好
岚山港 锚地	1 号	−23.5 ~ −27.5	1 500	3 000	13.5	底质为泥沙,掩护条件较差
	2 号	−21.5 ~ −23.0	3 000	3 000		底质为泥沙,掩护条件较差

3.7.2 山东港口现状

港口码头的自然条件要求是适宜的水深、泊稳、地基条件,无显著的灾害地质因素。山东省在已开发的港址中,适于修建 10 万 ~ 20 万吨级泊位的有烟台市芝罘湾东口、威海市孙家疃葡萄湾、青岛市麦岛、燕儿岛、黄岛前湾、黄岛后湾、古镇口、日照市石臼港;可建 5 万吨级泊位的有芝罘湾西岸、青岛大港、岚山港;可建万吨级泊位的有龙口港、烟台湾、威海港、石岛大鱼岛、崂山青山湾。目前沿海港口建设已形成港口群体,见图 3 – 12 和表 3 – 11。

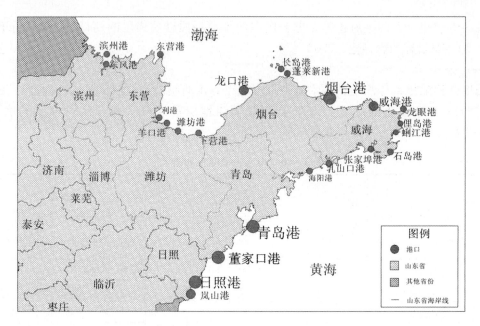

图 3-12　山东省主要港口分布

表 3-11　山东省沿海主要港口现状

港口	设计水深 （m）	位置	隶属	自然条件	泊位数 （个）	2012 年 吞吐量	设计年 吞吐量
潍坊港	-6 ~ -8.7		潍坊	区位优越，交通便利	15	>2 000×10⁴ t	千万吨级
下营港*	-1.8 ~ -2.8	莱州湾	潍坊	潍河上游建有水库，水深 较为稳定	4	—	—
龙口港	-15.5 ~ -23		烟台	终年不冻不淤	27	6 600×10⁴ t	亿吨级 （规划）
烟台港	-17 ~ -20	芝罘湾	烟台	水深域阔，不冻不淤	92	1.8×10⁸ t	亿吨级
威海港	-9.3 ~ -19	威海湾	威海	岸线稳定，泥沙来源有 限，波浪影响较大	>20	约 3 000×10⁴ t	千万吨级
石岛港	-6.4 ~ -10	石岛湾	威海	水域宽阔，岸线稳定，泥 沙来源少，淤积量不大， 水深较小	16	1 513×10⁴ t	2 000 万吨级
龙眼港	-10 ~ -14	龙眼湾	威海	湾内不受任何风向影响	12	156×10⁴ t	200 万吨级
乳山口港	-8 ~ -15	乳山湾	威海	东西两岸有大乳山河，天 然避风良港	4	33×10⁴ t	百万吨级
青岛港	-18 ~ -20	胶州湾	青岛	水深大、风浪小、淤积轻	72	37 230×10⁴ t	亿吨级
董家 口港	-12 ~ -20	琅琊台湾	青岛	常年不冻不淤、不需开挖 航道、天然深水港	112	在建，预计 2015 年达 2 000×10⁴ t	亿吨级

港口	设计水深（m）	位置	隶属	自然条件	泊位数（个）	2012 年吞吐量	设计年吞吐量
日照港	−14 m	—	日照	湾阔水深，陆域宽广，气候温和，不冻不淤	33	$25\ 260 \times 10^4$ t	亿吨级
岚山港	−7.5 ~ −14	佛手湾	日照	水域较宽阔，水深条件较好	9	$>2\ 000 \times 10^4$ t	千万吨级

* 下营港由于淤塞已经于 2003 年停运。

（1）青岛港

青岛港港址位于胶州湾内，是山东沿海最大的港口，是国内外货物重要的进出港之一。

自然条件：青岛海岸线长 730.64 km，近海海域 1.38×10^4 km²，海岛 69 处；胶州湾是天然深水海湾，湾口仅 3.1 km，隐蔽性好，湾内水深大，风浪小，泥沙来源少，淤积轻，许多深水区直逼海岸，泊位条件良好，适宜建造不同类型的港口。黄岛油港航道条件优越，5 万吨级船舶不需乘潮即可自由进出港口。

区位优势：青岛港附近汇集了山东省东西向交通大动脉胶济铁路，"204"、"308" 国道主干线和济青、青银、同三高速公路及烟青一级公路，构成了山东省最大的综合运输枢纽。其直接依托的青岛市是我国最早开放的 14 个沿海城市之一，已成为山东沿海重要的经济、商贸中心和著名的国际旅游城市，是山东省对外开放的窗口和龙头。现已成为煤炭、石油、铁矿石等大宗散货的集散地和中、远洋集装箱运输主要港口，对周边地区的产业布局产生重要影响。青岛距韩国、日本仅 160 ~ 430 km，腹地经济发达，是太平洋西海岸重要的枢纽港。

（2）烟台港

烟台港是山东沿海第二大开放港口，也是我国重点港之一。

自然条件：位于水域广阔、泥沙淤积轻微的芝罘湾内，湾口外的岛屿具有良好的掩护屏障作用。

区位优势：烟台濒临黄海、渤海，地处东北亚中心，烟台港以发展矿石、煤炭、集装箱运输为主要方向，努力建成现代化亿吨大港。烟台港对外已与世界 70 多个国家和地区的 100 多个港口直接通航，每年有 800 多艘次外籍船舶进出港口。烟台港国际班轮运输业发展迅速，现已开通了近 20 条国际集装箱班轮航线，可承接、中转世界各地集装箱货物。

（3）日照石臼港

自然条件：建于平直海岸的基岩岬角顶端，水深条件优越，掩护条件较差。水域宽阔，岬角外水深 10 m，港内水深 6 ~ 8 m，可建 50 多个万吨级以上的深水泊位，港内淤积较轻。

区位优势：位于山东半岛南翼，东临黄海，隔海与朝鲜、韩国、日本相望，直接经济腹地包括山东南部、河南北部、河北南部、山西南部及陕西关中等地区。间接经济腹地包括甘肃、宁夏、新疆等中原、西北广大地区，人口 2 亿多人，面积约占全国的 1/5。以煤炭、矿石和原油等大宗散货为主，兼顾集装箱等其他运输，形成东北亚国际航运中心的骨干。

（4）岚山港

岚山港是山东省 20 世纪 80 年代初开建的深水港。

自然条件：位于山东古最南端日照市岚山镇的佛手湾内，水域较宽阔，水深条件较好，2 万吨级泊位前沿自然水深可达 10 m。港区可利用自然岸线约 6 km。陆域有发展余地，可填滩造陆。

区位优势：岚山港的经济腹地为鲁南 5 地市（日照市、临沂地区、济宁市、枣庄市、菏泽地区）。主要进口货物为液体化工品、化肥，主要出口货物为水泥、粮食、煤、农副产品、矿建材料。进口货物不足 10 万吨，出口货物水泥为大宗，1991 年、1992 年两年水泥占岚山港吞吐量的 65% 以上。流向主要为上海、青岛、马尾及广州、海口、厦门、温州，国际间为韩国的仁川港、日本、孟加拉、东南亚、西欧等。港口集疏运条件优越，公路现有 204 国道及 017 省道经汾水直通港口，铁路有坪岚支线与兖石铁路相连并与国家干线相通。

（5）龙口港

自然条件：位于莱州湾东北侧龙口湾内，是东营、潍北及烟台西部地区货物集散吞吐的重要港口。龙口湾水域宽阔，有屺坶岛作为屏障，湾内波浪小，平均潮差不足 1 m，潮流弱，淤积轻。

区位优势：龙口港地处经济较发达的山东半岛，凭借着良好的地区经济环境和优越的建港条件及港口发展的潜力，对所在地区经济社会发展和对外开放发挥了重要作用。龙口港对外主要运输通道是"206"国道，黄龙烟铁路和环海高速公路建成后，其腹地将进一步向鲁北、晋、冀等地区延伸。

（6）威海港

自然条件：位于威海湾，东以刘公岛为屏障，水深湾阔，基岩海岸，不冻不淤。

区位优势：位于山东半岛东北海滨，威海湾的西北岸，依托"三北"面向东北亚，是山东省连接海内外、辐射华北、东北地区的重要枢纽。拥有大片腹地，具有得天独厚的港口物流发展的区位优势。威海港主要对外运输通道是青威高速、烟威高速、威乌高速、"309"国道以及桃威铁路等。

（7）石岛港

位于水域广阔的石岛湾，湾内水深 3～7 m，是我国北方最大的渔港。

（8）董家口港

董家口港是正在建设中的深水大港。

自然条件：位于青岛市南翼的胶南市辖区琅琊台湾，靠近青岛市与日照市分界线，行政区划于泊里镇。董家口港区近海自然水深平均 -12 m，距岸 2 000 m 水深可达 -20 m，是不可多得的天然优良深水港。

区位优势：港区规划面积 70 km²，临港产业区规划面积 65 km²，码头岸线长约 35.7 km，泊位数 112 个，建成后总吞吐能力将达到 3.7×10^8 t。2009 年 3 月 1 日，国家交通运输部与山东省人民政府联合批复了《青岛港董家口港区总体规划》，对董家口港区做了明确定位：董家口港区为国家枢纽港青岛港的重要组成部分，是青岛港优化港口布局和实现可持续发展的重要依托。以大宗散货、液体化工品及杂货运输为主，逐步发展成为服务腹地物资运输和临港产业开发的大型综合性港区。

3.7.3 山东港口资源潜力分析

山东港口资源丰富，但分布不均，深水天然良港主要在黄海区段。尚未开发的深水港址还有多处，随着我国社会经济的发展及对外开放的需要，现有的港口泊位及设备将难以满足需要。可开发 10 万～20 万吨级泊位的有烟台市的屺坶岛、刘家旺、龙洞嘴，威海市麻子港、柳树湾、皂埠口，荣成市马栏湾、成山头、爱连湾、镆铘岛，青岛市崂山头、沙子口、太平湾、灵山湾、琅琊台等；可开发 5 万吨级泊位的有烟台市的口子湾、象岛东口、双岛港，威海市的羊龙湾、青矾岛、马山头、俚岛、褚岛、朱口，乳山古龙嘴，胶南市董家口等；可开发万吨级泊位的有龙口市黄角、蓬莱栾家口、烟台市八角、牟平龙门港、荣成黄石板、靖海卫、即墨市山头、青岛石老人、胶南市海崖等。

在港口建设时，要重点开发深水泊位，同时带动中小型港口建设，发挥各自区位优势，合理配置资源。在河口和泥沙质海岸建港，要注意对选址进行充分科学论证，以减小因港口淤积造成的损失。

在建设港口码头时，码头构筑物、港池疏浚等，显著改变海湾原有的水动力条件和岸滩底床的泥沙输移，改变自然动力地貌和滩涂浅海底栖生物环境。如有突堤布置，还将妨碍近岸海流的平顺流动，在其掩护区形成回流区，造成污染物的滞留（林桂兰和左玉辉，2006）。因此，决策者必须要重视环境保护问题，因开发不当不仅会造成巨大的经济损失，更会带来难以挽回的环境破坏累积效应。

3.8 山东省海洋渔业资源

山东近海由于有 20 多条径流量较大的河流携带了大量营养盐类和有机物入海，使大量浮游生物和底栖生物得以滋生繁殖，为各类经济海产动物提供了充足的饵料。同时，由于山东近海温度适宜，自然条件优越，因而成为大量底层鱼和虾类混栖的重要渔场，海域生物资源种类多、资源量相对丰富，具有经济价值的各类资源生物有 600 余种，其中较重要的经济鱼类 30 余种，经济贝类 30 余种，经济虾蟹类 20 余种，经济藻类 50 余种。全省海洋捕捞产量一度居全国首位。

山东近海渔业捕捞资源丰富，分布、洄游于山东近海的渔业资源种类约有 260 余种。但由于长期以来过度捕捞，使得近海渔业资源已严重衰退，经济鱼类的捕获比重越来越小，鱼类小型化的趋势越来越明显。山东沿海海水增养殖的条件也非常优越。半岛北部滩涂广阔，底质松软，近海海域水质肥沃，浮游生物繁盛，适于大面积发展对虾养殖、滩涂贝类护养与增养殖。半岛南部浅海地区水深流急，透明度大，水温较低，养殖海珍品的自然条件优越。山东海产品的产量在全国各省中一直名列前茅。尤其是海水养殖业异军突起，在山东省海洋经济中占有举足轻重的位置。2010 年全省海水养殖面积已达 51×10^4 hm^2，海水养殖产量达 396×10^4 t（表 3－12）。海水养殖业初步形成了以鲍鱼、海参、扇贝、对虾、鲈鱼、牙鲆等名优品种为龙头，多品种全面发展的新格局。

表 3-12　2010 年山东省海水养殖产量（王宏，2011）

种类	鱼类	甲壳类	贝类	藻类	其他
产量（t）	119 722	108 813	3 097 399	528 113	108 596

3.8.1　渔业资源种类

通常，渔业资源是根据其生物学特征分为鱼类、虾类、蟹类、贝类（含头足类）和藻类 5 大类。

（1）鱼类

分布和洄游于山东近海的鱼类资源有 225 种，其中具捕捞价值的有 100 多种，主要经济种类有 60 余种。山东近海主要鱼类根据其洄游或移动特点的不同可归纳为 3 个类群：第 1 类群，主要为黄渤海种群的暖温性鱼类，这一类群的鱼类主要是底层鱼类，如小黄鱼、叫姑鱼、白姑鱼、黄姑鱼、梅童、带鱼、鳐类、真鲷等；第 2 类群，主要是黄海地方性种群的冷温性鱼类，属于这一类群的鱼类不多，主要有太平洋鲱、高眼鲽等；第 3 类群，主要是黄渤海种群的暖水性鱼类，这一类群的鱼类也不多，主要是中上层鱼类，如鲐鱼、鲅鱼等。

（2）虾类

山东沿海的虾类资源有中华对虾、鹰爪虾、中国毛虾、周氏新对虾、细巧拟对虾、细螯虾等 30 余种，其中中国对虾、鹰爪虾和中国毛虾为主要经济种类。中国对虾，是中国著名的海产珍品，也是山东近海的重要捕捞对象之一。石岛渔场、烟威渔场和黄河口附近是中国对虾的主要捕捞区。山东半岛东部南北两岸的近海区鹰爪虾资源丰富，产量居第三位。蓬莱、烟台、威海、荣成附近海区产量较多，石岛、文登至胶南各海域也有生产。鹰爪虾主要用于加工海米和冻虾仁，肉肥味甜，质量极佳。中国毛虾在中国沿海各省均产，以渤海沿岸产量最大，山东沿海皆有分布，主要产区在滨州、东营、潍坊和威海四市所属沿海海区。

（3）蟹类

山东沿海的蟹类资源有 60 多种，主要有三疣梭子蟹、日本鲟、关公蟹、近方蟹等。其中，最有名、资源量最丰富的为三疣梭子蟹，一般潜伏在浅海海底、港湾和河口附近，以莱州湾、黄河口一带最多，其他地区的沿海也有生产。蟹肉多味美，可鲜食或加工成冻蟹。

（4）贝类（含头足类）

贝类又叫软体动物，山东沿海约有 400 种。其中有不少种类的数量很大，形成重要的海产生物资源，富有经济价值。其中，主要的经济种类有皱纹盘鲍、栉孔扇贝、海湾扇贝、泥蚶、毛蚶、魁蚶、文蛤、牡蛎、缢蛏、竹蛏、杂色蛤、菲律宾蛤仔、西施舌、四角蛤、贻贝、紫石房蛤、金乌贼、曼氏无针乌贼、日本枪乌贼等。

皱纹盘鲍是贝类之冠，也是鲍鱼类中最名贵的一种。野生鲍鱼主要分布于长岛附近海域，崂山、胶南近海也有少量分布。栉孔扇贝是名贵海产品，长岛、荣成较为多见。泥蚶、毛蚶、文蛤、牡蛎、竹蛏、菲律宾蛤仔、西施舌等大多分布于山东半岛南岸，文蛤、毛蚶以莱州湾沿岸产量最高。

（5）藻类

山东半岛沿海大部分是岩石岸，适合大型海藻生长，因此海藻种类繁多，自然资源丰富。据已有资料，共有海藻170多种，绝大部分为温带性种，暖温带性强于冷温带性，亦有少量亚寒性种类出现。主要的藻类资源种类有：海带、裙带菜、紫菜、石花菜、江蓠、鹿角菜等，其中主要的经济藻类有海带、裙带菜、紫菜、石花菜等。

海带为2年生褐藻，山东从蓬莱至日照一带海域均有分布。裙带菜属1年生褐藻，在青岛、烟台、威海3市沿海均有野生裙带菜的分布，人工养殖的规模较小。紫菜为1年生红藻，在青岛、烟台、威海3市沿海均有分布，以青岛市区和烟台市区沿岸海域较为集中。石花菜属多年生红藻，分布于日照、青岛、威海、烟台沿岸。

（6）其他海洋水产资源

山东沿海渔业资源除了上述鱼、虾、蟹、贝、藻类外，常见的还有棘皮动物，如海参、海胆、海星；腔肠动物，如海蜇；哺乳动物，如海豚、鲸、海豹等。

海参为著名海珍品。山东沿海的海参主要是刺参，分布在渤海中部和黄海北部沿岸3～15 m岩礁或砂石底质海底，以长岛、荣成、环翠、芝罘、牟平等地较多。海胆主要分布于长岛、荣成、环翠、胶南等地的岛礁海域，荣成、长岛两地资源量较大。海蜇每年8—9月成群出现在近岸沿海水域。每年春秋两季，山东半岛沿岸及黄河口、小清河口附近海域常有成群的海豚出现。

3.8.2 渔业资源量

（1）底层鱼类

根据20世纪80年代拖网资源调查估算，山东近海拖网水层的底层鱼类资源量为16.8×10^4 t，其中资源量超过万吨的有4种，有5.96×10^4 t；超过千吨的有28种，有9.09×10^4 t；资源量在1 000 t以下的有61种。在底层鱼类资源中，带鱼、小黄鱼、鳕鱼、真鲷、短鳍红娘鱼资源已严重衰退；鲆鲽类、黄姑鱼、梅童、白姑鱼、叫姑鱼、东方鲀、鳙鱼、海鳗、蛇鲻、马面鲀鱼、鮟鱇、梭鱼等处于过度利用状态。

（2）中上层鱼类

山东近海中上层鱼类现存资源量约70×10^4 t，其中，小型中上层鱼类现存资源量为47.9×10^4 t。鲲鱼、赤鼻棱鳀、斑鳀、小鳞鱵资源利用不足，青鳞和黄鲫处于资源中等利用状态。近海大中型中上层鱼类现存资源量为22.4×10^4 t。其中太平洋鲱和鲳鱼资源因捕捞过度而严重衰退，鲅鱼已过度利用，银鲳处于资源中等利用状态，远东拟沙丁鱼资源利用不足。

（3）甲壳类

山东近海甲壳类动物的捕捞产量约占捕捞总产量的1/4。其中，对虾、鹰爪虾、毛虾、梭子蟹等资源已充分利用；褐虾、脊腹褐虾、葛氏毛臂虾、日本鲟、口虾蛄尚有潜力。

（4）头足类

山东近海头足类资源丰富。在头足类资源中，金乌贼已充分利用，枪乌贼也接近于充分利用，曼氏无针乌贼、针乌贼、太平洋柔鱼尚有开发潜力。

（5）贝类

山东沿海贝类资源种类和资源量均比较丰富，但目前大多数种类或过度利用，或已出现衰退。

3.9 山东省滨海矿产资源

3.9.1 山东近岸陆地矿产资源

山东海岸带矿产资源丰富，资源种类、储量、总体品质均居沿海省市之首。矿产种类包括黑色金属、有色金属、稀土、燃料、建材、化工原料矿产等。从成矿的地质特征上看，山东海岸的矿床一般属于中朝地台的胶辽台隆和华北断坳。胶辽台隆沿海以金、金刚石等矿产资源为主，华北断坳以石油、天然气等资源为主。

（1）黑色金属

山东海岸带的黑色金属有金红石、钛、铁、锰、铬、硝石6种。锰、铬、硝石仅在个别地点见有矿化现象，无工业意义。现有金红石产地7处，主要分布在荣成、威海、胶南、日照等地；有铁矿28处，集中分布在文登、莱州、乳山境内，部分分布在海阳、芝罘境内，南部的日照、胶南亦有少量分布。

（2）有色金属

有色金属矿产主要有金、银、铜、铅、锌、钨、钼等，多分布于基岩海岸。其中，金、钼储量丰富，是山东的优势矿产（表3-13）。

表3-13 山东省近岸陆地有色金属探明储量　　　　　　　　　　　　单位：t

种类	金	银	铜	铅	锌	钨	钼	钴
探明储量	>280	738.6	274 900	717.5	23.5	46 400	743 000	58.3

金、银矿：山东海岸带黄金储量、产量居全国之首，主要分布于招远至莱州成矿带和牟平至乳山金牛山成矿带，乳山至海阳和胶南至日照海岸亦有零星分布。探明黄金储量280 t以上，占全省黄金总储量的90%以上。银主要与金、铜、铅、锌矿等伴生产出。已探明伴生银产地7处，总储量为738.6 t。

铜：现有铜矿产地34处，主要分布在福山、海阳、乳山、荣成、蓬莱等境内。伴生铜矿共探明铜储量27.49×10^4 t，探明未批准铜储量为8 300 t，远景储量1 700 t，矿床规模一般较小。

铅、锌：铅锌矿一般为共生矿床，已发现主要产地21处，共探明金属铅717.5 t，锌23.5 t。

钨、钼：钨、钼集中分布在福山、荣成及蓬莱城内，现有矿产地5处，探明钼储量74.30×10^4 t，钨储量4.64×10^4 t。钼的平均品位为0.051%，探明未批准金属钼储量为1.35×10^4 t。

钴：产于日照高旺铁矿中，与铁、铜伴生产出。钴远景储量为58.3 t，属小型钴矿床。

（3）其他矿产

除了金属矿产和能源矿产外，山东海岸带还有冶金辅助原料，如萤石、铸型砂矿和菱镁矿等；化工原料矿产，如磷矿、钾长石矿、蛇纹石矿、碱用大理岩和硫矿等；建筑材料，如石（饰）材、砂料、灰料和水泥原料等；其他非金属矿产，如滑石矿、石墨矿、石棉矿等。

3.9.2 山东滨海砂矿资源

滨海砂矿的种类很多，包括金属砂矿和非金属砂矿两大类。金属砂矿多含有丰富的稀土元素，非金属砂矿主要是建筑砂料矿和玻璃砂矿。图 3-13 为山东半岛近海砂矿资源分布示意图。

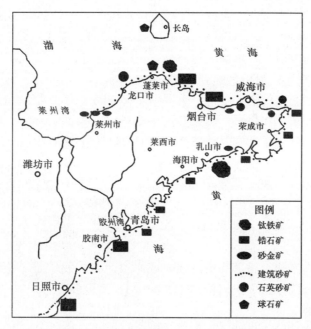

图 3-13 山东半岛近海砂矿资源分布示意图（高莲凤等，2007）

山东海岸的金属砂矿主要是锆英石，其储量十分丰富。现已发现 36 处矿产地，其中大型矿床 1 个，小型矿床 2 个，矿点 9 个，储量约 31×10^4 t。此外，胶南斋堂岛和日照奎山嘴以东水下岸坡也发现锆英石异常区。

非金属砂矿的建筑砂料矿分布在日照以及龙口至荣成沿岸，估计储量为 $3 \times 10^8 \sim 5 \times 10^8$ t。玻璃砂矿分布于龙口、环翠等高潮线以上，质量差；均达不到最低品级要求。此外，鲁北无棣、沾化的贝壳砂储量超过 720×10^4 m³，约合 $1\,000 \times 10^4$ t，是制作白水泥的优质原料。预计，在胶东半岛近海、内陆架特别是胶州湾及其邻近海域会找到大型建筑砂矿资源，目前调查程度都比较低。

3.9.3 山东滨海能源矿产资源

山东省海洋油气资源丰富，开发潜力大，随着开发步伐的加快，海洋油气将成为山东省新兴的海洋支柱产业。山东近海能源矿产资源有石油、天然气、煤、油页岩、泥炭和放射性元素等。其中，石油、天然气不仅为本省优势矿产资源，而且在全国也占有重要地位。

（1）海洋油气资源

海洋石油是山东最重要的能源资源，近海的渤海盆地和南黄海盆地是我国已发现的7个大型近海含油气盆地中的2个。

渤海盆地面积约 $7.3 \times 10^4 \ km^2$，具有良好的石油地质条件，有效勘探面积为 $5.1 \times 10^4 \ km^2$，发现构造圈闭226个，按生油量法和构造圈闭法预测的资源量分别为 $40.5 \times 10^8 \ t$ 和 $18.2 \times 10^8 \ t$。目前，在黄河口浅海海域已探明的石油地质储量已达 $3 \times 10^8 \ t$，其中埕岛油田已成为我国最大的浅海油田，原油产量到2000年已突破 $200 \times 10^4 \ t$，实现产值34.5亿元，居全国同行业领先水平。在莱州湾附近海域已探明一个超亿吨的油区。蓬莱19-3油田在渤海南部海域被发现，已获得石油地质储量 $6 \times 10^8 \ t$，是我国海上最大的整装大油田，也是继陆上大庆油田以后，我国所发现的第二个整装大油田。虽然山东省海洋天然气的开采刚刚起步，但2000年产量已经达到 $3 \ 700 \times 10^4 \ m^3$。

南黄海盆地为中新生代沉积盆地，由中央隆起分隔成南北两个坳陷。其中，靠近山东的北部坳陷，面积 $3.9 \times 10^4 \ km^2$，可划分为8个坳陷（15个凸起），9个构造带。其特点是面积大、沉积厚，具备生油和储油条件，但资源量还有待探明。

（2）煤与油页岩

山东沿海的煤和油页岩矿主要分布在龙口境内，已探明煤田12处，含煤面积391.1 km^2，累计探明储量煤矿 $11.71 \times 10^8 \ t$，油页岩 $3 \times 10^8 \ t$。另外，山东垦利、沾化境内也有煤矿层，远景储量 $85 \times 10^8 \ t$，埋深均在2 000 m以上。

（3）泥炭

泥炭主要分布在莱州至蓬莱和威海至荣成岸段，有9处矿点，共有储量约 $23 \times 10^4 \ t$。其中以荣成城厢礼村规模最大，储量达 $7.5 \times 10^4 \ t$，比重多在0.5~0.8，均属可燃性。

（4）放射性元素

放射性元素矿产有铀、钍两种，多呈伴生矿产于锆石砂矿和稀土矿中，规模不大，未形成工业利用价值的矿体。

3.9.4　山东海泥资源

海泥是潜在的非金属矿产资源，被称为"黑色黄金"，主要成分是黏土，且含有多种微量元素、矿物质和维生素、氨基酸及叶绿素成分，可用于制造建筑材料、化妆品以及医药制品、工业材料的合成等。在开发粘结剂、钻井液材料、催化剂、吸附剂、建筑材料、工艺品等方面具有广阔的应用前景。新加坡建设了大型利用海泥烧砖的工厂。海泥也可作为陶瓷配料或作原料烧制陶粒。还有，因为海泥含有丰富的矿物质、胶体成分、海洋特有的微生物及维生素、氨基酸、抗菌素等，具有独特的美容、保健、治疗功效。其丰富的营养活性成分是一般化妆品基料所不具备的，它们具有促进皮肤新陈代谢、增强皮肤营养、保持皮肤弹性、延缓皮肤衰老的作用。国内外就有著名的死海泥，浙江舟山秀山的滩涂海泥等开发先例。

山东省近海的海泥资源丰富，主要分布在北黄海泥质区和南黄海中部泥质区（图3-

14），成分以粉砂质黏土为主。

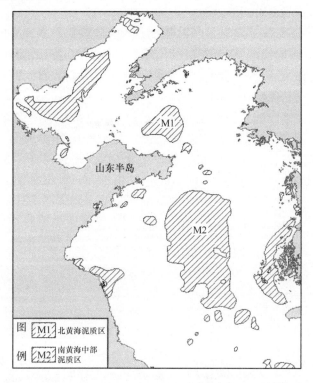

图 3 - 14　山东省主要海泥资源分布（修改自李广雪等，2005）

（1）南黄海中部泥质区

南黄海中部泥质区位于山东半岛南侧，是在黄海冷水团作用下沉积的一层软泥。该沉积体以黏土矿为主，最高含量达 82.4%（申顺喜等，1996）。南黄海中部西侧海底水深 50~70 m 范围内，泥质区厚度超过 5 m，体积近 $300 \times 10^8 \, m^3$，可提供大于 $150 \times 10^8 \, t$ 的黏土矿。该区还含有丰富的自生黄铁矿（王琦和杨作升，1981）。

（2）北黄海泥质区

北黄海泥质区位于辽东半岛与山东半岛之间，厚度为北薄南厚，由南部向北逐渐变薄直至尖灭（程鹏，2000）。北黄海泥质区也可提供大量黏土矿。

3.9.5　山东近海建筑砂资源

山东省近海建筑砂资源主要由滨海建筑砂和浅海建筑砂构成。胶东半岛大部分为沙砾质海岸，建筑用砂矿广泛分布于现代滨海地带中，沿莱州三山岛—龙口—蓬莱—烟台—威海—荣成—文登前岛—海阳潮里—青岛沙子口—日照岚山均有分布，已探明砂矿 30 处，估计储量为 $3 \times 10^8 \sim 5 \times 10^8 \, t$。浅海建筑用砂资源较丰富，主要分布在长岛庙岛南部，荣成成山角东、镆铘岛东、海阳千里岩等地。已探明 4 个浅海建筑用砂矿床，储量超过 $1 \times 10^8 \, t$（高莲凤等，2007）。山东近海建筑砂勘探程度较低，无序开采现象严重，严重破坏了滨海沙滩。需要加强勘查，科学规划，合理开采。

3.10　山东省海洋能资源

随着我国经济的高速发展，能源短缺的问题极大地制约着沿海经济的发展和人民生活水平的提高。山东省作为一个沿海的人口大省，一方面，面临着巨大的能源压力；另一方面，其广阔的海岸线给开发利用海洋能提供了十分便利的条件。海洋能既包括在海水运动蕴藏的动能和势能，如潮汐能、波浪能和海流能，也包含由海水的温盐结构状况而产生的热能和盐差能（图3－15）。开发利用海洋能可以增加和改善能源供应，保护生态环境，促进经济社会可持续发展，对建造山东半岛蓝色经济区国家战略有重要意义。

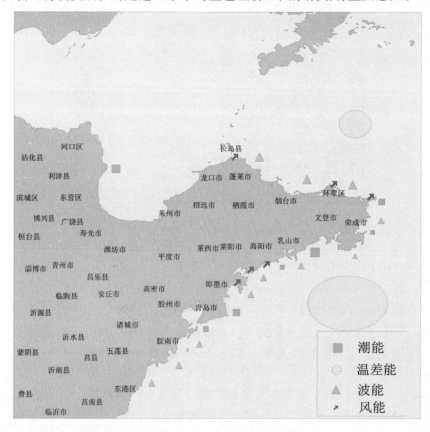

图3－15　山东省海洋能资源分布简况

3.10.1　山东沿海的潮能

潮汐和潮流是天体引潮力作用下潮波运动的两种表现形态，潮汐为海水的周期性垂直升降，其所携带的能量称为潮汐能；潮流为海水的周期性水平运动，其所携带的能量称为潮流能（王传昆和卢苇，2009）。潮汐能的开发方式是建造潮汐坝（Lemonis and Cutler，2004），涨潮时将海水储存在坝内，落潮时放出海水，利用高、低潮位之间的落差，推动水轮机旋转，带动发电机发电（World Energy Council，2010）。潮流能的开发利用，是在潮流流速大的地方建造涡轮机，海流带动涡轮机旋转发电（World Energy Council，2010）。

在潮汐能方面，山东半岛近海海域都属于半日潮区，其中包括不规则半日潮。平均潮差自黄河口至靖海湾低于 2 m，靖海湾向南逐渐过渡到 2.5 m 以上，日照附近海域达 3 m 左右。平均潮差高于 2 m 的海区，理论装机容量为 800 kW/km^2，单向潮汐电站理论年发电量为 1.6×10^6 kW·h/km^2，双向潮汐电站理论年发电量 2.2×10^6 kW·h/km^2。这些区域主要分布自山东半岛的靖海湾至岚山头（高飞等，2012）。

潮流能方面，山东半岛附近海域存在几个大潮平均最大流速较大的区域，其速度均大于 1 m/s，分别位于黄河口南侧莱州湾北部海域；成山头附近海域；楮岛、靖海附近海域；乳山湾东西叉口、丁字湾及胶州湾口处；青岛崂山头附近海域以及古镇湾附近海域。理论最大功率密度为 0.51 kW/m^2（高飞等，2012）。

3.10.2　山东沿海的波能

波浪能是海洋能中蕴藏最为丰富的能源之一，也是海洋能利用研究中近期研究最多的海洋能源，其开发利用技术已趋于成熟，正在进入或接近于商业化发展阶段。波浪能利用系统首先使用变换装置把波浪能转换成有实用价值的机械能，再把机械能转换为电能加以利用。

据张松等（2012）研究，山东省波浪能资源蕴藏量达到 87.64×10^4 kW，在全国居于前列。由天津国家海洋局海洋技术所研建的 100 kW 摆式波力电站，已在 1999 年 9 月在青岛即墨大管岛试运行成功（任建莉等，2006）。但是山东半岛的波浪能资源只在基岩海岸岸线、冬季不结冰且季风明显的地区，如虎头崖绕山东半岛沿岸直到岚山头才具有可开发条件，大部分海区不具备开发条件。

3.10.3　山东沿海的温差能

海洋温差能，就是不同深度海水水温之差的热能。由于太阳辐射，海水温度随水深的增加而降低，由此产生了温度差异，这一温差中包含着巨大的能量。赤道地区的热海水由于重力作用下沉流向两极地区，由此产生大尺度的海洋环流，从而也常年保持着海水不同层面的温度差，形成海水温差能（薛桂芳等，2008）。因此世界上对温差能的利用大多集中在热带地区。

但是，由于南黄海冷水团的独特存在，使得山东省在温差能的利用上有了较大的发展时机。南黄海冷水团的水表温度与水团温度差值可达 20℃ 以上，足以胜任世界上比较成熟的 OTEC 系统发电的要求。黄海冷水团是黄海独特的水文现象，一直备受国内外海洋学家关注。冷水团分为两部分，分别盘踞于南、北黄海中部洼地的深层和底部，等温线呈"鸭梨"形，其中又以南黄海冷水团较为强盛，夏季表层海水温度可达 30℃，而在 40~50 m 深处，水温可降到 10℃ 以下，甚至达到 4℃，温差超过 20℃，水层中间存在一个温度急剧变化的薄层，称其为"温跃层"。黄海冷水团每年 5 月前后开始形成，7 月、8 月达到强盛期，12 月完全消失。

海洋表层和深层海水具备 20℃ 以上的温差，就有温差发电的可能。海洋温差发电主要是用表层海水对沸点较低的介质（如二氧化硫、氨或氟利昂等）进行热化，并使其蒸发，用其蒸汽推动涡轮机发电，然后用底层冰冷的海水对蒸汽进行冷却，使之还原为液态，如此周而复始。目前，在印度洋、加勒比海、南太平洋、夏威夷等海域，海洋温差发电技术得到了较好的应用。美国、日本已具备领先的海洋温差能发电技术。我国相关科研院所也相继开展部分研究工作。黄海冷水团夏季表、底层水体温差超过 20℃，且底层 10℃ 等温线面积可达 $6 \times 10^4 \ km^2$，加之能源稳定、清洁、水深浅、存留时间长等特性，使其成为温差发电的潜在能源，并具有广阔的应用前景。若配以海水淡化装置、太阳能加热海表水提高温差装置等，可以大大提高温差发电的效率。山东半岛具有得天独厚的地理位置优势，距离北黄海冷水团 50 km，距离南黄海冷水团不足 100 km，黄海冷水团可成为天然发电站。一是可以建设大型固定设施，配合卫星式发电组建设大型发电场区；二是为来往船只、灯塔、海岛、养殖场和环境监测设施等提供电力。

3.10.4 山东沿海的风能

风能是一种可以再生、无污染而又可就地取用的廉价能源。山东省风资源比较丰富的地区在胶州湾以北的海岸带及附近岛屿，以及胶东半岛东部沿海靠近海岸带部分及部分岬角、岬岛、岛屿等地区，包括成山头、长岛、青岛、蓬莱等一些沿海地区，这些地区具有海洋性和大陆性的双重气候特征，又因海陆区域的热感量不同所造成的海陆温度差异，产生气压梯度力，从而形成海陆风。

荣成东楮岛、成山头、礼村等地年平均风速在 6.0 m/s 以上，可考虑发展 100 kW 级以上大型风力机，长岛、威海、埕口、青岛等地区年平均风速在 4.0 m/s 以上，可考虑发展 10 kW 级以上中型风力机组，其他年平均风速在 3 m/s 以上的地区亦可考虑发展 1 kW 级的小型风力机组（赵家敏，1997）。

3.10.5 山东沿海的盐差能

盐差能是海水和淡水之间或两种含盐浓度不同的海水之间的化学电位差能，是海洋能中能量密度最大的一种可再生能源，对盐差能发电的实验主要在江河入海口处进行。目前海水盐差能发电技术主要有渗透压法、蒸汽压法和反电渗析电池法 3 种。据估算，我国沿海盐差能资源蕴藏量约为 3.9×10^{15} kJ，理论功率约为 1.25×10^8 kW。但这些资源大都处于南方水域，山东省渤海沿岸的河流冬季温度低，易结冰；最大的河流黄河则由于含沙量太高，不具备盐差能的开发条件。只有少数季节变化明显、含沙量小的河流具备开发条件，分布在半岛南北测的沿岸区。

3.11　山东省海洋盐业及化工资源

3.11.1 山东海洋盐业资源

我国海水制盐历史悠久，山东地区更是从春秋战国时期便成为全国范围内的主要海盐产区，给我国人民带来了巨大的财富。随着社会生产水平的不断提高，海洋盐业生产技术也不断发展。时至今日已经形成了完整的流程工艺。山东海洋盐业资源主要包括盐区滩涂、海水、地下卤水（浓缩海水）等。

（1）滩涂

山东盐区根据滩涂组成的物质不同，大致可分为两大类型，即泥质滩涂和砂质滩涂，总资源达 2 740 km²。泥质滩涂（包括砂泥质滩涂）是山东沿海面积最大、分布最广的一种滩涂类型，集中分布于鲁北大口河至莱州虎头崖，包括现代黄河三角洲沿岸在内的海岸段，面积 1 330 km²，占全省滩涂面积的一半左右，是建设盐场的主要地带。砂质滩涂主要分布在山东半岛及鲁东南沿海，其中包括少量的岩滩和砾石滩。砂质滩涂一般位于盐场靠海一面的外侧，对盐场可以起保护作用。

（2）海水

海水是原盐生产的主要原料，它具有两个特点：一是总量极大，但浓度极低；二是原料易得且成本低廉，而加工提取困难。山东省各盐区增盐期海水盐度均在 30 以上，半岛南部沿岸终年盐度在 31 左右，为盐区盐业生产提供了基本保障。

（3）地下卤水

根据水质分类，水中矿化度高于 50 g/L 即为卤水。正常海水矿化度为 35 g/L，本区卤水的矿化度为海水的 2～6 倍。地下卤水除含浓度较高的氯化钠外，还含有钾、溴、硼、镁、碘、锶、锂等元素，具有较高价值。

山东省地下卤水资源主要分布在环渤海地区及胶州湾地区，总面积约 5 800 km²，总净储量约 305×10⁸ m³。根据其埋藏深度分为浅层卤水（埋深 < 100 m）、中深层卤水（埋深 100～400 m）和深层卤水（埋深 > 400 m）。根据邹祖光等（2008）研究，估算山东省内浅层地下卤水净储量可达约 82×10⁸ m³，资源量非常丰富；中层地下卤水净储量可达约 15×10⁸ m³，具有一定的开采潜力；预测山东省深层地下卤水资源量大于 200×10⁸ m³。但是由于技术条件和经济因素限制，地下卤水资源的开发还仅限于浅层地下卤水，中深层地下卤水资源利用还处于研究阶段。

目前全省开采地下卤水资源晒盐的盐场有 100 多个，现有提取地下卤水资源晒盐的盐田面积约 400 km²，在用卤水井数约 5 600 眼，年产原盐约 653×10⁴ t；估计提取地下卤水 2.87×10⁸ m³/a，平均每产 1×10⁴ t 原盐需要开采地下卤水 44×10⁴ m³（邹祖光等，2008）。如果拥有先进的开采技术，能够开发碘、锂、铀等经济价值较高的元素，形成的经济效益将十分可观。

3.11.2　山东海洋化工资源

山东省是我国最大海洋化工生产的基地。2006 年，山东省海洋化工产业总产值 199.84 亿元，占全省海洋产业总产值的比重达到 6.66%，占全省化工产业的比重超过 50%；产业增加值达到 78.74 亿元，对全省地方生产总值的贡献率为 0.36%。近些年山东省沿海地区的海洋化工发展较快，年平均增长率超过 90%，已成为山东沿海地区国民经济的重要支柱之一。

山东省拥有我国沿海最丰富的盐业资源。盐是纯碱工业、氯碱工业的基本原料。2006 年山东省海盐产量 1 950.96×10⁴ t，居全国第一位。在山东沿海地区，除了海水晒盐之外，潍坊北部地区地下净储量超过 74×10⁸ m³ 的卤水中不仅含有丰富的钠、氯、钙、镁、钾等元素，而且还含有经济价值更高的碘、锂、铀等稀有化学元素。海盐、卤水这些丰富的资源为发展海洋化工创造了得天独厚的条件。

对海水化学资源的利用还体现在海水淡化和海水直接利用两方面。海水直接利用仅限于青岛市部分企业，从整体上看尚处于起步阶段。海水淡化技术已经取得突破，但尚未形成产业，在解决生活用水方面有较大潜力。

总体上来说，由于技术和经济水平等的制约，我国尚处在盐碱工业向海洋化工工业的过渡阶段，随着海洋高新技术的发展，海洋将为我们提供更多的财富。

3.12 山东省滨海旅游资源

山东省 2011 年旅游总收入约 3 736.6 亿元，共接待旅游总人数 4.21 亿人次（山东省旅游统计局网站）；全省旅游总收入突破 4 500 亿元，增长 21%，相当于 GDP 的比重和对财政的贡献率超过 8%（山东旅游政务网）。其中沿海旅游为山东旅游的重要组成部分。就 2006 年、2007 年以及 2008 年旅游总收入情况来讲，青岛、烟台、威海 3 市旅游总收入之和分别高达 574.51 亿元、717.12 亿元、797.17 亿元，分别占山东省 17 地市总和的44.34%、43.4% 和 39.86%，均远远超过总数的 1/3（郑辉，2010）。山东现有 8 家 5A 级旅游景区，其中位于沿海旅游风景区的有 4 家，分别为烟台市蓬莱阁旅游区、青岛市崂山景区、威海市刘公岛景区、烟台蓬莱三仙山·八仙过海景区。

山东海岸地貌类型多样，人文和自然景观较多。特别是在海滩浴场、奇异景观、山岳景观、岛屿景观和人文景观方面，优势更为突出。山东沿岸及其海岛有丰富的旅游资源，这里有起伏叠翠的山峦，千姿百态的悬崖奇峰，碧波荡漾的海湾和柔软似毯的黄金海滩，有如珠宝似的海岛和沿岸众多的名胜古迹及冬无严寒、夏无酷暑的滨海气候。有重大科学文化价值的海洋自然遗迹所在区域，如在海洋中保存的海陆变迁的各种遗迹、剖面以及进化过程的自然遗迹，或者是典型的、优美的海洋地形地貌及其独特的自然景观以及人类活动遗留下的具有特殊价值的自然遗迹。这些遗迹在区域海洋演化史、古地理、古气候、古生物、古环境、人类海洋开发活动史等问题的研究中具有重要意义。还有代表性和典型性的景观、剖面、露头、遗物、遗迹等原始的海洋生态环境。这些都为开发沿海旅游事业提供了优越的自然条件。日益便利的交通，丰富的物产，尤其沿海丰盛的山珍海味，颇有特色的风土人情和历史悠久的传统工艺品等，为旅游业的发展提供了有利的自然和社会条件。山东沿岸旅游资源主要分布于青岛、烟台、威海、日照和黄河三角洲等地（山东省人民政府，2011）。

图 3-16 为山东省旅游示意图。

3.12.1 青岛市滨海风景名胜区

青岛地处山东半岛东南部，东南濒临黄海，东北与烟台市毗邻，西与潍坊市相连，西南与日照市接壤。青岛是一座历史文化名城，中国道教的发祥地之一。6 000 年以前，这里已有了人类的生存和繁衍。1986 年青岛市被国家划为计划单列城市，1994 年被列为全国 15 个副省级城市之一。

青岛市区滨海景点主要分布于市区南部海岸，西起团岛湾，东至麦岛，海岸线长 20 km 以上，青岛依山傍海，风景秀丽，冬暖夏凉，气候宜人，是国家历史文化名城、首批中国优秀旅游城市、首批全国文明城市和 2008 年奥运会帆船比赛举办城市。

"红瓦绿树、碧海蓝天"的老城区，与东部现代化新城区交相辉映。贯通城区东西的滨海步行道，将栈桥、小青岛、小鱼山、海底世界、第一海水浴场、八大关风景区、五四

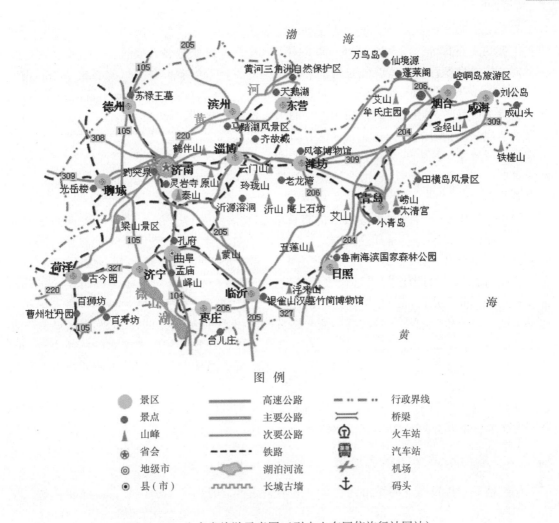

图 3 – 16　山东省旅游示意图（引自山东国信旅行社网站）

广场、奥帆中心、银海游艇俱乐部、极地海洋世界、石老人海水浴场等主要旅游景点串接在一起，成为一条独具特色的海滨风景画廊（武毅和尹静，2013）。山城海景融为一体，交相映衬，构成青岛海滨风景区的主要特征。

青岛辖区内有国家级的崂山风景名胜区、海滨风景区等景区，八大关建筑群素有"万国建筑博览"之称。老城区的德国总督府旧址、中山路劈柴院、青岛啤酒博物馆、红酒坊、德国风情街都是游人如织的景点。青岛市郊自然生态景观、人文景观、名胜古迹丰富多彩。千古名胜琅琊台，古台观月、龙湾涌浪，秦始皇三次东临乐而忘返，徐福东渡日本从此起航；田横岛上西汉五百义士集体殉葬，壮怀激烈、可歌可泣；还有被誉为石刻瑰宝的国家级重点文物保护单位天柱山摩崖石刻、国家级自然保护区马山石林和春秋战国齐长城遗址等（孙玉琴，2012）。

近年来，青岛还相继开发建成了一批新景点，如红岛方特梦幻王国、天幕城、凤凰岛旅游度假区、唐岛湾海滨公园、开发区野生动物世界、珠山国家森林公园。

青岛人文古迹和名人故居众多，有秦始皇三次东临、徐福东渡扶桑的起航地琅琊台，西汉五百义士殉葬的田横岛，被誉为石刻瑰宝的天柱山魏碑，春秋战国的齐长城遗址以及地质奇观马山石林等，以及康有为、闻一多、老舍、王统照等名人故居。

青岛旅游资源极为丰富，除传统的观光旅游外，还有度假健身游、宗教民俗游、海上垂钓游、青少年修学游、渔家乐、农家乐以及商务、会议、体育旅游等。节庆活动正成为青岛的拳头产品，一年一度的青岛国际啤酒节、沙滩文化节、海之情旅游节、樱花会等节庆吸引了众多海内外游客。红瓦、绿树、碧海、蓝天、金沙滩以及具有典型欧式风格的多国建筑，形成了中西合璧、独具特色的美丽海滨城市，素有"东方瑞士"之美誉。这一切都使青岛这座中西合璧，山、海、城相融相拥的城市，成为中国最优美的海滨风景带（青岛旅游信息网）。

青岛作为山东旅游的龙头城市，仍有许多旅游潜力可以开发，如建设大型海上游乐园，完善崂山风景区，全面开发石老人、薛家岛、琅琊台等旅游度假区（孙希华，2004）。同时，青岛全市共有69个海岛，以市区为中心在东部海面上呈扇形展开，多为近海岛屿，常住居民岛10个，目前已初步进行旅游开发的海岛仅有田横岛、灵山岛和竹岔岛，还有很大的发展空间。众多海岛长期在海浪的作用下，形成了独特的海蚀地貌；许多岛上植被覆盖率高，自然生态保持相对较好，拥有许多珍稀植物和鸟类，如长门岩岛、大管岛、小管岛的耐冬等，颇具观赏价值；同时，有些岛屿如田横岛等还积淀有丰富的历史文化。另外，受海洋性气候影响，众海岛冬少严寒，夏无酷暑。总体而言，青岛市属海岛地理位置优越，风景秀丽，适宜游客消夏避暑、观光度假，并且适宜开发海岛文化节。但目前大多数海岛存在淡水资源不足、基础设施薄弱等问题，给旅游开发带来了一定难度，大规模旅游开发之前，必须做好资源调查、评价和规划工作，确定开发重点和时序（卢昆，2004）。

3.12.2 烟台市滨海风景名胜区

烟台是一个钟灵毓秀的城市，它繁华又不失庄重，时尚又不失传统，既务实奋进，又锐意创新。烟台旅游资源丰富，景点众多，自然、人文、历史交相辉映。长达900多千米的黄金海岸线，坐拥罕见的"海在城市之北"的优越位置，金沙碧浪，涛声浪影，俨如仙境。冬无严寒、夏无酷暑，优异的海岛、海滨自然美景，葡萄酒之乡、鲁菜之乡、水果之乡的丰厚底蕴，雅致休闲的高尔夫、温泉等，构成了烟台丰富的休闲度假旅游产品。

黄金海岸之旅。游"中国最大的陆连岛"芝罘岛、海上明珠崆峒岛，沿烟台标志性街道滨海路游览"见证百年开埠文化"的烟台山、"全国唯一系统展示钟表发展史"的北极星钟表文化博物馆、令冰心魂牵梦绕的"灵魂故乡"东炮台、黄海游乐城、养马岛，在海阳万米沙滩浴场浪漫度假，登"中国最美的海岛"长岛赏巍峨险峻的九丈崖、清新怡人的月牙湾、万鸟腾空的万鸟岛、彩石林立的砣矶岛、憨态可掬的海豹、赶海垂钓、吃住在渔家，尽享渔家风情。

人间仙境之旅。畅游八仙故里，聆听八仙过海和海上仙山的传说，赏蓬莱阁、八仙过海景区、三仙山风景区古典建筑与艺术园林的完美融合；登临"海上仙山"长岛拜谒秦始皇登临求仙问药处，在"仙山之祖"昆嵛山、"东方道林之冠"栖霞太虚宫感受全真教发源地的道骨仙风。

葡萄酒文化之旅。在中国葡萄酒工业发源地和中国最大的葡萄酒生产基地，探秘百年张裕的沧桑历史，畅游张裕国际葡萄酒城、南王山谷君顶、南山庄园、瑞士临、海阳金鼎五座专业化酒庄，品味美香醇的葡萄美酒，体验休闲烟台的浪漫情致。

高尔夫之旅。以高贵的品质和优良的环境吸引着世界各地的高尔夫运动爱好者及商务人士来此酣畅挥杆、以球会友、休闲度假。龙口南山国际高尔夫俱乐部、栖霞苹果城高尔夫俱乐部、海阳旭宝高尔夫俱乐部、蓬莱君顶酒庄高尔夫俱乐部、莱阳金山国际高尔夫俱乐部、牟平养马岛东方乡村体育俱乐部等20多个风格迥异的球场，可满足不同层次球手的运动乐趣，带给您全新的休闲体验。

生态采摘之旅。参加福山、牟平樱桃采摘节、栖霞苹果艺术节、莱阳梨文化节、葡萄采摘节等水果盛宴，亲手采摘并品尝时鲜的烟台苹果、莱阳梨、福山大樱桃及各色时鲜蔬菜，让您一次吃个爽；鲁菜美食之旅，走进"鲁菜之乡"，品尝地道的鲁菜，尽享海参、对虾、鲍鱼、扇贝等海珍品的鲜香醇厚。

黄金之旅。来到烟台不可错过著名的黄金之乡、"中国金都"招远，投资10亿元开发打造的中国第一处展现黄金生产历史的中国黄金实景博物苑、集观光、体验、娱乐、餐饮为一体，在探寻黄金生产奥秘的同时，以低于市场价的超值优惠购买到做工精良的黄金饰品。

烟台不仅拥有得天独厚的休闲旅游资源，更是围绕"食、住、行、游、购、娱"打造了一批完备的旅游基础设施和配套服务设施。全市现有国家A级以上旅游区44个，其中国家5A级旅游区2个；现有星级饭店106家，其中五星级饭店5家，努力为游客营造一种舒适温馨、宾至如归的氛围；现有9大旅游购物街区、6个旅游购物点，为来烟台的游客提供葡酒文化、开埠文化、八仙文化、金石艺雕、民俗文化、宗教文化、海洋文化、海产品、水果之乡干鲜、工艺美术品10大系列旅游商品，有中国国际美食节，烟台国际葡萄酒节，国际青少年文化艺术盛典，国际沙雕艺术节，南山国际长寿文化节，苹果艺术节，渔家乐民俗文化旅游节，庙岛妈祖庆典，徐福故里文化节等多项文化节日（烟台旅游资讯网）。烟台创新"休闲汇"活动，提前从4月开始以"月月新产品、新活动、新优惠"为主题，开展了"城市月月休闲汇"活动，擦亮中国最佳休闲城市品牌（山东旅游政务网）。

烟台将强化建设金沙滩、蓬莱国际旅游度假区，充实蓬莱阁与水城内容，建设养马岛国际体育中心；建设陀矶岛、隍城岛渔村风情旅游基地和以长岛航海、渔船、水族、候鸟、原始村落遗址为主的博物馆（孙希华，2004）。长岛素有"海中仙岛"美誉，气候宜人，空气清新，有天景天象景观。自然景观和人文景观区点达66处，主要集中分布在南五岛（南长山岛、北长山岛、大黑山岛、小黑山岛、庙岛），资源集聚优势突出，景观多以自然态奇礁异洞为主，另有文化层次及研究价值较高的北庄遗址、航海及历史博物馆等，文物数量达万件余。蓬莱至长岛码头7海里，每日两岸对开航班30多个，乘快船进岛15分钟、慢船40分钟，滚装船可同时载车30余部，游客可带车进岛。同时，岛上有出租车、旅游车提供，较为便利。综合来看，长岛岛群具备开展生态观光、休闲度假、考古探险旅游潜力，度假旅游市场前景广阔。烟台除长山列岛外的38个海岛全部为基岩岛，面积普遍较小，其中养马岛为镇级设置。以崆峒岛为主的岛群，紧靠市区，可进入性较好，应是烟台市属海岛下一阶段旅游开发的重点。崆峒岛上树木苍翠，景致诱人。周围小岛环拱，造型呈动物形状者甚多，其中夹岛更是以"蛇岛"著称，岛上蝮蛇集聚，富有药用和科学研究价值。岛上人防工事设施保存良好，是开展爱国主义教育的良好基地，对青少年有较大的旅游吸引力。同时，岛上还拥有优质的银色沙滩，具备开展海滨娱乐、度假休闲活动的潜质。南部的千里岩岛尽管奇礁怪石林立，拥有"东阳仙洞"、"天门阶"、"仙人脚痕"、"天桥吞舟"、"天成石屋"等景观，但由于其远离大陆，开发难度较大，适宜做远期旅游开发（卢昆，2004）。

3.12.3 威海市滨海风景名胜区

威海是山东半岛最东端的滨海旅游城市。这里有丰富的旅游资源，是开展海上运动、登山探险、户外休闲、度假旅游的极佳目的地。20多年来，来威海的旅客人数增加了10倍以上，旅游总收入由微不足道，到目前占GDP的11.98%，见证了威海旅游业翻天覆地的变化。

威海得名于海，扬名于海。全市海岸线长达1 000 km，占山东省的1/3，全国的1/18，沿海大小岛屿168个，30多处优良港湾，20多个岬角和众多的天然沙滩浴场，是一条难得的黄金海岸。拥有1万多平方千米的海洋国土面积。沿线分布着众多岛屿、海湾、浴场、温泉、高尔夫球场，有"千里海岸线，一幅山水画——走遍四海，还是威海"美誉。威海环境优美，风光秀丽，海、岛、泉、山、城、滩、湾、林等独具特色；这里四季分明，气候宜人，冬无严寒，夏无酷暑，既不干燥，又不潮湿，具备海洋性气候的优点，却没有海洋性气候的缺点。空气清新，全年优良率几乎100%，有人戏称威海的空气可以"原装出口"。全市森林覆盖率达40.1%，市区绿化覆盖率近50%，走进威海，会深切感受到"山在海中，海在城中，城在树中，人在绿中"的特色。

威海海产品总量居大陆地级市之首，海参、鲍鱼、对虾被称为"海三宝"，"威海刺参"名列海味之首，属国家地理标志产品。威海民俗有浓郁的"渔捕文化"特色，长期与海打交道，形成了独特的渔家风俗，有独特的祭海仪式，有海草房等独特的建筑，有鲅鱼饺子等独特的饮食。威海是亚洲最大的天鹅越冬栖息地，被称为"东方天鹅湖"。

威海市区三季开花、四季常青，碧海、蓝天、红瓦、绿树构成海滨生态花园城市的风貌，海边全部被花园围绕，公园与景点遍布整个城市，如幸福公园、威海影视城、海上公园、华夏城景区等。威海是第一个国家卫生城市、第一个国家环境保护模范城市群、第一个中国优秀旅游城市群、国家森林城市，两次被联合国评为"迪拜改善居住环境最佳范例城市"，并获得联合国人居奖。

"山不在高，有仙则灵"。威海的山海拔不高，但各有特色。成山头是秦始皇两次东巡驻足之地，有"东方好望角"之称；昆嵛山被称为"海上仙山之祖"，是中国道教全真派的发源地，道家祖师王重阳、丘处机曾在此修炼；铁槎山，九顶连绵，危峰兀立，有"大东胜境"美誉；岠嵎山奇石林立，千姿百态，堪称一座天然石雕园；石岛赤山"一院连三国"，是著名的佛教圣地，也是中日韩三国人民友好往来的历史见证地；大乳山拔海而起，被誉为"母爱圣地"；仙姑顶所供300吨仙姑玉像，为世界之最。

威海有大小岛屿168个，这些海岛犹如迷人的珍珠镶嵌在碧波荡漾的海面上，有中国近代第一支海军北洋水师的诞生地、亚洲高尔夫运动的起源地——刘公岛。它是中日甲午海战的主战场，国家5A级景区和首批国家级海洋公园，是世界最大上岸抹香鲸、国宝大熊猫及台湾赠送大陆的梅花鹿、长鬃山羊的幸福乐园。有"海鸥王国"之称的海驴岛，"北方小桂林"之称的小青岛，"中华海上第一奇石"的花斑彩石以及南黄岛、鸡鸣岛等景色秀丽的海岛。威海保留着最原始的渔村，渔家民俗文化浓厚，是世界上最具代表性的生态民居之一。

威海是"中国温泉之乡"，山东半岛 14 处温泉中威海就有 9 处，国家 4A 级景区天沐温泉、汤泊温泉、宝泉汤和正在建设中的呼雷汤、大英汤、小汤、七里汤温泉等，形成了国内最富有特色的"海水温泉走廊"。威海温泉药用价值很高，对风湿、心脑血管、皮肤及腰腿疼等疾病尤其有效。每年一届的中国威海国际温泉节，逐步成为国际温泉养生文化交流的平台（威海旅游资讯网）。

未来，威海可重点建环翠、石岛湾、天鹅湖旅游度假区，恢复刘公岛北洋水师基地原貌（孙希华，2004）。刘公岛是威海海岛旅游的核心，距市区 2.1 海里，有固定船舶航班进出岛屿，交通便捷。岛上北部海蚀崖直立陡峭，南部地势平缓绵延，森林覆盖率 87%。位于成山头风景区的海驴岛，以造型奇特的海蚀洞和万千海鸥云集著称，利于开展生态、科考、观光旅游。而面积最大已经人工陆连的镆铘岛，产业发展以工业、种植业、渔业为主，旅游业在海岛经济中的地位低下，加之景观资源数量稀少，旅游业发展前景有限（卢昆，2004）。

3.12.4 日照市滨海风景名胜区

日照，因"日出初光先照"而得名，享有"东方太阳城"的美誉。作为海滨生态旅游城市，这里有"蓝天、碧海、金沙滩"为代表的优美自然风光，64 km 的金色沙滩，水清、沙细、滩平，可以与美国的夏威夷相媲美，大气质量、海水质量和淡水质量均保持国家一级一类标准。2012 年，日照市在山东省游客满意度调查中获得第一。日照旅游业发展迅速，2012 年共接待国内外游客 2 824.6 万人次，实现旅游总收入 183.3 亿元，同比分别增长 15.2% 和 21%。

日照旅游资源丰富且历史悠久。日照海、山、古、林兼备。境内 100 余千米的海岸线上有 64 km 的优质沙滩，被有关专家誉为"中国沿海仅存未被污染的黄金海岸"；有奥林匹克水上运动公园、五莲山风景区、莒县浮来山风景区、国家海滨森林公园等一批国内外知名的旅游景点；有世界上最大的汉字摩崖石刻——河山"日照"巨书，天下银杏第一树——浮来山银杏树；江北最大的绿茶基地、最大的毛竹生长带、最大的野生杜鹃花生长带也在日照（行怀勇，2008）。日照是龙山文化的重要发祥地，境内已发现两城遗址、陵阳河遗址、丹土遗址、东海峪遗址等；陵阳河遗址出土的原始陶文较甲骨文早了 1 000 多年，堪称我国文字始祖。莒文化与齐文化、鲁文化并称山东三大文化。日照还是西周时期伟大的军事家姜尚、南北朝著名文字评论家刘勰、诺贝尔奖获奖者丁肇中等名人的故里。齐长城遗址、莒国故城、日照港等也都是游客的必游之地。

特色旅游项目众多。日照依托独特的旅游资源，开发出一大批具有地方特色的旅游项目。依托海滨优势，推出了 3S（阳光、海水、沙滩）休闲度假游；依托五莲山、九仙山风景区，推出了生态宗教游；依托浮来山风景区、莒县博物馆推出了莒文化游；依托水上运动基地和万平口景区，推出了滨海体育游；依托茶博会和茶文化旅游节，推出茶文化旅游；依托沿海渔家村，推出"渔家乐"民俗游，住渔家屋、吃渔家饭、赶海拾贝、乘船撒网，让游客切身感受到海滨民俗，现已成为全国最大的民俗旅游度假区（行怀勇，2008）。日照滨海风景区是海上运动场、海水浴场的天然良址，万平口海水浴场中的日照帆船基地曾举办过 2005 年欧洲级世界帆船锦标赛，2006 年 470 级世界帆船赛，2007 年首届全国水上运动会等大型帆船比赛，2010 年中国水上运动会也在这里举行（日照旅游政务网）。

未来，日照市可以将山海关旅游度假区建成集旅游、度假、休闲、娱乐为一体的国家级旅游度假区（孙希华，2004）。该区海岛尽管旅游资源特色鲜明，腹地旅游市场发育较好，但岛群远距大陆的空间特征，客观上限制了海岛旅游的进行，适宜做远期旅游开发。目前，岛群所处区域为日照市沿海渔民的重要渔场，各海岛无常住居民，仅在渔汛及养殖季节有渔民暂住（卢昆，2004）。

3.12.5　东营市黄河三角洲湿地风景区

东营市拥有丰富而独特的旅游资源。黄河口生态旅游区具有的世界唯一性和不可复制性；龙悦湖旅游度假区拥有 40 km² 水面的人工湖泊，在亚洲绝无仅有，实施的"黄河龙岛"工程已申报吉尼斯世界纪录；2012 年，东营市又被批准成为"中国温泉之城"，等等。可以说，既有河海交汇的神奇，也有生态湿地的秀美，有兵家文化的历史积淀，也有现代工业都市的文明繁华，催生了一大批市场前景好、竞争力强的景区建设项目。近年来，一些企业集团抢抓机遇，积极投身旅游业发展，在企业转型发展方面起到了示范先导作用。华泰、科达、东辰控股、伟嘉园林、绿岛置业、和利时石化科技开发等大企业集团，积极参与旅游项目开发，建设综合性场馆，打造高端旅游产品，累计投资达 26 亿元，为全市旅游业发展注入了新的动力，实现了社会价值和经济价值的双赢（东营旅游信息第3 期，2013）。

黄河三角洲湿地是世界少有的河口湿地生态系统，湿地动植物生态景观独特。山东省北部沿海地区的黄河三角洲国家级生态自然保护区和黄河口国家森林公园，拥有二级保护鸟类丹顶鹤、白鹳、灰鹤、大天鹅、金雕等各种珍稀鸟类 200 多种。海岸带海洋生物资源丰富，共有浮游植物 116 种，浮游动物 77 种，鱼类 155 种，头足类 7 种，潮间带和潮下带底栖生物各 400 余种（陈婷婷，2010）。风景区更以原生态景观而闻名于世。景区内不仅有迷人的自然野性之美，还有各类颇具特色的人工景点，如黄河大堤河滨公园，黄河口农家风情游，黄河口湿地观鸟乐园，入海口湿地生态园，入海口农业观光园，垦区文化纪念馆，石油工业景观，孙武故里等。黄河三角洲地区已被列为国家级自然保护区，融自然生态、野生动物、科研教学为一体，具有独特的旅游价值。

东营天鹅湖景区位于东营市东城东南方向 15 km 天鹅湖旅游度假区内，是 1997 年建成并对外开放的一处集旅游度假、休闲娱乐为一体的大型水上游乐园，为亚洲最大的人工平原水库湖区。随着环境的不断改善、美化，每年 11 月至翌年 4 月，在每年冬季大批天鹅相约而至，景色美丽壮观，引得游客无数，因此人们称之为"天鹅湖"。天鹅湖作为黄河三角洲生态环境保护区内的主体部分，拥有丰富的渔业资源和鸟类资源。这里鸟类品种繁多，尤以国家二级保护动物天鹅著名。

为了更好地发展，黄河入海口景区可开发河口观日出、黄河入海漂流、草原狩猎、骑马、大型垂钓、飞机游览等项目，保护好自然景观是重点（孙希华，2004）。

3.12.6　山东滨海旅游资源综合利用的建议

依据山东半岛旅游资源空间分布特征，在对该区域进行旅游线路开发时，可以根据资源集中度、资源特色和相近性，将山东半岛旅游区划分为以海滨资源为特色的滨海旅游区。同时加强山东省休闲旅游产业的建设。

（1）加快滨海动态旅游区建设

滨海动态旅游区总体特色：青岛—烟台—威海—日照由于资源特色相近，资源关联程度高，资源共性明显，主要旅游资源都是滨海特色，与海洋文化较为接近，可开展的旅游项目动态性较强，因此可将其划分为滨海动态旅游区，该区名山名岛众多，风光旖旎，港湾海岬连绵，浴场沙细坡缓，岛屿礁石奇美，碧海浩瀚。游客从这里能感受岛礁秀丽而壮美的气势，领略巨浪飞雪之恢弘大气，是海上观光、海岛旅游和海滨度假的绝佳去处。

可开展的特色旅游项目：该区要充分发挥资源特色，在旅游产品开发上，注重产品的动态性，让游客不仅能观赏海滨独特的自然风光，还能参与其中，增强旅游活动的趣味性和体验性，形成独具特色的旅游目的地。因此可以开展的特色旅游项目有：

① 海里帆船游。游客可以乘坐帆船驰骋在浩瀚的大海上，感受层层激浪带来的激情与无穷乐趣，也可以泊一小船，划荡在海边，赏海上日落风光，感受静谧的大自然。

② 海上游乐园。可以在海上组建一些游乐园，将平日里常见的如未来世界幻想型、大型惊险项目、智力比赛项目、经典射击等传统游乐项目建设在海上，定能为游客带来非凡的享受。

③ 海边沙滩乐。"红瓦、绿树、碧海、蓝天、金沙"层次分明，是对半岛黄金海岸的真实写照，大片柔软的黄金沙滩，在阳光的照耀下闪闪发光，碧蓝的海水，温暖的海风，细柔的海浪对游客都有巨大的吸引力，游客可进行海上观光、海上垂钓、海岛休闲及潜水等旅游项目，享受亲水带来的独特乐趣（陈萍和孙云海，2011）。

（2）加快休闲旅游产业建设

根据山东省的休闲旅游资源分布状况以及休闲旅游产业空间布局的相关理论研究，可将山东省的休闲旅游产业按以下空间布局建设。

以"山水圣人"为主的主题休闲旅游产业空间布局；

以"黄金海岸和半岛城市群"为主的海滨休闲旅游产业空间布局；

以"千里民俗旅游线"为串联的民俗休闲旅游产业空间布局；

以"齐文化、齐文化遗址"为主的休闲旅游产业空间布局；

以"黄河入海口"为主的黄河三角洲休闲旅游产业空间布局。

除此之外，还可针对不同的休闲人群、根据不同档次的休闲目的，拓展山东省休闲旅游产业的目标市场，延伸休闲旅游产业链，并坚持"以轴连点，以点带面，以面推域"的休闲旅游产业拓展理念，最终实现旅游产业结构的整体优化（王蔚，2010）。

4 山东半岛蓝色经济区社会经济现状

4.1 发展蓝色经济区的重要性

2011 年 1 月 4 日，国务院以国函〔2011〕1 号文正式批复了《山东半岛蓝色经济区发展规划》（以下简称《规划》）。这是"十二五"开局之年第一个获批的国家发展战略，也是我国第一个以海洋经济为主题的区域发展战略，这标志着山东半岛蓝色经济区建设正式上升为国家战略，成为国家海洋发展战略和区域协调发展战略的重要组成部分。

4.1.1 从国家角度看《山东半岛蓝色经济区发展规划》

顺应世界海洋经济发展趋势，突出海洋经济发展主题，推动海陆统筹发展，打造和建设好山东半岛蓝色经济区，对于维护国家战略利益、加快转变经济发展方式和促进区域协调发展的大局，具有重要的现实意义和长远的战略意义。

（1）有利于拓展国民经济发展空间，维护国家战略安全

打造和建设好山东半岛蓝色经济区，有利于提高海洋资源的开发利用水平，增强对国民经济发展的资源支撑作用，加快推进海洋国土开发，提高海洋维权和国际海域开发的后勤服务能力，保障我国黄海、渤海运输通道安全，有利于国防安全维护和争取国家海洋战略权益。

（2）有利于加速形成新的经济增长极，完善我国沿海经济整体布局

打造和建设好山东半岛蓝色经济区，有利于加快培育战略性海洋新兴产业，构筑现代海洋产业体系，促进发展方式转变；有利于推动海陆统筹协调，提升海洋经济辐射带动能力，进一步密切环渤海与长三角地区的联动融合，优化我国东部沿海地区总体开发格局。

（3）有利于推进海洋生态文明建设，促进海洋经济可持续发展

打造和建设好山东半岛蓝色经济区，有利于探索海洋资源开发利用的新模式和海洋生态环境保护的新途径，提高资源利用与配置效率，维护黄海、渤海生态平衡与生态安全，提高海洋综合管理水平，促进经济、生态、社会效益的有机统一。

（4）有利于提高海洋经济国际合作水平，深化我国沿海开放战略

打造和建设好山东半岛蓝色经济区，加快推进海洋经济对外开放，有利于引进先进技术、管理经验和智力资源，巩固和提升以青岛为中心的东北亚国际航运综合枢纽地位，提升黄海、渤海和黄河流域的开放水平，深化我国与东北亚各国的战略伙伴关系，进一步拓展我国对外开放的广度和深度（山东半岛蓝色经济区发展规划，以下简称：2011 规划）。

加快山东半岛蓝色经济区建设，对促进山东全省经济社会发展，建设生态文明强省，意义也十分重大。

4.1.2 从山东自身条件看《山东半岛蓝色经济区发展规划》

（1）《规划》是提升山东综合经济实力和竞争力的重大机遇

山东海域辽阔，海洋资源丰富，海洋产业基础好，海洋科教力量集中，是我国发展海洋经济最具潜力的地区之一。山东半岛蓝色经济区建设上升为国家战略，为山东充分发挥固有优势，做大做强海洋经济，加快形成国民经济新的增长极提供了重大的历史机遇。同时，蓝色经济区具有半岛型地理特征优势，是海陆资源互补、产业互动、布局互联的最佳试验区，发展山东半岛蓝色经济区，不仅有利于形成海陆统筹、联动发展的新格局，放大海洋经济对蓝色经济区乃至全省的带动作用，还将进一步增强全省的综合实力和竞争力，对山东在全国沿海发展格局中的地位和重要性有巨大的提升作用。

（2）《规划》是加快转变经济发展方式的有效途径

山东正处于加快转变经济发展方式、调整优化经济结构的历史性任务的关键时期。海洋经济主要以海洋、临海、涉海产业为支撑，具有十分明显的高端产业特点，一些战略性新兴产业也集中于该地区。建设山东半岛蓝色经济区，将会吸纳更多的先进生产要素，提升和改善山东产业层次，以此带动全省产业向高端高质高效方向发展。特别是山东半岛蓝色经济区建设进一步强化了生态文明的理念，有利于极大催生新的经济形态，形成崭新的发展模式，最终实现全社会的可持续发展。

（3）《规划》是提高山东全省对外开放水平的强大动力

在21世纪，海洋经济是开放的经济。山东半岛蓝色经济区是山东省优质资源的富集地，也是对外开放的前沿地带。建设山东半岛蓝色经济区，有利于更加有效地整合开放资源，形成对外开放的整体合力；有利于把对外开放与促进海洋产业发展更加紧密地结合起来，促进海洋产业做大做强；有利于加快引进国外资金、技术、管理经验和智力资源，从科技实力、发展方向与建设规模上提高山东参与国际竞争与合作的层次和水平。

（4）《规划》是促进山东全省协调发展的现实需要

依照以陆促海、以海带陆、海陆统筹的原则，《规划》内容中把山东半岛蓝色经济区划分为主体区与联动区。主体区范围包括山东全部海域和沿海6市2县，其他地区全部作为规划联动区。建设山东半岛蓝色经济区，既促进主体区加快发展，也为联动区借势发展提供了重要机遇，是促进山东省区域协调发展的重大战略举措。主体区和联动区在发展阶段、产业结构上仍具有一定的差异性，因此，必须坚持以海洋产业链为纽带，以海洋产业配套协作、产业链延伸、产业转移为重点对象，优化海陆资源配置，加强主体区与联动区的对接与合作，各取其优、互动协调发展，实现山东全省共享发展成果的目标（张晓博，2011）。

4.2 山东半岛蓝色经济区发展愿景

山东半岛蓝色经济区建设在今后发展的黄金期将面临着前所未有的重大机遇。党的十七届五中全会通过的《中共中央关于制定国民经济和社会发展第十二个五年规划的建议》明确提出了发展海洋经济的总体部署，为深入实施海洋强国战略、依托海洋经济促进区域经济发展指明了方向；我国正处于加快转变经济发展方式和调整经济结构的关键时期，海洋经济发展的体制机制环境正不断优化；自主创新能力不断提高，科技对海洋经济发展的支撑引领作用将不断增强；国际海洋开发合作不断深化，欧美日韩等国家和地区开发利用海洋的成功经验，为我国提供了有益的借鉴。

4.2.1　时代背景良好

改革开放以来，沿海地区、海洋特别是近陆海域在提升我国对外开放和产业创新能力方面发挥出前所未有的积极作用，并成为我国经济社会发展当中最具活力、最有实力的先导性区域。国家对海洋资源开发和海洋经济发展的日益重视，将促进我国海洋事业迅速壮大。

自 2005 年开始，国家发改委会同国家海洋局着手编制《国家海洋事业发展规划纲要》（以下简称《纲要》），历时 3 年。2008 年 2 月，国务院批准了这个《纲要》，这是新中国成立以来首次发布的海洋领域总体规划，是海洋事业发展新的里程碑，对促进海洋事业的全面、协调、可持续发展和加快建设海洋强国具有重要的指导意义。

《纲要》提出，海洋经济发展要向又好又快方向转变，对国民经济和社会发展的贡献率进一步提高。2010 年海洋生产总值占国内生产总值的 11% 以上；海洋产业结构趋向合理，第三产业比重超过 50% 以上。2011 年 3 月 3 日，国家海洋局召开新闻发布会，发布《2010 年中国海洋经济统计公报》。该《公报》显示，2010 年我国海洋生产总值 38 439 亿元，比 2009 年增长 12.8%。海洋生产总值占国内生产总值的 9.7%。其中，海洋产业增加值 22 370 亿元，海洋相关产业增加值 16 069 亿元；海洋第一产业增加值 2 067 亿元，第二产业增加值 18 114 亿元，第三产业增加值 18 258 亿元。海洋经济三次产业结构 5 : 47 : 48（2010 年中国海洋经济统计公报）。

制定促进海洋循环经济发展的相关政策和措施，建立海洋循环经济评价指标体系。大力发展海洋资源的综合利用产业，形成资源高效循环利用的产业链，发挥产业集聚优势，提高资源利用率。加强海洋生物资源开发，充分利用生物技术，发掘和筛选一批具有重要应用价值的海洋生物资源，开发海水养殖新技术、选育一批海水养殖新品种，建立种苗繁育基地，加速产业化，推动海水养殖业发展；加快海洋生物活性物质分离、提取、纯化技术研究，支持海洋生物医药、海洋生物材料、海洋生物酶等研究开发和产业化。加快建设海洋能源、海水淡化与综合利用等工程，建立海洋循环经济示范企业和产业园区（仲雯雯，2011）。在滨海湿地、三角洲和海岛等特殊海洋生态区，发展高效生态经济。

4.2.2　当地基础良好

中国海洋事业特别是海洋经济发展，再次引起社会公众的关注。山东省委、省政府认真贯彻落实科学发展观，立足陆海统筹，做出了实施"一体两翼"和海洋经济发展战略的重大部署。先后出台了《关于大力发展海洋经济建设和海洋强省的决定》和《山东省海洋经济"十一五"发展规划》。

总体思路是，以科学发展观统领海洋经济发展全局，努力促进海洋第一、第二、第三产业相互协调，海洋经济与陆地经济发展相协调，海洋资源开发与保护相协调，国内开发与国际合作相协调，促进海洋经济又好又快发展，加快构筑起规模大、素质高、竞争力强的现代海洋经济体系，努力把山东建成区域布局合理、产业结构优化、生态环境良好的海洋经济强省。

工作重点是围绕"一个目标",突出"六大主导产业",强化"五项工作措施"。"一个目标",就是力争到2010年全省海洋生产总值年均增长15%以上,海洋经济的规模明显扩大,核心竞争力、区域带动能力、可持续发展的能力得到明显增强。突出"六大主导产业",就是大力培育壮大海洋渔业、石油和海洋化工业、船舶工业、海洋高新技术产业、海滨旅游业和海洋运输业六大支柱产业。加快培育一批具有较强核心竞争力的大企业集团、一批具有较高市场占有率的知名品牌。强化"五项工作措施",一是不断优化区域发展布局,打造具有鲜明区域特色和产业优势的海洋经济板块;二是进一步加强基础设施建设,着力构建现代港口体系,加快推进立体疏港交通体系建设,努力拓展和延伸港口腹地;三是大力实施"科技兴海"战略,完善海洋科技创新体系,推进海洋成果产业化,不断提高海洋经济的核心竞争力;四是坚持开发与保护并重,加大海洋资源和环境保护的力度,切实增强海洋经济的可持续发展的能力;五是进一步深化改革、扩大开放,加快体制机制的创新,不断增强海洋经济发展的动力和活力(山东省人民政府,2006)。

这些纲要、决定和规划都是一脉相承的,它们都描述了海洋产业发展的一种新趋势:

① 由单纯的海洋开发向统筹海陆经济发展转变。以往发展海洋经济,注重的主要是海洋产业产值的增加。现在强调海陆资源的互补、海陆产业的互动、海陆经济的一体化。海洋经济的更大效益在于它的波及效果和乘数效应。最典型的是港口的辐射带动作用和沿海自由贸易区功能,海洋经济都与陆地经济紧密相连。

② 由注重海洋第一、第二产业发展向注重海洋第一、第二、第三产业协调发展,尤其是注重海洋服务业发展转变。过去强调发展海洋渔业、海洋工业,现在重视全面发展海洋第一、第二、第三产业,强调发展海洋物流、滨海旅游、海洋体育运动、海洋休闲渔业、海洋调查、海洋科研、海洋教育、海洋环境监测、海洋环保、海洋信息服务业等海洋服务业。

③ 由国内发展向国内外开放发展的转变。经济国际化和一体化,为海洋经济发展提供了国际合作的条件。海洋经济与沿海开放发展紧密结合,和国际资源利用以及国际经济区建设联系在一起。海洋资源、科技、产业联动已逐步融入国内、国际互动的开放经济新潮流中(于良巨等,2009)。

④ 由单项创新向集成创新转变。过去发展海洋经济的目标比较单一,政策也不配套,主要表现为外延式、粗放式发展。现在认识到海洋经济既是水体经济,又是产业经济,还是区位经济,具有三重性,强调整合这三大系统,实现全面、协调、配套,集成创新发展。

4.2.3　战略前景良好

在国家战略层面推进山东半岛蓝色经济区建设,意味着推进的力度会更大,建设的层次会更高,可调动的资源会更多,发展的成效会更好,给山东带来的机会也会更多。从最直接的角度出发,山东半岛蓝色经济区的建设将给山东省带来什么呢?

一个是给山东省带来前所未有的发展机遇。这样的机遇可谓是千载难逢,其珍贵性表现在两个层面:从第一层面看,半岛蓝色经济区的建设规划是"十二五规划"开局之年第一个获批的国家发展战略,也是我国第一个以海洋经济为主题的区域发展战略,因此,首开先河将会引起的重视和带来的影响都是非常巨大的。从第二层面来看,"规划"获批于山东省奋力推进经济文化强省建设,满怀信心迈入"十二五规划"的这一重要时刻,该计划的成功开展和实施会给"十二五规划"开个好头,成为"十二五规划"的起步典范。

二是拓宽了山东半岛未来发展空间。从空间布局上,在国务院批复的《山东半岛蓝色经济区发展规划》中,将规划主体区确定为山东全部海域和青岛、东营、烟台、威海、潍坊、日照 6 市以及滨州的无棣县和沾化县所辖陆域,共涉及 51 个县市区,陆域面积 6.4×10^4 km^2。山东半岛全部海域面积为 15.95×10^4 km^2,略大于山东全部 15×10^4 km^2 陆域面积,并且,还同时将其他 10 市作为联动开发区。"蓝色国土"是聚宝盆,是陆地资源的接续地,开发潜力无限巨大。因此说,在空间布局上以做大做强海洋经济为目标,打造、建设好山东半岛,如同在海上再造一个山东,这样的目标和过程以及将获得的结果都是非常宏伟且令人振奋的。在这样的规划之下,山东省的发展空间得到了最大程度的延展,这将极大地带动整个山东省的经济和文化的发展(李梦,2011)。

随着规划实施,山东半岛蓝色经济区必将成为全国海洋科技产业发展的先导区,生态文明建设和社会和谐进步的示范区,海陆一体开发和城乡一体发展的先行区。

4.3　山东半岛蓝色经济区海洋产业现状

蓝色经济区,是指依托海洋资源,以劳动地域分工为基础形成的、以海洋产业为主要支撑的地理区域,它是涵盖了自然生态、社会经济、科技文化诸多因素的复合功能区。基本特征是:依托海洋,海陆统筹,高端产业聚集,生态文明,科技先导。蓝色经济区不仅是一个涉海经济的空间概念,还是一个系统创新、可持续发展和陆海一体化的发展战略。它通过制定陆海一体产业发展规划,形成合理的产业布局,在实现海洋产业持续发展的同时,使沿海和腹地经济优势互补,互为依托,实现共同发展(高琳,2010)。

4.3.1　山东海洋经济发展成就

近年来,山东海洋经济发展迅速,成为促进全省经济发展的新动力,在全国海洋经济中的地位日益突出。

(1)海洋经济总体实力显著提升

2009 年,山东省海洋生产总值达到 6 040 亿元,占全国海洋生产总值的 18.9%,居全国第二位;海洋渔业、海洋盐业、海洋工程建筑业、海洋电力业增加值均居全国首位,海洋生物医药、海洋新能源等新兴产业和滨海旅游等服务业发展迅速,形成了较为完备的海洋产业体系。

(2)海洋科技引领作用明显增强

山东省海洋科研实力居全国首位,科技进步对海洋经济的贡献率超过 60%。截至 2009 年底,共有国家和省属涉海科研、教学事业单位近 60 所,省部级海洋重点实验室 29 家,各类海洋科学考察船 20 多艘,国家级科技兴海示范基地 10 个,海洋科技人员占全国一半以上,其中两院院士 23 名。"十五"以来,全省共承担国家海洋领域"863"计划项目 470 多项,取得了一系列具有国际先进水平的科研成果。

（3）海洋生态环境保护取得积极进展

山东省已累计建成各类海洋与渔业保护区 88 处。全省拥有日照、牟平和长岛 3 个可持续发展先进示范区，数量居全国首位。海域的综合整治、生态修复与生态保护取得明显成效，近岸海域海水环境质量总体状况好转；初步形成了覆盖全省沿海的海洋环境监测预报网络，监测预报能力明显提高。

（4）海陆基础设施不断完善

到 2009 年，沿海港口深水泊位达到 184 个，总吞吐量 7.3×10^8 t，占全国沿海港口的 15%，是我国北方唯一拥有 3 个亿吨大港（青岛港、日照港、烟台港）的省份。沿海公路、铁路、航空、管道网络建设进程加快，水利、能源和通信等设施建设取得新进展，对海洋经济发展的支撑保障能力不断增强。

（5）对外开放取得新突破

到 2009 年，区内实现进出口总额 1 104.2 亿美元，利用外资实际到账 50.7 亿美元。海洋生物医药、海洋食品加工、海洋装备制造、港口物流等产业国际合作规模不断扩大；开放环境明显优化，在我国海洋经济国际合作与对外开放中的地位进一步提升。

（6）海洋管理水平稳步提升

国家率先出台了《海域使用管理条例》，海洋管理法律法规体系进一步完善。海域使用管理、海上安全生产、海洋防灾减灾和抢险救助能力明显加强，海洋环境监察、海上联合执法力度不断加大，海洋综合管理水平处于国内领先地位。

4.3.2　山东半岛蓝色经济区在国民经济体系中的主体地位

2010 年，山东主要海洋产业总产值 6 808.1 亿元（表 4 - 1），比 2009 年增长 25.3%。传统海洋产业全面复苏，海洋渔业产出 2 156.8 亿元，增长 16.4%；海洋化工业产出 568.9 亿元，增长 36.0%。海洋服务业较快增长，滨海旅游业产出 1 609.7 亿元，增长 22.7%；海洋交通运输业产出 526.7 亿元，增长 8.0%。新兴海洋产业高速发展，海洋生物医药业产出 81.5 亿元，增长 68.9%；海洋电力业产出 26.7 亿元，增长 35.6%。海洋资源开发利用稳步增加，海洋石油产量 284.5×10^4 t，增长 1.7%。

表 4 - 1　山东省海洋产业生产总值及占全国比重　　　　　　　单位：亿元

	2001 年	2002 年	2003 年	2004 年	2005 年	2006 年	2007 年	2008 年	2009 年	2010 年
山东省海洋产业生产总值	1 013.53	1 190.67	1 650	1 938.46	2 418.11	3 002.6	4 618	5 346	6 040	6 808.1
占全国比重（%）	14.01	13.23	15.68	14.14	14.43	16.31	18.52	18.02	18.9	17.71%

根据国家海洋局发布的年度统计公报，2011 年全国海洋生产总值达到 4.557 万亿元，占国内生产总值的 9.7%。2007 年到 2011 年间，海洋生产总值年均增长率 10% 以上，海洋生产总值占各年的全国生产总值的比重都在 9.5% 以上。而山东省国民经济和社会发展统计公报显示：2011 年海洋经济健康发展，全省海洋产业总产出 7 892.9 亿元，比 2010 年增长 17.2%。海洋渔业产出 2 388.2 亿元，增长 16.7%；海洋化工业产出 663.3 亿元，

增长 17.4%；海洋工程建筑业产出 441.0 亿元，增长 16.4%。海洋服务业较快增长，滨海旅游业产出 1 917.1 亿元，增长 19.1%；海洋交通运输业产出 655.8 亿元，增长 11.1%。新兴海洋产业快速发展，海洋生物医药业产出 81.1 亿元，增长 15.9%；海洋电力业产出 64.6 亿元，增长 10%。海洋资源开发利用稳步增加，海洋石油产量 297.0×10^4 t，增长 4.4%。海洋环保不断拓展，新建国家级海洋类保护区 3 处、海洋公园 1 处，新增海洋类保护区面积 1.5×10^4 hm²。从 2009—2011 年，山东省的主要海洋产业总产出增长率平均在 20% 以上。

据国土资源部统计，"十一五"期间，中国海洋经济年均增长 13.5%，持续高于同期国民经济增速。2011 年，中国海洋生产总值达到 4.557 万亿元，与"十一五"初期（2006 年为 2.159 2 万亿元）相比翻了一番多；海洋生产总值占国内生产总值和沿海地区生产总值的比重分别为 9.7% 和 15.9%；涉海就业人员 3 420 万人。海洋经济已经成为拉动国民经济发展、构建开放型经济的有力引擎。我国沿海各地区海洋生产总产值在地区总产值中占据重要比重（表 4-2）。总之，海洋经济业已成为带动中国东部沿海地区率先发展的强有力支撑，特别是进入"十二五"以来，海洋经济继续保持良好的发展势头。

表 4-2 我国沿海地区海洋生产总值（2008 年）

地区	地区生产总值（亿元）	海洋生产总值（亿元）	占地区比重（%）
天津	6 354.38	1 888.7	29.7
河北	16 188.61	1 396.6	8.6
辽宁	13 461.57	2 074.4	15.4
上海	13 698.15	4 792.5	35.0
江苏	30 312.61	2 114.5	7.0
浙江	21 486.93	2 677.0	12.5
福建	10 823.11	2 688.2	24.8
山东	31 072.05	5 346.3	17.2
广东	35 696.46	5 825.5	16.3
广西	7 171.58	398.4	5.6
海南	1 459.23	429.6	29.4

数据来源：中国海洋统计年鉴。

经过近 20 年"海上山东"的建设，山东沿海地区已经形成了一系列海洋产业隆起带，具备很强的承接发达国家产业转移的产业基础，在我国国民经济体系中具有显著的地位与作用，主要表现在以下三个方面。

① 发展海洋优势产业的先导区。山东半岛是我国最大的半岛，有 3 000 多千米的海岸线，区位优势明显，海域面积广大，海洋资源丰富，海洋科技力量雄厚，是国家海洋科技创新的重要基地，海洋经济保持了持续较快发展的态势。山东半岛蓝色经济区可以充分发挥自身优势，围绕海洋优势或主导产业，大力培育优势特色产业群，形成海洋产业聚集

区。同时，要抢占海洋产业的高端，积极发展深海资源开发、海洋生物医药、海水综合利用、海洋金融保险和海洋产品期货等海洋新兴产业，引导沿海地区海洋产业向高端化发展。

② 区域重要增长极。山东半岛蓝色经济区依托山东半岛城市群乃至山东省的发展，具备了国家战略层面上在沿海地区发展海洋经济、开发产业"增长极"的先期发展条件，要形成连接"长三角"和"环渤海"地区、沟通黄河流域广大腹地、面向东北亚全方位参与国际竞争的重要增长极。

③ 统筹陆海一体化发展，构建海洋生态文明的示范区。建设山东半岛蓝色经济区，应坚持海陆统筹、区域统筹、产业统筹和经济、社会、文化和生态环境协调发展，坚持创新驱动、改革推动、开放带动，通过"一区三带"的发展布局，以沿海 7 市为前沿，以全省资源要素为依托，以海带陆、以陆促海、内外联动，努力建设我国海洋科技教育中心、海洋优势产业聚集区、国际滨海旅游目的地、宜居城市群和海洋生态文明示范区。

虽然近年来，山东蓝色经济区产业经济有了长足的发展和进步，海洋产业结构正处于迅速转化调整中，但相对于山东省乃至我国丰富的海洋资源和国外海洋经济发展水平而言，山东省海洋经济发展现状无论从总量还是结构上尚处于较低的水平，有待于进一步发展（李福柱，2011）。

4.3.3　山东半岛蓝色经济区的建设基础

山东省自 20 世纪 90 年代初期提出建设"海上山东"发展战略以来，海洋经济发展迅速，成为全省国民经济的重要增长点。山东半岛地区是全省经济最发达地区和中国东部经济较发达地区，具备了蓝色经济区建设的主要基础条件（姜秉国和韩立民，2009）。

（1）资源基础

山东半岛沿海地区丰富的海洋自然资源是蓝色经济区建设的前提。国家海洋信息中心对滩涂、浅海、港址、盐田、旅游和砂矿 6 种海洋自然资源进行丰度评价，山东省位居沿海各省市之首。通过海洋资源的开发利用和保护，发展建立相关海洋产业门类，不断集中、转化和成长为海洋经济，并辐射带动相关产业的发展和集聚，是蓝色经济区建设的实现途径；另一方面，相比陆地资源，海洋自然资源开发所表现出来的难度大、科技依赖度高、资金投入大等特点，以及当前海洋经济发展中高技术化、集约化和可持续发展趋势，使海洋人才、海洋科技、海洋信息服务、海洋综合管理等海洋社会资源在海洋经济发展中的作用不断加强，成为蓝色经济区建设的决定性因素。山东省海洋社会资源聚集度在全国第一，海洋科技人员总量约占全国的一半，中央驻鲁的海洋科研教学单位有 15 个，海洋界两院院士 23 人；已建成省部级海洋重点实验室 24 家，5 个国家级科技兴海示范基地，青岛国家海洋科学研究中心（国家实验室）正在建设中。高度聚集的海洋社会资源为蓝色经济区建设提供了强有力的支撑，使山东半岛率先在全国建成蓝色经济区成为可能（姜秉国和韩立民，2009）。

（2）产业基础

海洋产业结构决定了沿海地区海洋经济的发展水平，海洋产业的发展和演变表现为首先从第一产业到第三产业，然后从第三产业到第二产业，再从第二产业到第三产业为主导的动态演变特征。因此，作为沿海地区社会经济发展的高级阶段，蓝色经济区建设和发展必须立足于区域海洋产业结构的不断优化升级，通过海洋产业发展带动临海产业及相关陆域产业。2007 年，山东省主要海洋产业总产值 3 675 亿元，与 2003 年相比年均增长 15.3%；主要海洋产业增加值 1 726 亿元，2000 年以来年均增长 19.5%，高于全省经济增长率 6 个百分点，占全省 GDP 的比重上升为 6.6%。海洋渔业等传统海洋产业基本实现调整升级，海洋生物医药、海水综合利用等高科技新兴海洋产业不断成长，山东省海洋三次产业比例由 2000 年的 32∶29∶39 调整为 2007 年的 18∶38∶44。可以说，山东半岛海洋产业遵循海洋产业发展和演变的规律，初步实现了海洋产业结构高级化，一定程度上避免了海洋产业的同构化和低度化，为山东半岛蓝色经济区建设奠定了较为合理的产业基础（姜秉国和韩立民，2009）。

（3）生态环境基础

一切海洋经济活动都离不开海洋生态环境，良好的海洋生态环境条件下海洋经济效益可以不断提高，恶劣的海洋生态环境则会严重损害海洋经济效益。山东半岛蓝色经济区建设需要良好的海洋生态环境的支撑，不断提高海洋经济效益，最大限度降低海洋生态环境带来的发展局限。总的来看，山东省海洋生态环境处于较好状态，全省近岸海域主要以清洁和较清洁海域为主，近年来海洋污染趋势得到有效遏制，海洋生态环境呈现良性发展趋势。据 2006 年山东省海洋环境质量公报（白皮书）显示，2006 年山东污染海域面积比 2005 年减少 14%，适合海洋生物生存和海水养殖、游泳的水域达到了 90%。2008 年，山东新建海洋特别保护区 7 个，各类海洋保护区达到 20 个，保护区总面积达 115 × 10⁴ hm²。不断改善的海洋生态环境为实现海洋产业的优化升级，海洋经济的持续发展以及蓝色经济区的高水平建设奠定了生态环境基础（姜秉国和韩立民，2009）。

（4）城市化基础

沿海中心城市同时集聚了大部分海洋社会资源和优势海洋自然资源，是海洋产业密集区，也是蓝色经济区的核心区。沿海地区城市化不断发展，有利于增强中心城市的经济辐射作用，进一步促进海洋产业的集聚，提升蓝色经济核心区域的竞争力；同时，立足于区域海洋自然资源优势和海洋资源特性，通过发展相关海洋产业和临海产业，促进沿海地区次级中心城市和小城镇发展，是蓝色经济区建设得以全面实现的重要体现。目前，山东正处在城市化加速发展阶段，2007 年全省城镇人口为 4 379 万人，全省总人口 9 367 万人，人口城市化率为 46.175%；2005—2007 年间，山东省人口城市化率同比分别提高 115 个百分点、111 个百分点和 165 个百分点。半岛沿海地区是山东城市化发展的领先地区，山东城市化质量指数排在前 5 位的依次是青岛、威海、济南、东营、烟台，均位于半岛蓝色经济区规划范围内，根据山东半岛城市群总体规划，到 2010 年半岛城市群城市化水平达到 60%。到 2011 年，全省城镇化率已达到 50.95%（张现强，2013）。

快速发展的城市化进程是蓝色经济区建设的重要推动力，山东半岛蓝色经济区建设要坚持与半岛沿海地区城市化进程相协调，互相推进。

4.4 山东半岛蓝色经济带动产业升级

建设山东半岛蓝色经济区，是我国第一个以海洋经济为主题的区域发展战略，对山东经济社会发展的引领作用初见端倪。

4.4.1 海陆渐趋融合

从山东半岛蓝色经济区发展规划可以看到，这一区域既包括 15.95×10^4 km² 海域面积，也包括 6.4×10^4 km² 的陆域面积；既有以沿海地区为主的主体区，也包含了山东省全部内陆腹地的联动区。

早在 20 世纪 90 年代初，山东就提出要在海上再造一个山东。但与"海上山东"的设想不同，山东半岛蓝色经济区发展的目光不只局限于海洋和沿海地区，而是要把海洋与陆地作为一个整体，实行资源要素统筹配置、优势产业统筹培育、基础设施统筹建设、生态环境统筹整治，推动海洋经济加快发展，带动内陆腹地开发开放。

自 2011 年 1 月 4 日《山东半岛蓝色经济区发展规划》获得国务院批准以来，统筹海洋与陆地、谋划发展布局成为山东省各级党委、政府全新的发展理念。

实现"海"与"陆"的有机结合，产业链是纽带。山东确定了以海岸线为轴线，集中打造黄河三角洲沿海高效生态产业带、胶东半岛沿海高端产业带和以日照钢铁精品基地为重点的鲁南临港产业带，其中，既有"深蓝"的海洋产业，也有"浅蓝"的临海产业和"泛蓝"的涉海产业。

此外，为进一步增强主体区的辐射带动能力，增强内陆腹地对海洋经济发展的支撑能力，山东在制定 7 个沿海城市蓝色产业发展规划的同时，还制定出台了内陆地区 28 个海洋产业联动发展示范基地建设方案，使沿海与内陆融合发展。

4.4.2 壮大实力新空间

约占全国 1/6 的海岸线、200 多个海湾、320 个 500 m² 以上的海岛等优越的地理区位，赋予山东发展蓝色经济的先天条件。如今在山东沿海，感受明显的是，无论从发展空间还是产业规模来讲，山东正逐渐变大。

截至 2011 年 11 月，我国批准建设的最大的海上人工岛群——烟台龙口人工岛群围填海工程正在加快建设，这个形似"锦鲤"的填海工程和基础设施配套总投资约 200 亿元，陆上 8 km² 的配套区域也在同步规划建设之中。地处潍坊北部的滨海经济技术开发区，是山东重点建设的 3 个海洋经济新区之一。目前，区内有 260 个 5 000 万元以上的项目在建，协议总投资 1 000 多亿元。依托骨干项目，这里将建设海洋装备制造业基地、绿色能源基地和蓝色高端产业科教创新基地。

山东半岛蓝色经济区建设拓展发展空间的同时，还产生了巨大的产业凝聚力。按照规划，国家在财政税收、投融资、海域和土地使用、对外开放等领域赋予了山东 66 项重大扶持政策和支持事项。近期，山东正在研究制定鼓励企业以资本、资源、品牌为纽带兼并重组的政策措施，集中力量培育 10 家年产值过 100 亿元的海洋装备制造业企业集团、30 家年产值过 10 亿元的海洋战略性新兴产业企业集团、20 家年产值过 10 亿元的循环经济企业集团。

4.4.3 产业升级新引擎

以科技为先导的半岛蓝色经济区建设，为山东经济转型升级搭建了全新平台。青岛市确立了打造蓝色硅谷的宏伟计划。一方面正在加快建设海洋国家实验室、国家深潜基地、海洋科考船等海洋科技领域国家级创新平台，重点突破海洋生物资源开发利用、海洋仪器仪表装备制造、海水资源开发利用等一批关键技术；另一方面，依托中国海洋大学等高等院校，重点发展与蓝色经济相关的学科专业，创建技术成果产业化体系和人才培养、引进机制。

山东相关政府部门和相关市政府正在抓紧推进全国重要的海水养殖优良种质研发中心、海产品质量检测中心、国家海洋设备检测中心、海洋产权交易中心、海洋商品国际交易中心、国际碳排放交易所等一系列重大工程项目的建设，山东经济向高端高质高效发展的科技创新和人才智力支撑体系将进一步完善。

2011 年上半年，蓝色经济区实现生产总值 10 430.1 亿元，增长 11.7%，占全省的 47.7%；1—8 月，全社会固定资产投资增长 22.9%，地方财政收入增长 29.4%（白雅文，2011）。

4.5　山东半岛蓝色经济区海洋经济竞争力

4.5.1　从宏观角度分析山东半岛蓝色经济区海洋经济竞争力

海洋经济竞争力可以分为产业竞争力和结构竞争力两大方面。产业竞争力分为显性竞争力和潜在竞争力，显性竞争力具体表现为产业的规模、效率和创新水平等；而潜在能力是企业在未来发展过程中才能显示出来的力量，分为可持续性和抗风险两个方面，二者具体可用产业的平均水平来衡量；结构竞争力则表现为产业间的关联程度与整合效果。

4.5.1.1　海洋经济竞争力形成的主要因素

关于竞争力，直观的理解可定义为竞争主体之间在争夺一个或多个竞争对象的过程中所表现出来的力量。在当前经济全球化背景下，从竞争力概念解析角度认为，城市竞争力是指一个城市以其现有的自然、经济、社会、制度等方面的综合优势为基础，通过创造良好的城市环境，在资源要素流动过程中，与其他城市相比，具有更强的聚集、吸引和利用各种资源要素的能力，并最终表现为较其他竞争对手更为持续的发展能力和提高其市民福利水平的能力。对山东半岛沿海城市海洋产业竞争力的分析，也即是以特定的海洋产业为研究对象的城市竞争力的分析（刘洋等，2008）。对于海洋产业的研究，我国学者主要以定性为主，近年来也有了一定的定量分析，例如有学者从产值的角度考虑地区海洋经济实力的状况，利用聚类分析方法、借助海洋经济统计数据对地区海洋经济进行了实证研究。

基于以上的认识，我们认为山东半岛蓝色经济区海洋经济的竞争力来自于以下几个方面（图 4-1、图 4-2）。

（1）资源禀赋

资源的丰裕程度和差异是产业竞争实力的先决条件，包括自然资源、资本和劳动力等，从区域经济的角度来看，资源禀赋是指某一地区拥有资源的相对份额，份额的差异往往是产生比较优势的基础。

（2）产业聚集

集群化发展是海洋产业的未来走势，也是我们考虑其竞争实力的一个重要因素。我国已经进入产业集聚与产业竞争力密切关联的阶段，而且这种关联将随着时间的推移逐步

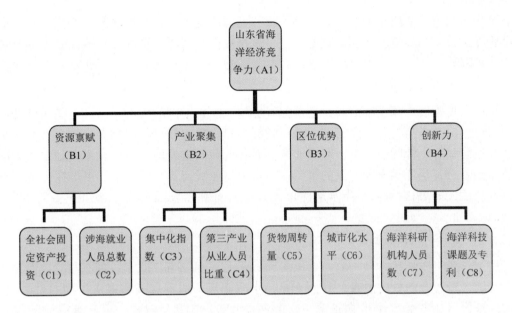

图 4 - 1　山东省海洋经济竞争力评估指标体系

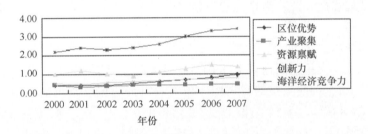

图 4 - 2　山东海洋经济竞争力综合指标演化

加强。

（3）区位优势

区位因素对产业竞争力的影响主要是发挥在位置、交通和通信等综合作用方面，通过影响生产要素的流动而作用于产业竞争力。在当代新经济背景之下，伴随信息网络化和经济全球化的加强，位置因素的影响作用与之前相比已有所下降，但交通与通信，尤其是干线和远程通信的作用呈明显增强的态势。从另一角度看，区位因素的优劣不但影响区域投资环境的好坏，还影响区域产业竞争力的形成与演变。

（4）创新力

创新是产业竞争力得以保持和不断提升的原动力。由产业系统内生的学习能力或者说创新能力，可以促进产业的渐进性变迁，而这种渐进性变迁要比投入资源直接去改变现有模式以增加它们的利润更为普遍。

（5）政策环境

在强调政府调控的国家，经济政策会对产业基本格局产生决定性影响，并为产业发展提供相应的竞争环境。2009 年 4 月胡锦涛同志视察山东时指出，要大力发展海洋经济，科学开发海洋资源，培育海洋优势产业，打造山东半岛蓝色经济区。这是胡锦涛同志站在全局高度作出的重大战略部署。随着规划获批和具体措施的出台，经济政策作为一种政府行为必将促进山东半岛海洋产业的崛起，进一步推动山东海洋经济的突破性发展（王圣和张燕歌，2007）。

4.5.1.2　地理区位优势

山东半岛位居中国东部沿海，地理位置优越，既是中国最大的半岛，也是对外开放的重要窗口。山东半岛与各大洋相连，并与朝鲜半岛、日本列岛隔海相望，海上交通非常便利，是通向朝鲜、韩国、日本、东南亚及世界各大洲的重要门户。山东半岛是欧亚大陆桥的桥头堡之一，是环渤海经济圈的重要一翼。半岛经济与日、韩、俄远东地区经济具有很强的互补性，开展国际经济合作条件得天独厚，有利于发展海洋经济（王爱香和霍军，2009）。

4.5.1.3　自然资源优势

山东省海岸线长达 3 345 km，面积在 500 m^2 以上的海岛 326 个，拥有与陆域面积相当的海洋国土资源。地处暖温带，日照充足，水质肥沃，适合鱼类和水生生物的生长繁殖，具有经济价值的各类水生生物资源 400 多种，海参、鲍鱼、对虾、扇贝等海珍品驰名中外；山地基岩港湾式海岸分布较广，水深坡陡，建港条件优越，是我国长江口以北具有深水大港预选港址最多的岸段；海岸地貌类型多样，人文和自然景观较多，主要滨海景点有 34 处，位居全国第三。特别是在海滩浴场、奇异景观、山岳景观、岛屿景观和人文景观方面，优势更为突出。适宜晒盐土地 2 740 km^2，占全国的 1/3；地下卤水资源丰富，总净储量约 74×10^8 m^3，含盐量高达 6.46×10^8 t；海洋矿产资源丰富，在 101 种矿产中已探明储量的有 53 种，居全国前三位的有 9 种。渤海沿岸石油地质预测储量 $30 \times 10^8 \sim 35 \times 10^8$ t，探明储量 2.29×10^8 t，天然气探明地质储量为 110×10^8 m^3。龙口煤田是我国第一座滨海煤田，探明储量 11.8×10^8 t。国家海洋信息中心对滩涂、浅海、港址、盐田、旅游和砂矿 6 种资源进行了丰度评价，山东省位居沿海各省市之首。丰富的海洋资源为海洋产业的发展奠定了雄厚的物质基础（刘佳，2009）。

4.5.1.4　科技优势

山东省是全国海洋科技力量的聚集区，是国家海洋科技创新的重要基地。国家驻鲁和市属以上海洋科研、教学机构 55 所，包括中国科学院海洋研究所、中国海洋大学、国家海洋局第一海洋研究所、中国水产科学研究院黄海水产研究所、青岛海洋地质研究所等国内一流的科研、教学机构。拥有 1 万多名海洋科技人员，占全国同类人员的 40% 多，其中院士 20 多名，博士生导师 300 多名，博士点 52 个，硕士点 133 个，另有近 2 000 位具有高级职称的海洋科技工作者。拥有 24 家省部级重点实验室，9 处海洋科学观测站台，20 多艘海洋科学考察船，涉海大型科学数据库 11 个，种质资源库 5 个。国家安排的 10 项"973"海洋项目，山东省承担了 9 项。另外，还承担了 500 多项"863"计划和国家自然科学基金海洋项目，取得了一系列具有原创性和处于国际前沿研究水平的成果。以生化工程、酶工程、细胞工程为基础的海洋药物研制一直保持国内领先地位。开发了可生物降解环保型新材料、纳米多功能塑料、光生态膜、新型海洋酶等一大批具有自主知识产权的成果。科技在山东省海洋产业中的贡献率达 50% 以上，科技创新成为拉动山东省海洋产业升级和提高经济效益的强力助推器（刘佳，2009）。

4.5.1.5 基础设施优势

近年来山东不断加快港口、公路、铁路、航空等基础设施建设，水利、能源和通信等设施建设取得新进展，逐渐完善的基础设施体系对海洋经济发展的支撑保障能力不断增强。

(1) 港口资源

山东港口发展优势得天独厚。山东北濒渤海，东临黄海，居东北亚海上交通之要冲；绵延3 000多千米的大陆海岸线，占全国的1/6，仅次于广东居全国第二；拥有丰富的港口资源和良好的建港条件，可建深水泊位的天然良港居全国第一（山东省港口业投资分析及前景预测报告，2013）。重要港口地理分布状况如下。

① 青岛港距韩国、日本仅160～430 km，腹地经济发达，是太平洋西海岸重要的枢纽港。

② 日照港位于山东半岛南翼，东临黄海，隔海与朝鲜、韩国、日本相望，直接经济腹地包括山东南部、河南北部、河北南部、山西南部及陕西关中等地区。间接经济腹地包括甘肃、宁夏、新疆等中原、西北广大地区，人口2亿多人，面积约占全国的1/5。

③ 烟台港濒临黄海、渤海地处东北亚中心；拥有海岸线909 km，占山东省海岸线总长的近1/3，海域总面积2.6×10^4 km^2，是陆地面积的两倍，浅海、滩涂面积6 844 km^2，占山东总面积的37.9%；面积在500 m^{2}以上的基岩岛屿72个，岛屿面积59.9 km^2，占山东的40.7%。

由表4-3可知，青岛港依旧保持山东省内最高的吞吐量，在全国排在第6位；日照港则以其22.2%的增长率向我们展示了强有力的竞争趋势，增长率水平位居第3，烟台港的增长率紧随其后，足以见得山东省的港口吞吐水平正在迅猛发展。

表4-3 2010年1—11月我国沿海港口货物总吞吐量

港口	吞吐量（×10^4 t）	增长率	所属地区
宁波—舟山港	57 557	9.0%	浙江
上海港（海港）	51 471	15.5%	上海
天津港	36 946	5.7%	天津
广州港	36 834	9.7%	广东
青岛港	31 979	10.6%	山东
大连港	29 020	16.2%	辽宁
秦皇岛港	24 218	7.4%	辽宁
唐山港	22 386	42.1%	河北
日照港	20 777	22.2%	山东
营口港	20 766	25.5%	辽宁
深圳港	20 209	15.4%	广东
烟台港	13 940	20.9%	山东

续表

港口	吞吐量（×10⁴ t）	增长率	所属地区
湛江港	12 425	18.7%	广东
连云港港	11 586	15.7%	江苏
厦门港	11 517	15.0%	福建

数据来源：中华人民共和国交通运输部。

近年，山东省迅速掀起新一轮港口发展的热潮，初步形成了以青岛港、日照港和烟台港为主枢纽港，龙口港、威海港为地区性重要港口，潍坊、蓬莱、莱州等中小港口为补充的现代化港口群（图4-3）。2010年底，山东青岛港吞吐量突破 3.5×10^8 t，日照港、烟台港相继突破 2×10^8 t，预计山东全年完成港口吞吐量 9.3×10^8 t，其中沿海港口吞吐量达到 8.36×10^8 t，是"十五"期间的2.3倍。其中外贸吞吐量将完成 4.5×10^8 t，由全国第二位上升为第一位，并成为全国唯一拥有3个亿吨海港的省份。随着港口配套设施的逐步完善，海港综合功能和集疏能力也将显著增强。

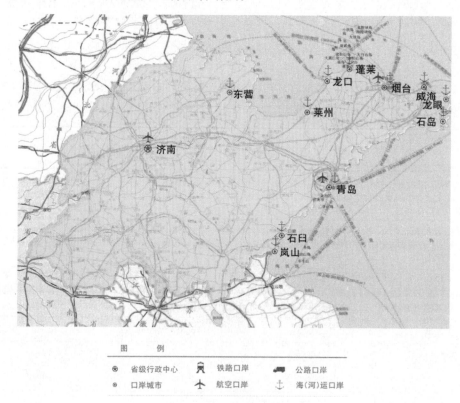

图4-3 山东省港口分布

（图片来源：国家质量监督检验检疫总局通关业务司 http://tgyws.aqsiq.gov.cn/zwgk/ztxx/kakf/
200701/t20070105_23386.htm）

（2）公路资源

山东省公路网发达（图4-4）。过去的5年间，是山东公路投资增幅最大、公路网提升完善最快的时期。全省累计完成公路建设投资1 400亿元，较"十五"时期增长35%。全省公路通车里程达到 22.98×10^4 km，其中高速公路4 285 km，一级公路8 088 km，二级公路24 000 km，分别比"十五"末期增加1 122 km、3 232 km、1 911 km，公路密度达到每百平方千米146.3 km。新增了济菏、荣乌、济青南线等14条高速公路大通道，黄河上又新架起了5座大桥，山东境内黄河公路大桥达到14座。

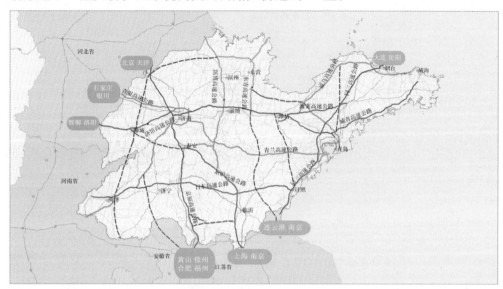

图4-4 山东省高速公路分布（图片来源：大众网）

此外，山东省投资53亿元，建成了东营港、青岛前湾港、威海新港区等14条共计326 km疏港公路。烟台西港区、莱州港区、日照港等7条共计137 km疏港公路也已开工建设，完成投资41亿元。全省二级及以上公路比例不断攀升，占全省公路通车里程的15.8%，位居全国第一。"五纵四横一环八连"的山东高速公路网络加速形成（李洪修和相立昌，2011）。

目前，山东省公路基本形成了以省会济南为中心，国、省道为骨架，县、乡公路为基础，干支相连、遍布城乡、四通八达的公路网，建设密度基本达到发达国家水平（李洪修和相立昌，2011）。

（3）铁路资源

山东省"十二五"规划纲要提出，到2015年，山东铁路运营里程由目前的3 840 km增加到6 100 km，复线率达到60%，电气化率达到98%，高速铁路运营里程358 km。同时，围绕山东半岛蓝色经济区和省会城市群经济圈建设，加快构建城际轨道交通系统，利用和建设石济客专、青荣城际（图4-5）、济南至泰安等城际铁路，规划建设以济南、青岛为中心连接周边城市，以及周边城市相连接的城际铁路网络，实现区域内主要城市间1~1.5小时通达，济南至青岛2小时通达。

目前山东省"四纵四横"铁路网正在建设，"四纵四横"主要铁路建设项目共需社会

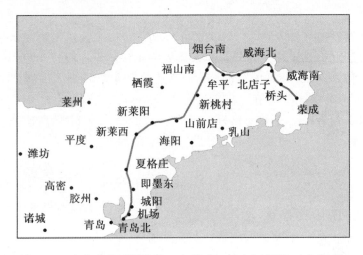

图 4 - 5　山东青荣城际铁路，实现 "1 小时生活圈"（齐鲁网）

资金 2 200 亿元，这已远远超出了 2008 年规划初期的 1 520 亿元规模，"蓝黄"经济区建设成为山东铁路投资跃进的主要动力。

山东构筑的"四纵四横"铁路网，意在提升青岛、日照、烟台、威海等主力大港与山东西部腹地的经济联系，黄大铁路、德龙烟铁路则将"黄三角"一线北部沿海城市纳入国家西煤东运北部大通道。而拟开工的青连铁路将与青荣城际铁路相连，构筑起山东半岛蓝色经济区主要港口城市间的快速通道，使山东半岛蓝色经济区拥有了更为便捷的铁路动脉。

未来将打通环海、省际铁路大通道，构筑沿海快速铁路、港口集疏运和集装箱便捷货物铁路运输、大宗物资铁路运输和省际间客货铁路运输体系，形成功能完善、高效便捷的现代化铁路运输网络（山东半岛蓝色经济区发展规划，2011）。

（4）能源、水利、通信设施资源

2010 年 11 月 28 日，宁东—山东 ±660 kV 直流输电示范工程极 I 系统正式投入商业运行，变输煤为输电。2011 年 3 月双极投运后，送电能力达到 400×10^4 kW。山东着力构筑"T"字形调水大动脉，其中引黄济青工程运行 20 多年来，累计从黄河引水近 30×10^8 m³，向青岛市供水近 15×10^8 m³，创造了巨大的经济和社会效益。山东还充分利用东亚环球光缆和中美国际直达海缆两条国际海底光缆从青岛登陆的优势，加快构筑智能化、宽带化、高速化的现代信息网络。规划建设青岛至现有互联网国际通信业务出入口的专用通信通道，开展面向全球的数据处理、托管和存储等业务。

4.5.1.6　政策优势

早在 20 世纪 90 年代初，山东省就在全国率先提出建设"海上山东"的发展战略，并把它与黄河三角洲开发并列为两大跨世纪工程。事实上，自改革开放以来，山东历届省委、省政府一直都在探索并提出适合当时省情的经济发展战略。从"东西结合、共同发展"，到"重点突破、梯次推进"，从实施"东部突破烟台、中部突破济南、西部突破菏泽"战略到规划建设"一群一圈一带"（山东半岛城市群、省会城市群经济圈、鲁南经济带），从"五大板块"到"一体两翼"和海洋经济发展战略，再到现在提出打造山东半岛蓝色经济区，形成"一区三带"发展新格局，山东探索发展战略与合理布局的脚步从未停止，且思路愈加清晰，愈加深化。

2009 年 4 月，胡锦涛同志视察山东时强调指出："要大力发展海洋经济，科学开发海洋资源，培育海洋优势产业，打造山东半岛蓝色经济区"。6 月 30 日，山东省委、省政府发布《关于打造山东半岛蓝色经济区的指导意见》，确定将山东半岛蓝色经济区，建设成为我国海洋科技教育中心、海洋优势产业聚集区、滨海国际旅游目的地、宜居城市群和海洋生态文明示范区，形成连接"长三角"和"环渤海"地区、沟通黄河流域广大腹地、面向东北亚全方位参与国际竞争的重要增长极，为山东省区域经济在更高层次、更广领域参与合作与竞争，拓宽了新空间。

山东省政府 2011 年 1 月 6 日晚间通报，国务院已正式批复《山东半岛蓝色经济区发展规划》，这标志着山东半岛蓝色经济区建设正式上升为国家战略，成为国家海洋发展战略和区域协调发展战略的重要组成部分，体现了国家对山东半岛蓝色经济区的发展提供的政策上的支持和保障。

4.5.2 从微观角度分析山东半岛蓝色经济区海洋经济竞争力

4.5.2.1 依照竞争力，布局山东半岛沿海城市海洋产业地位

山东省主要海洋产业总产值继广东和上海之后，位居第三。自 20 世纪 80 年代以后，全省海洋开发技术水平有较大提高，海洋产业发展已有良好基础，形成了包括海洋水产业、海洋油气业、海洋矿业、海洋船舶与工程建筑业、海洋盐业及海洋化工业、海洋生物医药业、海洋电力及海水利用业、海洋交通运输业和滨海旅游业等较为完备的海洋产业体系（刘洋等，2008）。

山东省 7 个沿海城市是：滨州、东营、潍坊、烟台、威海、青岛和日照。它们毗邻大海、山脉相连、习俗相近、道路相接、商旅相通，自古以来区域之间就保持着密切的社会交往、经济贸易和文化往来。这一区域是海洋产业的经济腹地，要发挥好山东省的海洋特色和优势，必须清晰认识山东省沿海各地区海洋产业发展状况，明确各地区海洋产业竞争力强弱，以便将海洋产业合理布局与科学高效利用海洋资源有效结合，从而增强山东半岛区域海洋产业在全国海洋产业布局中的竞争力（刘洋等，2008）。

海洋产业的布局是否合理，在依赖于社会与经济发展背景的同时，还强烈地受自然环境条件与海洋资源禀赋开发利用的合理度影响。合理的产业布局是海域使用整体功能与整体效益有效发挥的综合体现，它不是诸多海洋资源开发利用效益的简单相加，而是海洋资源综合开发组合效果的总体反映，海洋产业布局的功能具有乘数效应或除数效应（刘洋等，2008）。

经过分析发现，现阶段，山东省海洋经济最具竞争力的城市是青岛市，应以青岛市为核心经济区，发挥好青岛城市的龙头作用，将其海洋产业现有的规模效益和比较利益传递、渗透到周边城市，并将回流和扩散效应反馈回青岛，以便总结创新，充分发挥山东省海洋产业优势，加快海洋经济发展，形成良性循环（刘洋等，2008）。

与资源分布相结合，秉承可持续发展原则，合理利用资源，大力发展各城市优势海洋产业。例如，青岛市拥有优良的滨海旅游资源，是全国闻名的滨海旅游城市之一，每年接待海内外宾客不计其数。据统计，2011 年，青岛市接待海外游客 115.6 万人次，增长

7%；外汇收入 6.9 亿美元，增幅 14.7%；国内游客 4 956 万人次，增长 13%；国内收入 637 亿元，增长 18%；旅游总收入达到 681 亿元，同比增长 17.5%（傅军，2012）。2012 年全市全年接待国内外游客 5 400 余万人次，实现旅游收入 807 亿元，同比增长 18.5%，约为全市 GDP 的 11% 左右（朱韶华，2013），拥有良好的发展滨海旅游业的基础。因此，山东省应在此基础上对青岛市旅游业予以更大关注，尽量发挥其旅游资源的最大价值。又如，东营市的海洋第二产业发达，是由于其拥有丰富的海岸带油气资源，因此，在对资源可持续开发的基础上，山东省应着力于东营市的海洋第二产业发展。对于渔业资源丰富的城市，如威海、烟台、潍坊、日照和滨州，新技术养殖增殖和适度捕捞有利于山东省海洋第一产业的发展（刘洋等，2008）。

合理分配海洋三次产业比重，提高山东半岛海洋产业在全国的竞争力。美国、日本、英国等发达国家三次产业的就业结构比为 8∶59∶33。山东省海洋第一产业的基础地位相当稳固，居海洋产业首位，比重明显偏高。自 1996 年以来，全省的海洋第一产业比重已呈缓慢下降趋势；而海洋第二产业发展虽有所进步，但由于资源条件、资金、开发成本、技术水平、市场需求等产品结构条件限制，发展速度缓慢，比重严重过低，省级部门应引起有关重视，采取有效措施加快发展海洋第二产业。海洋第三产业比重在这些年取得了可喜的变化，增幅较大，但应当控制其发展节奏，进一步优化海洋第三产业结构，完善海洋第三产业内涵与外延，打造具有山东特色的海洋现代服务业（刘洋等，2008）。

加快海洋科技成果转化，促进海洋高技术产业基地的建设。山东省在海洋资源、海洋科研和海洋教育方面具有突出的优势，但在海洋科技成果的转化和产业化方面仍然存在很多不足之处，特别是海洋高技术产业的发展仍处在起步阶段，影响了山东省海洋高技术产业基地的建设。各级政府部门应当以海洋产业结构调整为目标，以发展海洋高新技术为起点，以提升海洋高新技术产业规模和市场竞争力为指导，遵循高科技产业发展规律，统筹规划，合理布局，加强山东省海洋高技术企业的科技创新和产业化转化能力。以市场为导向，以政府为支撑，制定相关扶持政策，大力发展海洋高技术产业集群，以高校、科研机构和大企业为依托，强化海洋科技企业孵化器和公共专业服务设施建设，增强企业自主研发和市场生存能力，推动山东省海洋高技术产业的快速发展，建设国际一流的国家海洋高技术产业基地（刘洋等，2008）。

4.5.2.2 依据竞争力，发展各城市特色海洋产业

（1）日照："3S"成就世界阳光度假海岸

临港工业、东方桥头堡、生态旅游都是日照的城市亮点。现在提起日照，除了日照钢品，最令日照市民自豪的莫过于其得天独厚的生态海岸。海滨旅游城市三大卖点：阳光、沙滩、海水，三个优良的"S"全部集中在日照，世界独有。一系列数据证明山东旅游 21 世纪最大的增长极就在日照。

（2）青岛："4+4"打造蓝色经济区排头兵

青岛在打造山东蓝色经济区的举措是"4+4"的发展战略。第一个"4"，是到 2015 年要把青岛建设成为 4 个区域：海洋经济科学发展的先行区、山东半岛蓝色经济的核心区、自主研发和高端产业的聚集区以及海洋生态环境保护的示范区；第二个"4"，是到 2020 年要建设完成 4 个中心：要把青岛打造成为区域性的新兴海洋产业发展中心、东北亚国际航运中心、国际海洋科技教育研发中心以及国际滨海旅游体育中心。对于青岛在山东

打造蓝色经济区中的先行和排头兵的地位，是立足青岛的实际，瞄准国家的目标，以全球化的视野来谋划山东蓝色经济区建设的布局。同时，青岛也将着重发展战略性的新兴产业。

（3）威海：山东半岛"深蓝色"的先导

威海在蓝色经济区当中扮演两个角色：第一个是深蓝群，威海三面环海，海洋经济是威海的主导产业，产业的特点就决定了在蓝色经济区中威海应该是深蓝群；第二个是先导群，因为威海突出于黄海的独特地理区位优势，决定了威海与周边国家联系上的重大作用。

在发展区域蓝色经济的道路上，威海有两个举措：第一个是出台并完善了人才培养制度，并以大专院校特别是山东大学分校、哈尔滨工业大学及外事翻译学院等为依托，培养联合式蓝色经济保障人才；第二个是注重科技方法的创新，与哈尔滨工业大学、清华大学、中国科学院 26 个高校院所建立了实质性合作。这都表明了威海在推进蓝色经济的建设当中注意内外的同步提升，实现工作的有效推进。

（4）烟台：连接中日韩的国际度假城市

烟台地处山东半岛核心，横跨黄渤两海，海洋资源丰富，基础设施完善，产业基础雄厚，战略地位突出。在蓝色经济区发展战略当中，烟台依托千里海岸线，深度开发海洋，高效利用海岸，科学开发海岛，统筹发展海陆，把海湾、海岛作为重中之重，着力培育优势产业，精心打造人居环境，让海岛成为洒落在黄渤海上的璀璨明珠，把烟台建设成为蓝色经济区的领军城市，连接中日韩的交通枢纽城市和国际旅游度假城市。同时，烟台处于青岛和大连两市之间的位置，对于烟台进一步发展提出了要求。烟台必须在这种竞争的态势下提高自身的能力和水平，主动对接青岛，融入半岛，使这座城市发展得更好，产业发展得更完善，才能在蓝色经济发展当中真正起到示范带头作用。

（5）潍坊：三区合一、打造一城四园

潍坊在蓝色经济区当中最大的特点和优势，即是三区合一。潍坊全境都是蓝色经济区，已纳入黄河三角洲高效生态经济区规划，也是山东半岛蓝色经济区主要的城市之一，并且潍坊全境是高端产业聚集区。潍坊北部的沿海滩涂面积约 2 700 km^2，是战略性的资源。沿海土地大面积的开发，成为了潍坊市发展蓝色经济区的独特优势。

潍坊还提出了在北部打造一城四园。一城就是滨海水城，150 km^2。然后是四个园区：第一是先进制造业园区；第二是绿色能源产业园区；第三是化工产业园区；第四是海港物流园区。到目前已经投入了 330 亿元，进区项目 130 个，投资额突破了 1 000 亿元。潍坊市的目标是用 5 年的时间把北部建设打造成为蓝色经济区体制机制创新的先行区。

（6）东营：一黄一蓝，两翼齐飞

东营市一边是黄河三角洲，一边是蓝色经济区，一黄一蓝，两翼齐飞。实现黄、蓝融合，两区并重，摆好黄河三角洲高效生态经济区的建设和蓝色经济区建设的关系，有三个"要"的宗旨：要体现高效生态蓝色的定位或者是内涵，要构筑高效生态和蓝色经济的产业体系，要创新高效生态蓝色经济的体制和机制，在高效生态上搞突破，体现生态文明和可持续发展。

（7）滨州：借东风，发展黄三角蓝色经济区

滨州因为起步晚、底子薄，主要任务是追赶超越。滨州将借助良好的政策推动力，借

助其他六个城市的资源，依托宽阔的滨海滩涂资源，通过一手抓传统产业改造，一手抓自主创新，抓战略新兴产业。同时，与其他六个沿海城市联手，在与济南都市圈、滨海城市带和环渤海经济圈这几个大的区域对接中发挥作用。通过这一系列方式，把黄三角蓝色经济区发挥好、利用好、建设好（李梦，2011）。

4.6　山东半岛蓝色经济区海洋产业发展的制约因素

山东半岛蓝色经济区的发展也面临着诸多挑战和制约。海洋资源开发利用方式相对粗放，海洋环境保护和生态建设亟待加强；海洋产业结构和布局不够合理，海洋经济综合效益亟待提高；海洋科技研发及成果转化能力不足，海洋经济核心竞争力亟待增强；涉海部门职能交叉，海洋综合管理和海陆统筹发展的体制机制亟待完善（张继良，2012）。

4.6.1　蓝色经济区发展定位亟待深化

蓝色经济与海洋产业具有明显的区别，蓝色经济不仅是一种涉海的空间概念，更是一种系统创新、可持续发展和陆海一体化的发展战略。蓝色经济区的产业领域除渔业、港口运输等海洋产业外，还包括船舶制造、装备制造、海化、环保、物流、服务外包、创意、信息服务等沿海或临港产业。因此，在产业定位上要考虑海洋产业与沿海临港产业的交集发展，统筹考虑海洋产业的上下游产业链环节。单纯将蓝色经济看做是渔业、采矿、海化工等海洋产业而大力发展，不仅不能实现既定目标，还可能引发一系列矛盾：一是盲目加大对海洋资源的开发利用，引发对海洋资源的无序争夺和消耗，加剧海洋生态的破坏；二是目前技术水平和科研条件决定我们对海洋资源的开发利用能力还极其有限，一味将蓝色经济重心转向海洋，将造成海洋资源的低效率开采和海洋产业的低位运行，有可能逐渐丧失原本的陆上产业优势。因此，蓝色经济区建设与发展定位应依托现有的区位优势、产业基础、资源条件、技术能力，逐步推进海洋产业发展，拉长海洋和陆上产业链条，双向拓展产业发展空间，实现陆海产业链条的有效衔接和结构转型升级（隋映辉，2011）。

4.6.2　海洋产业管理和协调机制尚不完善

目前，能强有力促进海洋事业发展的完善的管理和协调体制尚未形成，将严重制约山东半岛蓝色经济体系的建设。

一方面，海洋管理部门的行政级别相对较低，其直接导致了管理部门统筹协调手段匮乏，能力有限，无法对海洋产业布局和区域产业结构优化进行行政指导和有效管理。

另一方面，由于涉海部门众多，职权划分模糊，各部门对海洋产业的管理各自为政，缺乏协同意识和机制，导致各涉海行业盲目发展，有些行业甚至出现发展方向与我国的海洋产业发展规划相背离的现象。与此同时，我国目前的海洋开发活动缺乏完善的制度规范，各地海洋产业的发展存在重复建设和结构不合理现象，造成海洋资源的严重浪费。

最后，就是蓝色经济区协调联动机制不健全。蓝色经济是跨陆海、跨部门、跨城市的全新的经济体系，对原有的政府协调机制来说是一次大的挑战。由于我国现有的考核管理体制，在推动区域一体化的进程中，市场机制和行政壁垒的矛盾，区域共荣和地方利益的矛盾将长期存在。山东半岛沿海七市之间缺乏有效的城市协调机制，产业还处在自发的状态，严重错位；城市之间的产业规划存在着严重的雷同现象，存在重复投资、重复建设的情况；人才流动在城市之间还存在着诸多障碍；跨区域投资有很多行政掣肘；市场的地域分割依然存在；地方保护主义盛行（何新颖，2010）。

4.6.3　海洋产业结构不合理

（1）三次产业的结构不合理

目前山东省海洋产业现代化水平还较低，传统产业和初级产品生产占的比重过大，新兴产业尚处于起步阶段，海洋开发无论从广度还是深度均与资源拥有量不相适应，整体技术水平与海洋经济发达国家相比有较大差距。近年来，山东省加大海洋产业结构调整力度，三次产业比重由 2005 年的 53:18:29 改变到 2009 年的 7:50:43，产业结构明显优化，第一产业比重减少至 7%，第二产业比重最大，产业结构呈现出"二三一"的模式，但是，相比较发达省市如上海、广东省，产业结构仍不合理，海洋经济发展仍然是以第一、第二产业资源消耗为主，对海洋的利用还局限于近海养殖与捕捞，以及半深海区域石油、天然气、黄金等资源开采，严重破坏海洋生态环境。产业结构亟须优化，海洋经济核心竞争力亟待增强。因此，采取有力措施，积极培育新兴产业，优化海洋产业结构，合理安排海洋产业，对于促进山东半岛蓝色经济区建设具有十分重大的现实意义。为了充分合理地开发利用海洋资源，发展海洋经济，还必须进一步调整海洋产业结构。逐步缩小渔业比例，加快海产品加工业和盐化工业的发展速度，提高第三产业的比例。

（2）主导海洋产业发展不突出

目前山东沿海各地市纷纷对传统海洋产业进行技术改造，大力发展新兴海洋产业。但与此同时，由于海洋产业发展的重点不突出，对一些促进我国海洋科技发展和海洋产业升级的产业没有实现重点扶持，在一定程度上阻碍了我国海洋经济的整体发展。海洋经济主导产业是对海洋经济现有的传统产业和支柱产业的建立、发展、完善、改造与提高起着带动、扶持和关联作用，代表着整个海洋产业结构向后续产业结构演进的方向，能够带动整个海洋产业的发展的产业。因此，在目前海洋产业发展中应确定海洋主导产业，带动海洋经济全面发展。目前，山东省的滨海旅游业和海洋交通运输业都比较发达，在海洋产业总产值中占有较大比重，作为第三产业在产业发展序列中层次较高，正显示出主导海洋产业的特点，但是对山东省海洋科技发展的推动作用较小，无法带动整个海洋产业的升级（李宜良和王震，2009）。

（3）海洋产业结构优化过程中缺乏循环经济意识

山东省海洋经济总体运行情况良好，各海洋产业发展迅速，但从发展循环经济高度来审视山东省海洋产业的发展，就会发现许多问题仍有待解决。山东省的海洋资源开发利用效率仍然很低，海水综合和循环利用水平较低，海水淡化规模小，生产能力低下；海洋产业生产和流通过程中只有少数出口企业遵照国际资源和环保标准，大部分产品的出口仍受到国际绿色壁垒的限制；近岸海域污染问题依然突出，沿海生态灾害频发，废弃物的资源化和再利用领域几乎为空白，海洋循环经济的相关政策法规尚未出台，相关技术的开发应用和资金投入都面临瓶颈。全社会的循环用海意识有待提高。

4.6.4　陆海联动的产业链严重脱节

蓝色经济区是在特定的政策环境下，由特定区域、特定城市、要素组合、相互衔接的产业链、生态链等构成的战略生态系统。它强调以经济利益为基础，通过有效整合海洋资源与陆地资源，合理配置海洋产业与陆上产业的专业化分工，从而在技术创新及产业生产之间的各环节形成有效衔接。就目前产业发展现状看，产业链条断裂、产业配套能力低下、关键产业环节和技术缺失是制约产业层次提升、实力增强的关键因素。山东半岛蓝色经济区的整个产业体系，存在着产业短链、断链等现象，产业链中一些高附加值、高技术环节缺失，没有形成完善的创新链、供应链和零部件配套体系，产业集聚效应和规模效益没有发挥出来。海洋生物、海洋化工、海水利用等新兴海洋产业虽然掌握了较为先进的技术和工艺，并拥有丰富的自然资源，但由于技术创新及产业化过程中一些支撑要素的缺失，导致先进技术无法转化为生产力，无法实现经济价值的最大化。

4.6.5 用海方式粗放，经济增长方式亟须转变

目前，除海上油气开发、深海排污、跨海海底电缆铺设以及特殊军事海域利用外，山东省海洋产业发展区域主要集中在近海和浅海。浅海海域资源开发利用主要包括海洋水产资源利用、浅海和极浅海油气资源利用、海水制盐、海洋旅游资源利用和海洋港口资源利用等，以上的利用方式总体上均以单项资源开发和初级产品生产为主，资源产品精加工水平不高，海洋产品品种单一，海洋产品的附加值低，无法实现海洋产业整体结构效益，尚处于粗放型发展阶段。

另外，一种粗放用海的表现是用海秩序的不规范。近几年，随着临港工业、滨海旅游业的快速发展，对海洋及岸线资源开发的力度明显加大，开发与保护的矛盾越来越突出。"批少建多、边批边建、无证用海"等违法违规行为，都不同程度存在。部分用于港口建设、临港工业园区建设的围填海项目，采取顺岸向海延伸、海湾截弯取直等低水平开发方式，忽视了岸线和海域资源的利用效率及生态环境价值，带来了自然岸线畸变、近岸海域生态环境破坏、水动力条件失衡等问题。海岸带资源的开发层次不高，缺乏明确的投入强度、产出标准要求。各类开发性建设对沿海防护林基干林带构成威胁，湿地、沿海地区地下水资源遭到不同程度的破坏。宝贵的滨海旅游资源——沙滩遭到破坏，123 处累积 365 km 长的滨海沙滩有 80% 遭到不同程度的低层次开发，近海地区建筑砂无序开发和偷采现象严重。

4.6.6 海洋科技创新和成果转化能力不强

与海洋经济大国相比，我国海洋科技发展水平明显滞后。传统海洋产业技术装备落后，海洋高新技术应用率不高，改造传统海洋产业步履艰难，海洋各产业的技术构成比较落后。我国海洋各产业的技术构成与海洋产业发达的国家相比，其总水平相差 10 年左右（张红智和张静，2005）。

虽然山东省海洋产业科技实力相对较强，近年来海洋资源开发的科技含量也有了较大提高，但仍处于较低水平，远不能满足海洋开发的实际需要。主要表现在海水养殖品种单一、种质较差；水产品的保鲜和深加工水平较低；海洋盐业仍以原盐生产为主，盐化工生产产品种类较少，新产品开发缓慢；海洋生物技术刚刚起步，新兴产业发展缓慢，高科技产业形不成气候。海洋科技整体高水平仅局限于海洋科学，而与海洋科学相结合的技术密集型产业中所涉及的电子、生物技术、机械、工程、自动化、化学、激光等领域创新较

少，海洋产业的知名品牌和龙头企业数量有限，海洋资源勘查技术、海洋资源利用技术、海洋资源深加工技术、海洋环境保护和生态功能恢复技术等都相对落后，严重阻碍了山东省海洋产业结构协调化和高度化的发展。究其原因主要是科研单位和科研人员认识不足，另外是海洋科研投入不足，经费主要依赖国家和省内的研讨性项目，企业参与共建的实验室、工程技术研究中心较少，由于不能有效地利用市场融资，科技发展创新体系尚未形成社会整体合力，海洋科研机构和高校因市场信息不畅、资金匮乏造成科研成果滞压，无法转化为现实产品，科研投入无法转化为经济效益。而管理部门多，各部门分工不明确，协调不够，造成海洋资源的无序开发，项目重复建设较多，也是造成不能集中、有效利用科技力量的原因之一。

4.6.7 人才结构不合理，海洋工程人才匮乏

建设半岛蓝色经济区，需要强有力的人才支撑。山东省委、省政府在《关于打造山东半岛蓝色经济区的指导意见》中明确指出：人才资源是第一资源。如何在推进半岛蓝色经济区崛起中打造人才战略高地，进一步加强对人才工程的重要性、紧迫性的认识，制定规划，加快实施，实现人才大省向人才强省的跨越，成为半岛蓝色经济区建设必须认真研究解决的重大战略问题（王诗诚，2010）。

尽管山东省海洋科技走在全国前列，高级海洋人才数量在全国占有绝对优势，但人才结构不合理的问题比较突出。山东省上万人的海洋科技队伍，有80%以上是从事基础性研究，高新技术产业所占比重不足10%。尤其是海洋工程专业人才和实用型、技能型人才不足（王诗诚，2010）。一方面，国家每年培养大量海洋方面的人才；另一方面，大量的海洋类毕业生就业难，学非所用，显性和隐性失业严重。加之科研课题重复研究和成果转化率不高的问题比较突出，造成人才不足与人才浪费现象并存。

（1）海洋管理知识层次单一型人员多，复合型高层次人才不足

目前，山东省海洋行政部门中海洋管理与经济复合型人才比较缺乏，造成决策过程中顾此失彼现象时有发生。由于海洋科研人才结构不尽合理，缺乏海洋科技领域和制造业的带头人，海洋科技优势难以充分发挥出来，造成了科技成果产业化程度偏低，项目产业化速度慢，科技成果转化投入力量不足，科研与市场脱节，海洋科技优势没有变成海洋产业优势，阻碍了海洋产业高级化的发展。

培养海洋管理人才是发展海洋经济的重要环节。山东省现有海洋管理人员面临知识更新、理念更新和素质转型的挑战，海洋综合管理、海洋行业管理、涉海企事业单位所需海洋管理人才的缺口非常大。因此，要多层次培养服务于半岛蓝色经济区建设的海洋经济、海洋管理、海洋科技、海洋教育方面的高素质、综合型、应用型管理人才，推动山东海洋经济的健康快速发展，已十分必要和迫切（王诗诚，2010）。

（2）传统型专业技术人员多，高新技术人才不足

虽然山东省海洋学科人才数量在全国占有优势，但在高水平科学研究和高层次创新型人才队伍建设等方面，与海洋经济大省的地位还不相称，与满足建设蓝色经济区对科技人才的需求还有很大差距。

各主要海洋产业的就业人员整体素质偏低，主要海洋行业的技术人员占从业人员总数的比重不足两成，受高等教育的人员比重仅一成左右，形成海洋科技的传播与应用障碍，

阻碍了山东省海洋产业发展（李宜良和王震，2009）。尤其是缺少海洋新兴产业高尖端人才、科研领军人物。现有人才主要集中在海洋基础科学和传统涉海专业，具体表现在山东省传统涉海专业人才多，高新技术产业人才少，一些新兴涉海高新技术产业如海洋生物、海洋药物的人才缺乏，导致山东省涉海企业技术水平较低，自主创新能力不足。特别是船舶设计制造、浅海油气勘探与开发、深海矿产开发、海水综合利用、海洋能综合开发等新兴产业人才缺乏，高新技术产业方面的研发型、创业型人才匮乏。一些涉海类高校专业设置缺少海洋工程类，毕业生存在专业面窄、知识单一、知识老化的问题，离生产实际的需求相差甚远。同时由于毕业生择业期望值较高，许多涉海专业的毕业生挤机关和科研单位，不愿到基层从事专业工作。结果，面向海洋高技术产业的海洋类专业人才的供需，无论在总量上还是在结构上，都还存在供需矛盾突出的问题。

（3）普通理论型人员多，实用型、技能型工程人才不足

目前，山东省内还没有一所用于培养海洋类专业技术人才的省级职业技能专职教育学校，海洋产业的实用型、技能型人才少，不能满足海洋产业特别海洋新兴产业快速发展和打造半岛蓝色经济区的需要，在船舶设计制造、海洋油气勘探和开发、深海矿产开发等方面实用型、技术型人才更为匮乏。如何培养更多的山东本土的实用型、技能型人才，已经成为山东省一个亟待解决的问题（王诗诚，2010）。

4.6.8　海洋生态环境恶化

山东海洋环境污染比较严重，特别是港口、海湾、河口及靠近城市的海域，污染尤为严重（图4-6）。其污染源主要有：① 陆地废水排放污染。沿海地区向近海排放工农业生产废水、城市生活污水，据统计山东省主要陆源排污口年排放污水量达 11.65×10^8 t，占全国的13.5%；通过直排口、混排口和排污口排放入海的14种主要污染物质（COD、油类、铜、铝、锌、镉、汞、氨氮、磷酸盐、BOD、砷、酚、氰化物、硫化物）36.9×10^4 t，占全国的25.52%。这些污水的排放，对滩涂底质和近岸水域污染相当严重（孟庆武等，2008）。② 石油污染（于谨凯等，2009）。包括石油开发、航运溢油、陆上油田废水排放等。石油污染在部分海区形成油膜，大大降低了海域初级生产力和水中溶解氧的含量，对海域生态环境影响严重，特别对渔业生产已造成巨大危害。1989年，黄岛油库大火，630 t原油泄入胶州湾，造成渔业直接经济损失4 000余万元。1989年，胜利油田排出的油污污染了莱州湾，造成直接经济损失达1.5亿元。1986年和1987年，长岛县养殖扇贝大量死亡，直接经济损失达3 000万元，原因也是石油污染（孟庆武等，2008）。2011年，康菲在"蓬莱19-3"油田的石油泄漏事故，对生态环境和生物的损害巨大。③ 近海水产养殖废水。养殖过程中清池、投饵、施肥、养殖用药等，造成海水大量污染及近岸海水富营养化，诱发赤潮和养殖病害流行，造成严重经济损失的同时，也使生态环境不断恶化。新中国成立以来，山东沿海黄河口沿岸、莱州湾、胶州湾及附近海域赤潮发生的频率越来越高，赤潮影响的海域面积越来越大，对海洋渔业造成的损失也越来越大。1989年7—9月，渤海沿岸发生的一次大面积赤潮在潍坊、烟台造成的直接经济损失约8 500万元。1995年至2005年2月，山东省近岸海域共发生赤潮20多起，经济损失达到数亿元（孟庆武等，2008）。

另外，对于海洋资源的利用不合理，也会加剧海洋生态恶化。山东省海洋产业结构明

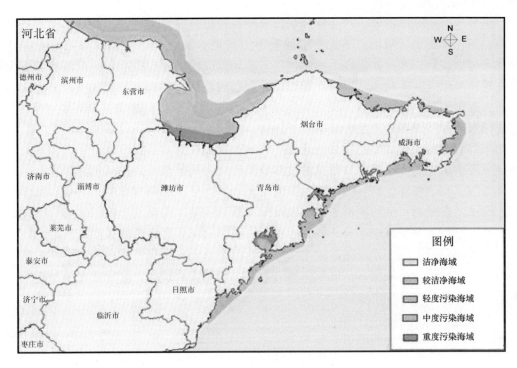

图4-6　2008年山东省近岸海域污染分布（资料来源：中国海洋信息网）

显失衡，较侧重于第一产业如渔业和养殖业，而采矿业、水产加工业、旅游业等发展相对不足。海洋资源综合利用和多层次利用严重不足，将导致资源性产业在其发展过程中遭遇资源匮乏的困扰，如因过度捕捞导致近海渔业资源严重衰退。尽管近年来采取了一系列措施恢复近海渔业资源，但违犯休渔禁渔规定的滥捕现象仍时有发生，加大了渔业资源的恢复难度。此外，海洋资源所有权权属观念模糊，任意占用海洋资源的短期开发行为严重，加剧了资源的过度消耗及生态环境的恶化（李宜良和王震，2009）。

4.6.9　山东海洋经济可持续发展面临诸多困难

（1）滨海旅游业发展不足

"海—天—地—人"协调统一的优良生态环境，生机勃勃的滨海旅游业，是蓝色经济重要标志之一。1997年山东省政府提出建设"海上山东"的战略设想以来，山东滨海旅游业迅速发展，旅游产业地位也不断提高，但在发展的同时也存在一些问题：滨海国际旅游业主要集中在少数大中城市，小城市旅游业规模小，过度开发与利用不充分并存；旅游产品结构单一，缺乏参与性、娱乐性、知识性集成一体的大型旅游项目；滨海旅游环境污染严重。今后应搞好统一规划，优化布局，共享资源，发展既统筹规划又各具特色的滨海旅游业；重视并合理开发中小城市滨海旅游资源；在开发的同时保护滨海生态环境。

旅游业是世界第一大产业，是社会可持续发展的标志产业。滨海旅游是旅游业的重中之重。山东滨海旅游业在海洋产业中的地位还较低，与沿海其他省市相比也有一定的差距。1996年山东省海洋产业总产值占全国的比重为18%，而滨海旅游收入仅占3.21%。滨海旅游业发展仍处于摸索阶段，主要表现为：政府的主导作用不突出，宏观管理和调控不利，滨海旅游的低质低效、产品粗放和低水平盲目重复建设问题突出，滨海旅游产品单一，海洋特色不突出，吸引力不大，市场竞争力较弱；缺乏能够带动滨海旅游业整体发展，集参与性、娱乐性、知识性为一体，具有轰动效应的大型旅游项目；沿海旅游开发仍停留在陆域和岸上开发阶段，以海洋和海岛为中心的旅游开发尚未形成规模；海上交通发展滞后，运力不足，设施落后，缺乏集运输、游览观光、娱乐休闲为一体的大中型游船，某些海域水质和沙滩污染严重，旺季过于拥挤，海滨旅游岸段和海域被占用现象严重。

山东滨海旅游业应以旅游项目的开发来带动发展，在旅游项目开发上，必须避免当前旅游业发展中出现的低水平盲目重复建设和低质低效、粗放式经营的问题，以重点项目带动整体发展，突出海洋优势，大力开发海陆观光、海滨度假和康复疗养、会议、海洋科学考察、海岛生态旅游、渔村民俗旅游，以及海上体育运动。应在旅游度假区项目开发、海岛旅游开发和海上游艇旅游项目开发方面有所突破。山东滨海旅游项目的开发必须在可持续旅游发展的总原则之下，遵循保护生态环境，统筹规划，重点开发，加强合作，利益共享的原则。在新的经济环境下，积极探索沿海旅游开发的新模式，充分运用市场机制，使旅游资源配置与开发更加市场化。

（2）海洋新兴产业发展不足

随着海洋生物工程、海洋信息和海水综合利用科技的发展，产生了一批海洋新兴产业。如利用卫星数据资源建立海洋环境适时分析系统，同时利用已有的常规观测技术，建立海洋高技术检测体系以及海洋信息传输网络；利用超临界萃取、发酵工程、基因工程、膜分离等技术，开发多类型的海洋新药以及从特殊生存环境生物中提取海洋生物酶、多糖等海洋活性物质的开发；海洋新能源、海底资源开发利用等。海洋新兴产业是高新技术产业向海洋的延伸，海洋高新技术的发展不仅加速了传统产业的改造，同时将带动海洋石油、滨海旅游和海水综合利用等海洋产业的快速发展。总的来看，我国的海洋产业正处于成长期，产业结构正从传统海洋产业为主向海洋高新技术产业逐步崛起与传统海洋产业改造相结合的态势发展。海洋新兴产业群作为重要增长点，为山东省区域经济持续快速发展注入了新的活力（孟庆武等，2008）。

（3）海洋自然灾害频发

海洋自然灾害的频繁发生，也是海洋可持续开发和利用所面临的重要问题。对山东省沿海各地经济影响较大的海洋灾害类型主要有台风、风暴潮、海岸侵蚀与淤积、海水内侵和海冰等。近年来，随着对海洋开发利用深度和广度的扩大，人为因素已成为影响和加剧海洋灾害发生的重要因素。日趋严重的海洋灾害，不仅对沿海居民的生命财产造成严重威胁，对海洋资源和生态环境造成不良影响和破坏，也影响了各项海洋开发活动的正常进行，成为制约全省海洋资源持续开发和利用的重要因素（孟庆武等，2008）。

4.6.10 转型资本的运作失灵

海洋资源的开发利用比陆上资源的开发利用难度要大很多，因此，海洋资源的开发利用和海洋产业的发展需要充足的、持续的资金投入，通过建立高效的投融资平台，以资本运作为纽带，使海洋科研成果转化链条上的科研机构、中试机构、创投机构、生产企业、服务机构等以技术关联、产业配套、利益共享等建立起利益共同关系。目前，山东尚未建立起完善的投融资机制，资本平台的构建相对滞后，虽然投资主体日趋多元化，但政府主导投资的格局尚未真正改变，由此引起融资形式单一、融资渠道狭窄、资金利用效率低、责任权利界定不清、风险控制不当等问题，导致难以有效地吸引社会资本进入这一领域，也无法发挥财政资金的政策引导和带动作用。与此同时，外商投资多集中于房地产及传统工业产业，对海洋高新技术研发、转化及产业化项目的投资较少，使得海洋科技产业难以借力发展。此外，由于投资的风险约束机制、资本退出机制等的缺失，也极大限制了金融资本投向海洋高新技术产业的积极性。

4.6.11　海洋产业中介服务不配套

山东蓝色经济区产业关联度小、配套率较低、高新技术产业化率低下的重要原因之一，在于未形成为产业发展提供服务的配套服务群，不能形成良好的分工与协作体系，从而制约了各类资源的优势互补和陆海产业的联动发展。目前，山东中介服务体系的发展还存在许多问题，中介机构数量较少，专业服务不到位、企业类型不全，尤其缺少知识密集型的科技经济中介；中介机构服务能力和效率较低，缺乏专业的中介经纪人才；产学研知识供需结构错位及接轨不紧密，也造成对中介服务需求的不足和服务难度的加大，从而导致中介服务业发展的滞后。

近年来山东省海洋新兴产业发展迅速，2010 年山东海洋生物医药业产出 81.5 亿元，海洋电力业产出 26.7 亿元。但是由于起步较晚，基数较低，海洋新兴产业产值占海洋产业总值的比重仍然较低，海洋新兴产业的发展仍然面临着诸多的制约因素：如科技水平相对落后，高端装备制造能力不够，资金投入不足，以及部分海洋战略性新兴产业尚处于研发、实验阶段，要大规模实现产业化还面临一些技术和政策方面的瓶颈制约。山东省海洋新兴产业有待于进一步发展。

4.6.12　区域海洋经济发展不协调

由于自然、历史及经济基础等因素影响，山东省内地区发展差距不平衡的问题也比较突出，山东省的区域经济发展明显呈现出东、中、西三个地域特征，发展水平整体上由东向西逐次递减。青岛是山东海洋经济发展的龙头城市，拥有丰富的港口、海洋资源，近年来海洋经济发展迅速，成为引领山东半岛海洋经济发展的重要先行区，烟台、潍坊、威海等市作为发展骨干海洋经济发展迅速，而滨州、东营等地海洋经济发展则差距较大，不论是经济总量还是经济发展速度都落后于青岛、烟台等城市，区域海洋经济发展不协调，山东海洋经济发展需要统筹规划，优化海洋产业布局。

4.7　山东半岛蓝色经济区产业结构调整具备的条件

4.7.1　产业一体化基础较好

山东省的工业具有一定的规模，布局相对集中。产业分工已初现雏形，并且高新技术产业也充满活力，经济一体化已具有较大的发展。山东六大产业集聚区集中体现了山东省产业一体化的程度（国家发改委网站，2007）。

（1）东营—淄博石化和医药产业集聚区

围绕胜利油田、齐鲁石化等大型石油、化工企业，采用新技术和新设备，集中布局和发展有机石化、精细化工、通用合成树脂的深度加工和医药器械等系列产品，完善产业配套，并进一步在区域范围内带动石化相关产业的发展。

（2）济南电子信息产业集聚区

依托齐鲁软件园，发展以微电子、光电子和新型元器件为基础，计算机、通信产品和软件产品为主导，信息应用服务业协调发展的电子信息产业集群，同时充分发挥电子信息产业对于其他产业发展的带动和支持作用，增加其他产业的科技含量，为知识经济时代的产业发展奠定基础。

（3）青岛—日照家电制造产业集聚区

将继续发挥青岛家电产业在本行业的优势，通过打造品牌企业，提高本区域在山东半岛城市群的影响力，进一步吸引国内外相关产业在此集聚。日照在完善家电配套产业的同时，要逐渐培育出自己的家电品牌，从而形成山东半岛城市群具有竞争力的家电产业集聚区。

（4）烟台—威海汽车制造产业集聚区

以专业配套园为重点，积极吸引韩日汽车企业的产业转移，并充分发挥汽车制造业对其他产业的带动作用，发展以整车制造为核心、配套产业相对集聚、相关产业充分支持和基础设施高度完善的产业集聚区。

（5）潍坊—青岛纺织服装产业集聚区

培育和发展具有特色的纺织服装产业集群，改变区域产业的生产和组织方式，完善区域发展的外部创新环境，引导地方产业链与国际服装产业链的衔接，进一步提高本区域在全球服装产业的竞争优势

（6）日照—青岛—威海—烟台海洋产业集聚区

发展海水养殖业和远洋捕捞业，搞好水产品精加工；强化青岛集装箱干线港口地位，提高烟台、日照等港口综合发展水平；以海洋综合科技为先导，大力发展海洋生物工程、海洋药物开发和海洋精细化工制品；积极发展青岛等缺水城市的海水利用技术（国家发改委网站，2007）。

由此可见，山东省的产业一体化程度较高，为山东半岛蓝色经济区产业结构调整打下了良好的基础。

4.7.2 交通优势明显

山东半岛蓝色经济区陆域交通发达，航运和深水大港资源丰富。

山东半岛的铁路运能的紧张和路网覆盖面小，铁路运输能力的紧张已远远不能满足山东经济发展的需要。但自2008年开始，山东将新建、改建铁路3 800 km，投资约1 500亿元。通过构筑的"四纵四横"铁路网，意在提升青岛、日照、烟台、威海等主力大港与山东西部腹地的经济联系，黄大铁路、德龙烟铁路则将"黄三角"一线北部沿海城市纳入国家西煤东运北部大通道。山东半岛铁路逐步发挥长途运输的优势。

"十一五"期间，山东省重点完善了"五纵四横一环"的公路网（图4-7）。"五纵"指：① 京福高速公路山东段和京沪高速山东段，北起德州，经济南、泰安，京福高速公

路由曲阜至枣庄张山子，京沪高速公路经临沂至红花埠与江苏相连；②北起滨州，经淄博、莱芜，在新泰南接京沪高速公路，过临沂在红花埠与江苏相连；③同三线山东段，北起烟台，经莱西、胶州、胶南至日照与江苏相连；④北起德州，经聊城、菏泽，在河南兰考与连云港至新疆霍尔果斯大动脉相连；⑤北起东营，经青州南接日竹高速公路。"四横"指：①青银线山东段，东起青岛，经潍坊、淄博、济南，从夏津出境与河北相连；②东起日照，经临沂、曲阜、济宁、菏泽，在德州与河北衡水相接；③东起威海，经烟台、龙口、潍坊、滨州，在德州与河北衡水相接；④东起青岛胶南，经莱芜、泰安、肥城、平阴至聊城。"一环"指：烟台—潍坊—东营—滨州—德州—聊城—菏泽—济宁—枣庄—临沂—日照—青岛—威海—烟台的高级公路网络（李家昱，2009）。

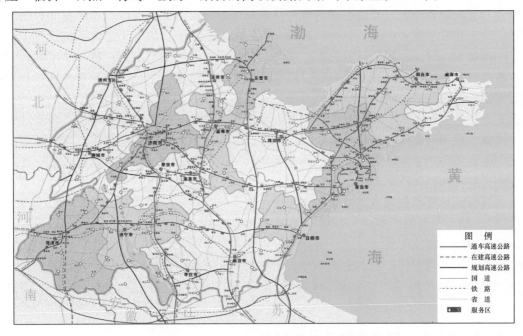

图4-7 山东"五纵四横一环"公路网络

图片来源：新浪共享资料 http://ishare.iask.sina.com.cn/f/13908346.html? from = like

主要机场有济南遥墙机场、东营永安机场、临沂沭埠岭机场、青岛流亭机场、青岛胶州机场、济宁曲阜机场、烟台莱山机场、烟台潮水机场（在建）、潍坊南苑机场、威海大水泊机场。其中，临沂机场为山东省最早的民用机场，青岛机场是山东第一个年吞吐量突破千万吨的机场。济南、青岛、烟台、威海4个机场为国际空港。

河运主要有黄河、京杭运河、小清河、卫河和南四湖等支流。主要的内河港口有济宁、台儿庄、济南、聊城等城市。其中，济宁仍然是京杭运河中段的交通枢纽，南北物资运输的水运重镇。海运主要在沿海口岸。有青岛、日照、岚山、烟台、威海、东营、东风、龙口、潍坊、羊口等港口。其中，青岛港始建于1892年，是国家特大型港口；目前，可以停泊世界上最大的船舶。日照港是新亚欧大陆桥的东方桥头堡，中国第八大港口，也是交通部规划的我国沿海主枢纽港之一。1861年开埠的烟台港，目前是中国环渤海港口群主枢纽港，是中国沿海25个重要港口之一。

如此发达的交通条件是山东半岛蓝色经济区产业结构调整不可或缺的条件。

4.7.3 科技创新能力优势突出

山东省是全国海洋科技力量的"富集区",拥有海洋科研、教学机构55所,包括中国海洋大学、中国科学院海洋研究所、国家海洋局第一海洋研究所、中国水产科学研究院黄海水产研究所、国土资源部青岛海洋地质研究所等一批国内著名的科研、教学机构,1万多名海洋科技人员占全国同类人员的40%以上。

当今世界,科技进步与创新已成为生产力发展的决定因素,抢占科技制高点,就是争夺发展的主动权。在刚刚过去的"十一五"时期,山东省大力实施科教兴国战略,整合科技资源,优化创新环境,着力推动区域科技创新体系建设、重点领域技术研发和科技创新成果应用,在发展新兴产业、厉行节能减排、推进循环经济、加强生态文明建设等方面攻克了一批技术难题,实现了新的突破。同时,山东省的科技创新能力存在一些问题,如科技资源总量和科技投入明显不足,企业技术创新主体地位还不突出,创新服务体系建设还相对滞后,科技成果的转化和产业化有待加强。当前,山东省面临着前所未有的发展机遇和有利条件,也面临着前所未有的巨大压力和严峻挑战。从世界发展趋势看,科技知识创新、传播、应用的规模和速度前所未有,国际金融危机催生重大科技变革,全球已进入空前的创新密集和产业变革时代。从国内经济社会发展需求看,加快转变发展方式,推动经济社会发展转入创新驱动、内生增长的轨道,对科技进步和自主创新提出了更高要求。对山东省这样的后发地区而言,把握科学发展主题,抓住转变发展方式主线,加快推进"四个发展",缩小与全国的差距,最根本的途径就是要加快自主创新,推动科技、教育、人力资源等领域的快速增长。

科学技术问题无处不在,无所不包,大量基础工作需要去做,不少空白需要填补,对于山东半岛蓝色经济区产业结构调整,山东省较强的科技创新能力储备是一个明显的优势。

4.7.4 区域经济协同发展已是大势所趋

20世纪80年代,世界经济全球化的发展趋势不断加快。经济全球化要求最终在全球范围内降低和消除关税壁垒和国别障碍,实现资源的自由流动和优化配置。区域经济是在一定区域内经济发展的内部因素与外部条件相互作用而产生的生产综合体,是以一定地域为范围,并与经济要素及其分布密切结合的区域发展实体。区域经济反映不同地区内经济发展的客观规律以及内涵和外延的相互关系,两者是相辅相成的。

进入21世纪以来,山东实施区域经济协调发展战略,改变山东经济地区不平衡的格局,让各地人民群众共享经济发展的成果。"双30"工程实现促强扶弱带中间,"三个突破"促进了东中西协调发展,"五大板块"即山东半岛城市群、省会城市群、鲁南经济带、黄河三角洲高效生态经济区和海洋经济竞相发展,携手并进,逐步形成"一体两翼"的南北中整体发展战略构想。从东中西横向协调到南北中纵向联合,从"五大板块"到"一体两翼",实现了从板块小区域错位发展到大山东半岛蓝色经济的区域整体推进的飞跃,以板块促进整体发展,以整体带动板块腾飞,一个龙头带动、多极支撑、良性互动的"一体两翼"和海洋经济的区域发展新格局正在形成(宋光茂和刘成友,2006)。

（1）县域经济协调发展

2003 年，山东各地把县域经济协调发展摆上了战略地位，促强扶弱带中间，实施"双 30"工程，支持 30 个经济强县和帮扶 30 个欠发达县加快发展，抓两头带中间，促强扶弱，出台 14 条帮扶政策，现已形成强县增强创新优势、中等县你追我赶、欠发达县加快发展之势。2006 年，共为欠发达县落实项目 197 个，落实各类资金 10 亿多元，30 个强县和 30 个欠发达县 GDP 分别实现 8 331.4 亿元和 2 243.3 亿元，分别比上年增长 18.2%和 17.6%；地方财政收入分别实现 332.3 亿元和 63.9 亿元，分别比上年增长 27.8%和 34.0%，增幅明显高于全省平均水平。在 2006 年公布的全国百强县中，山东增加到 22个，是新增数量最多的省份，百强县总量稳居全国第二位，其中有 15 个县（市）位次前移。

30 个经济强县发展势头良好。对口帮扶使东部发达地区获得了大量的劳动力，并在西部欠发达地区找到了商机，实现了互惠互利。2006 年，30 个经济强县规模以上固定资产投资完成额和社会消费品零售额分别为 3 893.8 亿元和 2 113.4 亿元，比上年增长 18.0%和 16.2%，占全省的比重为 35.0%和 29.7%。完成地方财政收入 332.3 亿元，比上年增长 27.8%，比全省平均水平高 1.5 个百分点。实现农民人均纯收入 6 028 元，比全省平均水平高 1 660 元，增长 12.8%。三次产业比例由 2005 年的 9.7∶62.2∶28.1 调整为 8.7∶62.1∶29.2。

30 个欠发达县发展速度明显加快。2006 年，欠发达县规模以上工业实现增加值 721.9亿元，平均增速 35%，比全省平均水平快 11.4 个百分点。规模以上固定资产投资完成额和社会消费品零售额分别为 1 162.3 亿元和 803.3 亿元，比上年增长 20.7%和 16.3%。完成地方财政收入 63.9 亿元，比上年增长 34.0%。实现农民人均纯收入 3 913 元，比上年增长 12.9%，高于全省平均水平 1.8 个百分点。三次产业比例由 2005 年 23.4∶48.9∶27.7 调整为 21.2∶51.2∶27.6。规模以上工业增加值、规模以上固定资产投资、地方财政收入和农民人均纯收入增速均超过经济强县。

（2）"东中西"协调并进

东部突破烟台。推动烟台充分发挥沿海开放城市优势，按照"跨越发展，奋力赶超，率先突破"的要求，加大开放力度，加快发展步伐。近年来，烟台经济保持了较快发展的好势头，一批优势企业和产业正在迅速崛起，经济增长速度跃居沿海开放城市前列。2007年，烟台地区生产总值达到 2 879 亿元，比 2006 年增长 16.6%，增幅高出全国、全省、14 个沿海开放城市平均水平 5.2 个百分点、2.3 个百分点和 1.8 个百分点；进出口突破 200 亿美元，达到 239.4 亿美元，增长 58.8%，出口增幅高出全省 31.9 个百分点；地方财政收入 140.8 亿元，比 2006 年增长 25.2%。

中部突破济南。实施"东拓、西进、南控、北跨、中疏"的城市空间发展战略，全面加强经济、社会、城市、生态建设，培育工业主导产业，打造电子信息、石化化纤、汽车、机械装备四大产业链条，经济发展和对外开放步伐加快，产业结构发生了积极变化，城市综合服务功能明显提高，省会城市辐射带动能力明显提升。2007 年，济南地区生产总值达到 2 554.3 亿元，第一、第二、第三产业比例由 2002 年的 8.4∶42.2∶49.4 调整为 5.9∶45.5∶48.6。第三产业占比重达到 48.6%，居全省首位，对经济增长的贡献率为 54.9%，拉动 GDP 增长 8.6 个百分点；规模以上工业完成增加值 930.3 亿元，工业增加值占全市生产总值的比重达到36.4%，比2002年提高2.6个百分点；交通装备、电子信息、冶金钢铁、石化化纤、机械装备、食品药品六大优势产业共实现主营业务收入2 539亿元，对全市规模以上工业增长的贡献率达到84.4%；高新技术产值1 151.2亿元，占规模以上工业的比重达到35.4%，年均提高2个百分点。实现进出口总额62.2亿美元，其中出口额34.35亿美元，分别比上年增长41.7%、40.8%。

西部突破菏泽。实施"突破菏泽"战略，在转移支付、交通、电力、资金、人才等方面进行倾斜，济南、青岛、淄博、东营、烟台、潍坊、济宁、威海8个市和8个省直部门、10个大企业对口帮扶菏泽的8个县，实施百个项目进菏泽，农村劳动力西输东接，并与东部地区交流干部，推动了菏泽经济的快速发展。2004年以来，全市生产总值增幅、农民人均纯收入增幅，连续三年高于全省平均增长幅度。2006年开工"东西联动项目"164个，完成投资67.3亿元。菏泽在外务工人员达125万人，实现劳务输出年创收73.4亿元，约占该市农民收入的1/3。2007年，菏泽市实现地区生产总值659.9亿元，比上年增长17.1%，实际利用外商直接投资、规模以上工业增加值、利税、地方财政收入增速均居全省前三位。

菏泽、德州、滨州、聊城曾是全省17地市中垫底的4个"难兄难弟"，如今争先恐后，发展迅猛。聊城市被打扮得温馨靓丽，城市绿化覆盖率达36%。滨州市沿海建起200多千米的防潮大堤，群众告别了海水侵扰，新增海水养殖面积数十万亩，带动一大批工业项目。

（3）山东半岛城市群加速崛起

山东半岛城市群包括济南、青岛、烟台、威海、潍坊、淄博、日照、东营8个设区的市，辖66个县（市、区），土地总面积7.3×10⁴ km²，占全省总面积的46.6%；人口3 897万人，占全省总人口的43%（图4—8）。区位条件、生产要素、资源禀赋、产业体系等基础条件得天独厚，聚集了全省主要的优势资源和先进生产力，依托大型港口和陆路交通枢纽，打造环黄海经济圈重要的现代化都市群和面向日韩的国际化制造业基地两大品牌，正在成为全省开放程度最高、发展活力最强、最具核心竞争能力的经济增长极之一（国家发改委网站，2007）。2006年实现GDP占全省的64.1%，对全省经济增长的贡献率达到63.6%，地方财政收入占省的57.1%，主要经济指标均占全省总量的60%左右。2007年上半年，半岛8市实现生产总值7 959.5亿元，占全省的65.9%；地方财政收入完成490.6亿元，占全省的56.9%；进出口总额达到471.2亿美元，占全省的86.1%，辐射带动力明显增强。

打造胶东半岛制造业基地和山东半岛城市群，增强对欠发达地区的带动力，是山东省促强创优、实现又快又好发展的另一举措。胶东半岛制造业基地工业增加值占全省工业增加值的1/3，成为山东新型工业化的龙头，仅青岛、烟台、威海三市国家级企业技术中心就达16家。以胶东半岛制造业基地为依托，山东全面启动包括青岛、烟台、威海、济南、淄博、潍坊、东营、日照8市在内的山东半岛城市群建设（徐磊，2007）。山东寄望这一区域与以济宁为中心的鲁西南城市圈一起，共同带动山东经济的全面协调可持续发展。

（4）省会城市群经济圈功能凸显

省会城市群经济圈是指省会济南与周边6市构成的环状经济区域。区域包括济南、淄博、泰安、莱芜、德州、聊城、滨州7市，面积5.2×10⁴ km²，占全省的33.4%；人口

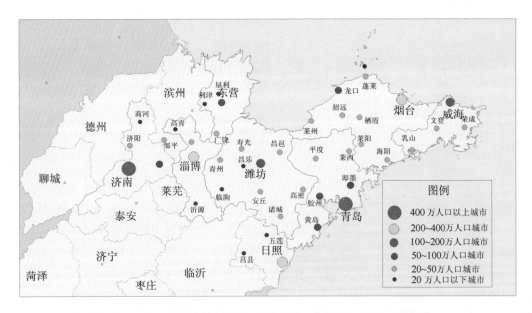

图4-8 山东半岛城市群（图片来源；半岛网、半岛都市报）

3 196万人，占全省的34.6%。位于山东省东、中、西三大片区的中间地带，在发展水平上介于东部发达和西部欠发达的中间状态，在产业转移上处于东部与西部交流互动的中间区域，对于优化全省生产力布局、推动区域经济协调发展具有重要的作用。区内交通网络比较完整，京沪、胶济两大铁路干线在济南交汇，济青、济聊、济菏、京福、京沪等高速公路以及若干条地方性铁路，或由济南发端或从区域穿过，基本形成了以济南为中心，以高速公路为骨架的一城六市"一小时生活圈"。区域内的济南是全省政治、经济、文化、科技、教育和金融中心，综合服务能力较强，区域优势明显，2005年实现生产总值1 876.6亿元，占区域内GDP总量的28.4%，与区域内第二大城市淄博的经济总量相比，首位度达到1.31，是省会城市群经济圈的中心城市，具有较强的聚集辐射作用。2003年山东把发展以济南为中心的省会城市群经济圈提上日程，2004年提出了"构筑以济南为中心的省会城市群，逐步形成优势互补的济南经济圈"的构想。2005年省会城市群经济圈所实现的GDP占全省总量的35.7%，地方财政收入占29.3%，对全省经济增长的贡献率为29.8%，经济综合实力和影响力明显增强（表4-4）。

表4-4 山东省会城市群经济圈2005年主要数据占全省比重

指标	单位	7市合计	占全省比重（%）
土地面积	km²	52 075.6	33.2
地区生产总值	亿元	6 604.3	35.7
规模以上工业增加值	亿元	2 864.2	34
工业产品销售收入	亿元	9 806.3	32.8
地方财政一般预算收入	亿元	314.3	29.3

指标	单位	7市合计	占全省比重（%）
金融机构存款余额	亿元	7 148.5	41.8
金融贷款余额	亿元	5 970.8	44.6
居民储蓄存款余额	亿元	3 156.5	34.9

资料来源：大众日报。

（5）鲁南经济带建设开始启动

鲁南经济带包括枣庄、济宁、日照、临沂、菏泽5市、43个县（市、区），面积 $5.05 \times 10^4 \ km^2$，人口3 210.5万人，分别占全省的32.1%和34.5%。该区毗邻江苏、河南和安徽，位于新亚欧大陆桥东端。矿产丰富多样，已发现矿产60多种，其中煤炭地质储量 $550 \times 10^8 \ t$，占全省的80%，石油、天然气资源富集，水泥用石灰石、石膏、花岗石、大理石储量大、品质优。水资源充沛，水资源总量约 $166 \times 10^8 \ m^3$，占全省的54%，是山东水资源最为丰富的地区。农业资源优势突出，该区粮食产量约占全省的40%，有济宁、菏泽两个国家级大型商品粮生产基地。油料、肉类、淡水产品、蔬菜产量在全省均占有重要位置。劳动力资源充裕，人力资源成本低于全省平均水平20%。文化及旅游元素丰富多彩，儒家文化闻名世界，水泊梁山、蒙山沂水、冠世榴园、红荷湿地、牡丹花都、滨海风光，以及南四湖、京杭运河等，人文旅游、生态旅游、红色旅游开发潜力巨大。交通等基础设施比较完善，已经形成了海运、铁路、公路、航空、内河航运纵横交错的立体运输网络。日照港已成为全国第九大港口；新石铁路与京九、京沪和胶新铁路在鲁南境内相交，形成三纵一横铁路主框架；以四条高速公路和九条国道为骨架，形成了十纵三横的公路交通网；临沂机场已成为国内中型机场中较为繁忙的空港；京杭运河济宁以南段通过能力达到 $3 200 \times 10^4 \ t$。2007年，山东把规划建设"鲁南经济带"提上了日程，2008年出台并实施《鲁南经济带区域发展规划》，推动鲁南五市资源要素的优化配置和合理流动，形成低投资成本、低生产成本的"洼地效应"，加速鲁南经济一体化进程，增强综合竞争力。2007年，区内生产总值突破5 000亿元，达到5 612.9亿元。地方财政收入286.3亿元，占全省的19%。

（6）东部的产业转移带来机遇

就山东来说，韩国目前已成为山东省投资最多的国家，日本则是山东省第一大出口国。山东与日韩等发达国家和新兴工业化国家相比，在产业发展水平和产业结构上存在着一定的"梯度错位"空间，发展国际合作和产业结构转移具有很强的互补性。东北亚区域合作已进入实质阶段，为山东开展区域合作提供了更多机会。随着山东融入东北亚区域经济体，半岛区域在接受日韩产业的梯度转移方面，具有无可比拟的优势。因为山东的半岛城市群，靠近日韩经济圈，具备实现把外源性资本和本地产业紧密结合的载体作用。承接日韩地区的产业转移，首先表现为资本的转移。只有产业资本相对集中地转移到山东具有一定优势的区域和产业之中，才能有效促进相关产业高速规模化发展。近年来，半岛经济合作发展进度很快，借助经济积聚的平台，在更广的领域、更深的层次和更大的范围与日韩等经济区域经济合作，一定会有效地带动山东经济的快速发展。

　　日韩产业转入伴随着大量资金、技术、知识的转移，这为山东省产业，特别是制造业注入了大量充足的资金和高新技术，促进山东省产业竞争力的提升。正如"中心—外围"理论所论述的，发达国家转让的技术对发展中国家的工业生产起到了重要作用。外资的投入促进了服装及其他纤维制品业、食品加工业、电子通信业、服务业等高附加值产业的发展。同时，外资投入在资源密集型、附加值低的行业中的比重呈不断下降的趋势。

　　日韩对山东产业转移以不断增加外资投入为主要形式。外商投资的不断增加为山东经济发展提供了充足的资金，解决了企业发展资金紧缺的问题，便于其扩大产业种类和规模；同时，外资企业的大量涌入为山东经济带来了活力，提升了省内主导产业的国际竞争力；增加了省内就业，优化了就业结构；增加了涉外税收的数量，对全省税收水平提高有重要贡献。

　　日韩外商投资的不断增加，进一步促进了山东与日韩两国的贸易合作。自改革开放以来，山东与日韩两国的进出口贸易总额逐年上升，合作越来越全面。2003年，鲁韩贸易额达到96.4亿美元，鲁日贸易额达到88.7亿美元，分别居山东第一、第二大对外贸易伙伴位置。贸易合作关系的不断深化和加强，促进了山东对外贸易企业的发展，极大地带动了经济发展。外资企业是山东出口的主力军，2007年外资企业出口403.4亿美元，占全省出口的比重为53.6%。出口商品结构进一步优化，2007年全省机电产品出口277.5亿美元，占全省出口的比重为36.9%；高新技术产品出口84.7亿美元，占全省出口的比重为11.3%。大力发展一般贸易和加工贸易，以投资拉动贸易，以贸易促进投资，开创山东与日韩贸易合作的全新局面。

　　日韩产业转移进一步优化了山东的产业结构，促进了各产业不同程度的发展。外资绝大部分流向制造业促进了山东制造业的发展，对于技术进步、资本形成、管理效率及产业竞争力的提高都有积极的作用；随着产业转移的不断发展，日韩产业越来越多的转向技术密集度高的高新技术产业，极大地促进了山东高新产业的发展。高新技术产业成为山东产业发展的后起之秀，占国民经济的比重迅速提高，对经济增长的贡献迅速增大；产业转移中跨国公司和一批大项目不断增加，凸显出投资产业关联度高、集成能力强、科技含量高和抢占国内外市场份额的优势，对山东产业集聚和中小企业有很好的带动作用。如日本JFE、上海通用汽车、鸿富泰电子与海化集体合资的煤焦油深加工等项目的投入，促进了山东省电子、化工、汽车零部件等行业的发展，形成了一个外资大项目带动和集聚一批省内配套企业的良好局面。这充分发挥了规模经济的良好效益，使山东产业组织的市场结构更趋于合理化和高级化（徐畅达，2011）。

　　（7）山东半岛蓝色经济区总体格局已确定

　　"山东半岛蓝色经济区"包括9大核心区，分为主体区和核心区，其中主体区为沿海36个县市区的陆域及毗邻海域。山东半岛蓝色经济区的核心区，为9个集中集约用海区，分别是：丁字湾海上新城、潍坊海上新城、海州湾重化工业集聚区、前岛机械制造业集聚区、龙口湾海洋装备制造业集聚区、滨州海洋化工业集聚区、董家口海洋高新科技产业集聚区、莱州海洋新能源产业集聚区、东营石油产业集聚区。每个集中集约用海区都是一个海洋或临海具体特色产业集聚区。初步测算，到2020年"山东半岛蓝色经济区"9大核心区总投资约1.4万亿元，集中集约利用海陆总面积约1 600 km²（9大核心区可用海域面积约2 200 km²），其中近岸陆地600 km²，填海造地420 km²，围垦养殖用海180 km²，相关联的开放式用海 400 km²，相当于在海上再造一个陆域大县，从而大大扩展了山东省的发展空间，搭建独具优势的海陆统筹新平台、承载人口和产业转移的新平台、对外开放的新平台、科技创新的新平台（贺常瑛，2012）。

山东半岛蓝色经济区发展规划除 1 个总体规划外，还有 15 个省直部门分别编制了海洋能源、现代服务业、高新技术产业、海洋生物产业、海洋装备制造业、临港重化工业、盐化工及海洋化工产业、信息服务、现代海洋渔业、生态环保、对外开放、园区、交通运输、海洋工程建筑业、海洋生态环保产业、现代农业、水利、土地开发利用、海底矿产勘探开发开采输送加工、城镇体系建设、教育事业、科技事业、卫生事业、人力资源和社会事业、海洋文化旅游业共 25 个专项发展规划。

4.7.5 黄河三角洲高效生态经济区

黄河三角洲高效生态经济区位于渤海南部黄河入海口及其周边地区，包括山东省的东营（东营区 河口区 广饶县 垦利县 利津县）、滨州市（滨城区 邹平县 沾化县 惠民县 博兴县 阳信县 无棣县）和潍坊（寿光市 寒亭区 昌邑市）、德州市（乐陵市 庆云县）、淄博（高青县）、烟台市（莱州市）的部分地区，共涉及 19 个县（市、区），总面积 2.65×10⁴ hm²，占山东全省面积的 1/6；总人口约 985 万人，约占全省总人口的 1/10。该区域土地资源优势突出，地理区位条件优越，自然资源较为丰富，生态系统独具特色，产业发展基础较好，具有发展高效生态经济的良好条件。2009 年，地区生产总值 5 014.8 亿元，地方财政收入 228.1 亿元。经过多年的开发与保护，黄河三角洲已经具备了发展高效生态经济的良好基础。

4.7.5.1 发展过程

早在 1988 年，"黄三角"的开发总体战略就首次被专家学者们提出。"黄三角"的最大亮点是没有走高耗能的发展模式，"生态高效"的增长模式被首次提出。

2008 年，山东省政府出台《黄河三角洲高效生态经济区发展规划》。

2009 年 11 月 23 日，国务院正式批复《黄河三角洲高效生态经济区发展规划》。中国三大三角洲之一的黄河三角洲地区的发展上升为国家战略，成为国家区域协调发展战略的重要组成部分。标志着我国最后一个三角洲——"黄三角"在被提出 21 年后，正式上升为国家战略。从全国的高度来看，山东这块国家战略的盲区已经扫除，我国沿海开发已经实现全覆盖。

目前，我国沿海有天津滨海新区、辽宁沿海"五点一线"经济区、"长三角"、江苏沿海经济区、"珠三角"、海峡西岸经济区、北部湾经济区，加上"黄三角"经济区，沿海开发从南至北已经连成一线。我国东北部沿海将成为高速发展的经济区，中国经济将有新的跨越式发展。

4.7.5.2 战略定位和战略优势

依据国务院批准的《黄河三角洲高效生态经济区发展规划》，黄河三角洲高效生态经济区的战略定位是：建设全国重要的高效生态经济示范区、特色产业基地、后备土地资源开发区和环渤海地区重要的增长区域。

加快发展黄河三角洲高效生态经济，不仅关系到环渤海地区整体实力的提升和区域协调发展的全局，也关系到环渤海和黄河下游生态环境的保护。国务院指出，要把《规划》实施作为应对国际金融危机、贯彻区域发展总体战略、保护环渤海和黄河下游生态环境的重大举措，把生态建设和经济社会发展有机结合起来，促进发展方式根本性转变，推动这一地区科学发展。

国务院要求，《规划》实施要以资源高效利用和生态环境改善为主线，着力优化产业结构，着力完善基础设施，着力推进基本公共服务均等化，着力创新体制机制，率先转变发展方式，提高核心竞争力和综合实力，打造环渤海地区具有高效生态经济特色的重要增长区域，在促进区域可持续发展和参与东北亚经济合作中发挥更大作用。

作为我国最后一个尚待开发的大河三角洲，黄河三角洲后发优势明显，总结珠江三角洲、长江三角洲经验教训，其高效生态的发展模式可能为我国未来区域经济的发展提供新的模式。这正是"黄三角"的后发优势之所在。

4.7.5.3 发展规划

根据山东省政府2008年3月17日下发《关于印发黄河三角洲高效生态经济区发展规划的通知》，在"十一五"期间，国家将投资15 000亿元开发黄河三角洲区域。其中在发展区域旅游产业方面，突出"神奇黄河口、生态大观园、梦幻石油城、武圣故里、世界风筝之都、循环经济典范"的主题，打造两个旅游区，重点开发十大旅游产品。

在旅游产业上将着力打造黄河入海口旅游区，开发东营、滨州城市生态旅游。依托黄河百里绿色生态长廊、艾里湖等，开发湿地生态和黄河生态文化观光旅游，突出黄河入海奇观和原始湿地自然风光，以观海栈桥、天鹅湖温泉度假区和滨海旅游区为重点，开发黄河口入海奇观、漂流、狩猎、骑马、观鸟、科考、温泉等观光与探险旅游项目，打造"新、奇、野、美、特"休闲度假观光生态旅游。

发展民俗旅游区。以潍坊国际风筝会为龙头，完善寒亭杨家埠民俗旅游产品，深度开发具有黄河文化、乡村与农耕文化、生态农业文化特色的民俗旅游。另外，还包括依托观海栈桥和莱州黄金海岸，发展滨海度假旅游；以天鹅湖温泉度假区为龙头，依托地热资源，发展温泉度假旅游等。

《规划》明确了发展的近期和远期目标，到2015年，黄河三角洲高效生态经济区基本形成经济社会发展与资源环境承载力相适应的高效生态经济发展新模式；到2020年，率先建成经济繁荣、环境优美、生活富裕的国家级高效生态经济区（国家发改委，黄河三角洲高效生态经济区发展规划，2009）。

4.7.6 实现"蓝黄"经济区融合发展

山东半岛蓝色经济区发展规划是我国第一个以海洋经济为主题的区域发展战略。黄河三角洲高效生态经济区是协调区域发展的又一个国家发展战略。山东成为全国唯一具有两个国家战略的省份 。"蓝黄"两大战略的实施，为山东省科学实现转方式、调结构提供了重大先机。

4.7.6.1 优化"蓝黄"产业布局，重点培育优势产业

黄河三角洲地区位于山东北部沿海，其部分区划和产业布局与山东半岛蓝色经济区重叠（图4-9），要实现"蓝黄"产业的合理布局，就要把握"蓝黄"两区的战略定位，

充分发挥区域内未利用土地资源丰富的优势，着力发展生态产业和循环经济，依托"四点"，建设"四区"，打造"一带"。

图4-9　黄河三角洲高效生态经济区产业布局（图片来源：半岛网）

首先，要强化东营港作为黄河三角洲经济区的区域中心港地位，加强莱州港区建设，加快滨州港、潍坊港的扩能，同时，加强与蓝色经济区内核心港口的联系与合作，优化省内港口的功能分工，实现区域港口的统筹发展和资源的合理配置。其次，大力发展东营、滨州、潍坊北部、莱州4大临港产业区，依托港口和铁路交通干线，加强基础设施建设，着力发展临港物流和现代加工制造业，推动生产要素的合理流动和优化配置，促进产业集群式发展。再次，以4个港口为支撑，以4大临港产业区为核心，以经济技术开发区，特色工业园区和高效生态农业示范区为节点，形成西起乐陵，东至莱州的环渤海南岸经济集聚带（国家发改委，2009）。

发挥高效生态经济区建设的龙头带动作用，重点发展精细化工和能源工业，大力发展高技术产业、生态旅游业和高效生态农业，将东营临港产业区打造成全国重要的石油装备制造基地，建设区域物流中心和产品集散中心。将滨州临港产业区建设成为国家级循环经济示范区，环渤海地区物流中心和油、盐化工、船舶制造、清洁能源和生物制药等产业聚集区。将潍坊北部临港产业区打造为船舶发动机和汽车制造、科技兴贸和全国最大的海洋化工基地，建成国家级循环经济示范区。在莱州临港产业区建成电力、冶金、精细化工、机械制造、滨海旅游和生物育种等产业聚集区（张超超，2011）。

推动山东半岛蓝色经济区与黄河三角洲高效生态经济区融合发展，产业是发展的重点和基础。因此，应当根据"蓝黄"规划战略定位，着力构建现代海洋产业体系、高效生态产业体系，重点发展海洋生物产业、高效生态产业、绿色种植业等产业，全力抓好重点园区、重点企业和重点项目建设，力争在培育优势产业上实现率先突破。

　　首先，高标准建设示范园区。坚持高起点规划、高标准建设青岛西海岸、潍坊滨海、威海南海沿海经济区和青岛中德生态园、日照国际海洋城、潍坊滨海产业园，尽快启动中日韩区域经济合作试验区建设。积极推进28个海洋产业联动发展示范基地建设。其次，培育壮大一批大企业集团和"高精新"中小企业。出台中小企业培育计划和扶持政策，培育500家高新技术企业、精深加工企业和创新型中小企业。再次，集中力量抓好重点项目建设。在山东半岛蓝色经济区建设方面，重点抓好海洋战略性新兴产业、现代海洋渔业、现代海洋制造业、现代海洋服务业的培育。在黄河三角洲高效生态经济区建设方面，2011年重点实施林浆纸一体化、海水梯级利用、油盐化工产品接续利用等100个循环经济项目。对上述项目，在立项审批、资金安排、土地供应等方面应给予重点支持，确保顺利实施（国家发改委，2009）。

4.7.6.2　打造黄河三角洲城市群

　　所谓城市群是在特定的区域范围内云集相当数量的不同性质、类型和等级规模的城市，以一个或两个特大城市为中心，依托一定的自然环境和交通条件，城市之间的内在联系不断加强，共同构成一个相对完整的城市"集合体"。城市群是工业化、城市化进程中，区域空间形态的高级现象，能够产生巨大的集聚经济效益，是国民经济快速发展、现代化水平不断提高的标志之一。

　　城市群是一个高密度、紧密关联的城市空间，其实质是走向区域一体化，谋求城市群和区域协调发展，它是区域经济一体化的空间表现形式。城市群的基本特征是具有核心城市、城市群内各城市之间具有高度发达的分工协作以及具有巨大的整体利益，这也是城市群紧密联系的内在动力（黄丽娜等，2013）。美国大纽约区、五大湖区，日本的大东京区、阪神区，德国的鲁尔区等都是世界级的城市群，这些地区不仅是本国经济的重要增长极，也是这些国家的物质支柱甚至是精神支撑。目前我国"长三角"、"珠三角"、京津冀三大城市群开始形成，并呈现加速发展的良好态势。"黄三角"是我国最后一处未开发的三角洲，具有巨大的开发潜力，该地区不仅被纳入蓝色经济区的战略范围，同时也是黄河三角洲高效生态经济区的核心位置，东营市更是山东省唯一一个纳入国家两大战略的城市，发展机遇千载难逢。

　　山东半岛蓝色经济区发展规划中提出，要提升胶东半岛高端海洋产业集聚区核心地位，壮大黄河三角洲高效生态海洋产业集聚区和鲁南临港产业集聚区两个增长极；优化海岸与海洋开发保护格局，构筑海岸、近海和远海三条开发保护带；优化沿海城镇布局，培育青岛—潍坊—日照、烟台—威海、东营—滨州三个城镇组团，形成"一核、两极、三带、三组团"的总体开发框架。其中对于东营—滨州组团，提出合理扩大东营、滨州城市规模，加强组团内城镇和产业的分工与协作，打造成环渤海地区新的增长区域和生态型宜居城镇组团的定位。

　　（1）促进区域内产业布局调整，实现优势互补

　　黄河三角洲是山东半岛蓝色经济区的前沿，在黄河三角洲城市群的建设过程中，必须秉承"黄蓝融合、海陆统筹、一体发展"的总体思路，制定兼顾两大国家战略的目标和规划，统筹城市功能定位，转变经济发展方式，坚持高效的生态经济发展。优化海陆空间布局，强化基础设施支撑，加强生态建设和环境保护，构建现代产业体系，明确各城市的功

能和战略定位，加强城市之间合作，减少城市群内的无序、盲目、恶性竞争，实现多核心的城市群体系，多样化、综合性的城市整体功能，促进区域内产业布局调整，加快地域分工格局和产业链的形成，使区内城市都形成各自产业亮点，实现错位发展、错位竞争、相互补充，增大城市间的互补性，提高整个城市群的经济稳定性。

（2）大力发展城市群内的交通设施，打造环渤海经济圈交通枢纽

城市圈的联合发展，交通是首要问题，任何世界级的城市圈，一定拥有属于自己的"黄金走廊"，而且从中心到边缘的时间，不能超过1.5小时，否则就称不上一个真正的城市圈。交通是影响城市圈一体化的重要因素，只有打破交通瓶颈，才能带动人流与物流的汇聚。

因此，要推进蓝色经济区及高效生态园区建设，加快"黄三角"城市群的重点建设，就必须推进区域内交通的发展，推进东营港、莱州港、滨州港、潍坊港等港口的建设和扩能，加快东营机场、滨州机场、潍坊机场的发展和改造，打造区域性支线国际机场，尽快完成交通设施的战略功能定位，加快威乌高速、黄大铁路、德大铁路的建设，全面打通公路、铁路大动脉，形成海陆空立体交通网络，形成环渤海经济圈重要的交通枢纽。大路网、大港口、大物流的建设无疑将为黄河三角洲发展提供巨大推力，也将使东营的蓝色经济发展风生水起。

（3）坚持生态优先，打造文化名城

要发展黄河三角洲城市群，必须坚持生态文明的理念，把生态建设摆上突出位置，加大城市生态建设力度，发挥循环经济示范带动作用，突出发展高新技术、现代服务业、先进制造业等，努力推进主导产业高端化、新兴产业规模化、传统产业品牌化，努力构筑现代产业体系。发扬生态文化、黄河文化，发挥黄河水资源的优势，用黄河之约、垂钓之旅、水上运动等多种形式，利用黄河两岸的人文资源和自然风光优势，做大做强黄河文化黄金旅游线，推进旅游产业的大发展。黄河三角洲是孙武故里，董永故乡，也是渤海抗日根据地，华八井的所在地，因此要深挖历史文化精髓，大力宣传孙武文化、孝文化及红色文化，加强文化遗产保护力度，开辟相应纪念设施和旅游线路。同时，大力开展市民文化活动，加大文化设施建设。

4.7.6.3 促进黄河三角洲地区生态经济发展

山东"蓝黄"发展规划都明确提及了生态经济及和可持续发展的重要性，黄河三角洲高效生态园区规划更是将生态和环保作为发展的重要目标。因此在发展中必须体现可持续发展理念，推进产业结构生态化，经济形态高级化，促进经济体系高效运转和高度开放，实现开发与保护、资源与环境、经济与生态的有机统一。

（1）实行合理的区位规划

在黄河三角洲的发展过程中，应依据总体功能定位和资源环境承载能力，统筹考虑生态保护、经济布局和人口分布，优化空间结构，形成核心保护区、控制开发区和集约开发区合理分布的总体框架。

① 核心保护区（牛启忠，2010）

主要包括自然保护区，水源地保护区和海岸线自然保护带，约占区域面积的14%。要严格限制各类开发建设活动，稳定生态系统结构，维持生物多样性等生态服务功能，构筑生态安全屏障。

自然保护区。结合主体功能区规划编制，调整核定保护区面积，实行严格的环境保护制度，加大投入力度，完善保护区管理体制，引导人口有序转移，促进自然保护区生态环境良性发展，实现污染物"零排放"，重点发展生态旅游业，适度开发绿色食品。

水源地保护区。对河流源头，沿岸水源涵养区和水库库区实行强制性保护，加快实施流域综合治理，加强库区周边植被修复与保护，严禁发展有污染的产业，合理安排城镇建设，严格控制人口规模。

海岸线自然保护带。合理划分海岸线功能，保护海域资源，实施集中集约用海，搞好浅海护养，加强人工造林，重点发展滨海旅游、生态旅游、绿色种植和健康养殖等产业。

② 控制开发区（牛启忠，2010）

主要包括沿海岸线的浅海滩涂，高效生态农业区以及黄河现行和备用入海流路。综合开发利用滩涂资源，因地制宜发展农副产品生产和加工、观光休闲农业等产业，在资源环境承载能力相对较强的特定区域，适度发展低消耗、可循环、少排放的生态工业。

浅海滩涂。充分考虑区域生态环境相对脆弱的特点，适度发展养殖业，有序发展盐业，加快发展滨海旅游业，合理开发海水资源、滩海油田和风能，严禁发展重化工业。

高效生态农业区。按照优质、高效的原则，着力发展生态农业，合理利用渔业林业畜牧业生产空间，促进农产品生产向优势产区集中，提高农业综合生产能力，严格保护基本农田，加强农田水利工程设施建设，支持黄河三角洲荒碱地综合治理，有计划地对荒碱地进行开发治理及改造中低产田。

③ 集约开发区

主要包括陆域沿海防潮大堤内以盐碱荒滩地为主的成块、连片、未利用地和国家级及省级开发区城镇建设用地，是集聚产业、人口的重要区域，推进工业化、城镇化的重点开发空间。要充分发挥区域内未利用土地资源丰富的优势，着力发展生态产业和循环经济。

东营临港产业区。位于东营市东北部和东部临海地区，主要为国有荒滩盐碱地。发挥高效生态经济区建设的龙头带动作用，重点发展精细化工、能源工业、大力发展高技术产业、生态旅游业和高效生态农业，打造全国重要的石油装备制造基地，建设区域物流中心和产品集散中心。

滨州临港产业区。位于滨州市无棣和沾化北部沿海地区。建成国家级循环经济示范区，环渤海地区物流中心和油盐化工、船舶制造、清洁能源、生物制药等产业聚集区。

潍坊北部临港产业区。位于潍坊市寒亭、寿光、昌邑的北部沿海地区。依托潍坊滨海经济开发区，打造船舶发动机、汽车制造、科技兴贸创新和全国最大的海洋化工基地，建成国家级循环经济示范区。

莱州临港产业区。位于莱州北部沿海。积极发展现代物流，建成电力、冶金、精细化工、机械制造、滨海旅游和生物育种等产业聚集区。

④ 城镇布局

推进大城市、县（市）城镇和重点镇建设，形成空间布局合理，服务功能健全，城乡一体化发展的城镇体系。加快发展大城市，东营和滨州应扩大城市规模，提升综合实力，完善服务功能，增强辐射带动能力，建成适宜创业和人居的城市。积极发展县（市）城镇，加强基础设施建设，统筹规划工业园区、商贸园区、居民社区，促进企业、服务、居住相对集中。集约发展重点乡镇，依托港口、大型企业、重要商品集散地和风景旅游区，建设一批集聚辐射功能较强，特色鲜明的生态文明小城镇。优化调整农村居民点，加快社会主义新农村建设。

（2）加强生态建设和环境保护

按照建设生态文明的要求，切实加强生态建设，加大环境保护力度，节约集约利用资源，推进资源节约型、环境友好型和谐社会建设，全面增强区域可持续发展能力。

① 推进生态文明建设

加强生态林、自然保护区、水源涵养区、重要地质遗迹、湿地、草地、滩涂和生物物种资源的保护，维护生物多样性和植物原生态，恢复和增强生态服务功能。加强沿海防护林体系工程建设，完善基干林带，实施泥质海岸防护林封育试点。构筑近海生态防护屏障，促进渤海生态环境改善。加快水系林网、道路林网和农田林网建设，因地制宜推进连片成片造林，推行林经间作和枣粮间作。实施城乡绿化和水系整治，加强城市园林绿化建设，建设优良人居生态环境。加强对水源地保护区、矿区地面塌陷区、落地油污染区、海（咸）水入侵区等生态脆弱区和水土流失、海沙开采退化区的综合治理。适度增加黄河口生态用水指标，保持河口地区生态平衡。逐步完善生态环境补偿机制。建设海洋自然保护区和特别保护区，实施典型海洋生态系统修复示范工程。

② 强化环境保护

坚持预防为主，综合治理，严格执行环境保护标准和污染物排放总量控制制度，加强环境共同保护，共同治理，切实提高环境承载能力。加快城市（镇）垃圾、污水集中处理设施建设，加强对已建成污染处理设施的运行监管。加大工业治污力度，依法关停超标排放企业，杜绝工业污染向农村地区转移。加强农村环境保护，以畜禽养殖污染、土壤污染、农村生活垃圾污染治理为重点，有效控制农村面源污染。加大重点河流污染治理力度，加强小流域综合治理。完善生态环境监测预警和监督执法体系，落实污染物减排考核和责任追究制度。加强对海洋工程、海上油气勘探开发及海洋倾废的环境保护监管，实施海洋环境监测预警预报工程。探索建立排污权有偿使用和排污权交易市场。

③ 集约节约利用资源

积极探索资源集约节约和持续利用的有效途径，建立并逐步完善资源开发保护长效机制，推进土地、水、矿产和海域资源高效利用。

土地资源。按照功能分区，统筹土地资源的开发利用和保护，推动土地集约化利用，规模化经营。合理确定新增建设用地规模、结构和时序，提高单位土地投资强度和产出效益。在保护生态环境的前提下，有序推进盐碱荒滩地等未利用地集中成片开发，防止乱占滥用。开展基本农田整理，中低产田改造，撂荒地复垦，盐碱涝洼地综合治理，加快高标准农田建设，提高农业用地综合效益。引导农民集中居住，推进乡村适度合并，鼓励农民向城镇搬迁，提高农村建设用地利用效率。

水资源。大力推进节水型社会建设，提高水资源集约利用水平。加大城市节水力度，强制推行节水设备和器具，鼓励再生水、中水回用，限制发展高耗水行业，支持企业实施节水技术改造。积极推广农业旱作技术，大力发展节水灌溉农业，加大云水资源开发利用，提高地面蓄水能力。严格水资源管理，建立和完善总量控制和定额管理相结合的用水管理制度。推进水价形成机制和水资源管理体制改革，建立水权转让制度和水权交易市场。加快更新改造供水配水管网，提高工业用水重复利用率和再生水回用率。

矿产资源。依法管理矿产资源，严格开发资格认证和许可管理，严禁滥采，杜绝矿产资源流失。加强地质勘查，增强后备资源保障能力，合理开发石油、黄金、卤水和岩盐等矿产资源。加大对石油、黄金等资源产区发展的政策支持力度，国家安排中央分成的矿产资源补偿费适当对黄河三角洲地区给予倾斜。按国家有关规定建立资源型企业可持续发展准备金，专项用于环境治理与生态恢复，接续替代产业发展和解决相关社会问题。推进东营资源型城市可持续发展试点。鼓励金融机构设立促进资源型城市可持续发展专项贷款。

海域资源。依据海洋功能区划，统筹协调各行业用海，合理利用沿海滩涂资源，开展海岸与近岸海域整治与修复，在围填海指标和滩涂利用上给予倾斜，适度围海造地，实现集中集约用海。

④ 发展循环经济

按照减量化、再利用、资源化的原则，建设全国重要的循环经济示范区。加强工业园区建设，提高园区产业集聚能力，新建工业项目要在园区布局建设，鼓励现有工业企业向园区转移，实现集聚生产，集中治污，集约发展。推进国家循环经济试点企业加快发展，发展一批新型环保企业，发挥示范带动作用。加强高效能可循环技术研发，推广循环生产模式，加快化工、电力、建材、轻工等行业技术改造，构筑生态环保产业链。推进环境友好型产业集群发展，建设一批特色生态化工园区，推动清洁生产，加快传统化工向低排放、可循环、精细化方向转变。支持延伸石油化工产业链，综合利用海水、卤水和岩盐资源，推进海水梯级利用、油盐化工产品接续利用等重大循环经济项目建设。支持企业兼并重组，整合提升炼化企业，加强与国内外大型石油石化企业合作，建设国内竞争力强的新型化工基地。大力加强节能减排，加大节能技术研发和推广，突出抓好化工、电力等重点行业节能，加强能源生产、运输、消费各环节的制度建设和监管，健全和落实节能评估审查制度。加强环境准入管理，推进清洁生产审核。全面推行工程减排、结构减排和管理减排，大力削减 COD 和 SO_2 排放量。

（3）构建高效生态产业体系

按照生态建设和经济发展协调推进的要求，充分发挥区位和资源优势，推动产业结构优化升级，形成以高效生态农业为基础，环境友好型工业为重点，现代服务业为支撑的高效生态产业体系，按照高效、生态、创新的原则，大力发展现代农业和节水农业，建设全国重要的高效生态农业示范区（国家发改委，2009）。

① 绿色种植业

实施引进、试验、示范、繁育与推广工程，推广立体高效农业、生物质能多层次利用和多能互补等技术，积极发展耐碱、耐旱、节水、优质、高产、生态、安全种植业。加大中低产田改造力度，推进连片规模开发，集约高效发展。完善良种引进、工厂化繁育、种植、加工、保鲜到销售产业链，提高种植业标准化生产水平，建设全国重要的优质粮棉、特色果蔬生产加工出口、经济林草基地（张翠翠，2010）。

② 生态畜牧业

发挥牧草资源丰富的优势，集约化规模化发展奶牛、肉牛、肉羊、肉鸭等畜牧业，加强动物疫病防治，建成一批特色养殖基地。规划改良天然草场和规模较大的饲料粮种植区，配套建设畜禽加工和生产安全保障设施，支持现代畜牧业示范园建设，打造饲草种植、饲料加工、畜禽养殖、奶业、屠宰加工、冷藏到销售产业链，促进农工贸一体化、产供销一条龙发展，推动循环种养、生态养殖和绿色能源建设有机结合（张翠翠和张颖丹，2010）。

③ 生态渔业

重点发展水产增殖业、健康养殖业和精深加工，大力发展远洋渔业和休闲渔业。实施渔业资源修复行动计划，保护近海滩涂主要经济生物资源，加大水域环境管理与治理力度，有效恢复渔业生态。加快浅海滩涂和沿黄盐碱涝洼地规模化开发，推进优势特色水产品标准化生产，建设环渤海地区重要的水产品物流贸易中心。加强渔政渔港设施建设，发展渔港特色经济（张翠翠和张颖丹，2010）。

④ 积极发展环境友好型工业

坚持走新型工业化道路，以园区为载体，大力发展循环经济，提升产业整体素质，促进产业集群化发展。

⑤ 高技术产业

加强创新能力建设，大力发展电子信息、生物工程、新材料等产业，培育海洋生物医药、海洋功能食品、海洋工程材料、海水综合利用等海洋高技术产业，加快形成一批带动能力强的骨干企业，开发一批具有自主知识产权的核心产品，建设以新型油田化学品、盐化工为特色的新材料产业基地（张翠翠和张颖丹，2010）。支持东营软件产业、莱州和寿光种业发展。

⑥ 装备制造业

着力提高研发、系统设计、加工制造、系统集成和关键总成技术整体水平，壮大产业规模，培育优势品牌，形成技术先进、竞争力强的装备制造业体系。依托优势企业，加强石油装备技术引进和自主创新，提高石油成套设备研发能力，开发生产系列配套产品，重点发展石油钻采装备和石油工程技术服务，形成集研发、制造、服务于一体的石油装备高端产业链，着力打造特色鲜明、技术高端、国内一流的石油装备产业基地。设立国家石油装备工程技术研发中心。加强协作配套，提高汽车发动机、关键零部件技术水平，壮大产业集群，打造全国重要的汽车零部件生产基地。按照"专、精、特"的要求，积极发展船舶及海洋工程装备配套设备和船舶维修等。加快发展纺织装备、通用飞机及零部件、工程机械、体育装备器材和风力发电、海水淡化、输变电设备等制造业。

⑦ 轻纺工业

加快装备更新、工艺革新和产品创新，严格控制污染，提升纺织、造纸工业技术含量和产品附加值，建设全国重要的轻纺工业基地。开发时尚、健康、个性化高档家纺服装产品，培育自主品牌，促进棉纺、化纤、织布、印染、家纺、服装配套发展。因地制宜推进林浆纸一体化，积极发展生态造纸（张翠翠和张颖丹，2010）。

（4）大力发展现代物流业

按照市场化、产业化、社会化的方向，重点发展生产性服务业，积极发展消费服务业，加快构筑结构合理、功能完备、特色鲜明的现代服务业体系。

其中分量最重的当属现代物流业的发展。依托交通枢纽、中心城市和重要货物集散地，完善物流基础设施，建设一批特色物流园区和集散、存储、加工配送中心，重点建设临港物流基地，形成多层次、开放式、社会化的物流体系。积极推广现代物流管理技术，建立和完善物流网络和信息平台，提高物流信息化和标准化水平，引导物流企业向专业化、规范化和国际化发展。大力发展第三方物流。鼓励兼并重组，推动物流企业向物流园区集中，促进物流企业集群化发展，建成环渤海南部的区域性物流中心（国家发改委，2009）。

4.7.7 "蓝黄"两大战略初步成果

4.7.7.1 突出优势，强化重点带动

制定区域发展规划，首要出发点是促进重点地区发展。其中重点地区包括两类：一类是发展基础条件比较好的地区，目的是发挥其辐射带动作用；二类是发展潜力较大地区，目的是推动其加速成为新增长点。

山东半岛地区、"黄三角"地区的基础、发展具备比较优势的条件。截至山东半岛蓝色经济上升为国家战略前的 2009 年底，该地区海洋生产总值居全国第二，形成了以海洋渔业、海洋生物医药为主的较为完备的海洋产业体系，并在海洋科研实力、海洋生态环境保护、海陆基础设施、海洋管理水平等方面走在全国前列。此时，该区域借助国家战略进一步加快发展的内在需要和冲动极为强烈。"黄三角"地区土地后备资源得天独厚，约 53 万公顷（792 万亩）未利用地具有发展高效生态经济的独特优势。在国家战略层面配置该地区未利用地资源，将加快吸引跨区域要素集聚，持续激发该地区的发展活力与潜力，加速培育成为沿海地区新的经济增长点。

实施"蓝黄"两大战略的实践证明，两大经济区的重点带动效应非常明显。初步统计，青岛市 2011 年上半年境外投资项目数百个，全部为高端高质高效大项目；日照市 2011 年已开工建设大项目 114 个，完成投资 243 亿元，为历年之最；东营市在黄河入海口建起 1.3 万公顷（20 万亩）现代渔业、1.3 万公顷（20 万亩）生态畜牧业为主阵地的高效生态农业示范区。尤其在发展潜力和发展空间等比较优势的条件吸引下，日韩、欧美等国家的汽车零部件、电子信息、食品加工、建筑材料等产业高端环节开始加快向"蓝黄"两区转移，这一现象在青岛、烟台、潍坊等"两区"核心区域最为普遍。据粗略统计，2011 年上半年仅日资企业就向青岛转移项目 27 个、烟台 20 个、潍坊 15 个。

从山东省委、省政府日前对"两区"建设的督导检查情况看，"两大战略"规划实施以来，交通和水利设施、产业园区、大项目投资、未利用地开发、集约用海、环境治理与保护等方面，皆呈现又好又快发展态势。

4.7.7.2 先行先试，谋求协调发展

陆海统筹、科学发展海洋经济和高效生态经济模式，走蓝色经济发展之路，无先例可循，需要通过大胆改革、先行先试，才能走出一条适合长远发展需要的新路。

在高效生态经济建设方面，山东省将 53 万公顷（792 万亩）未利用地开发作为重要突破口，分农业用地和建设用地两大类进行高效集约开发。在农业用地开发上，实施集中连片开发，推进规模化生产、产业化经营、专业化管理，力图探索一条与未利用地开发相适应的"黄三角"高效生态农业生产新模式；在建设用地开发上，实施园区化、集聚化开发，提高投资强度和产出效益。同时，创造性地设立建设用地"备用区"和"飞地经济示范区"，科学高效开发利用每一寸未利用地，推进土地资源可持续利用。

据相关调查显示，劳动力、生产资料、空间、技术、政策等要素，在海陆社会和

经济活动中都存在着制度性分割。以海洋污染治理为例，就有环保局不下海，海洋局不上陆的约定。海洋经济发展改革试点着力陆海统筹，统筹考虑政策体制与法规体系建设，以利于海洋经济发展方式转变和产业结构优化，临海产业布局与海岸线保护开发，海洋资源综合利用，生态保护等，重点探索能够使各类要素在陆海之间建立关联和统筹发展的新机制，为全国海洋经济探索科学发展之路。

从两大经济区的试点和探索情况看，抓住"黄三角"未利用地的开发，可有效吸引东部沿海与国内发达地区的资金、人才、技术、信息向"黄三角"集聚，加快解决"黄三角"地区基础设施滞后、产业层次偏低等自身制约问题，也能为省内外其他地区提供新机遇和空间。坚持创新驱动、开放带动、海陆联动推进海洋经济发展试点，在更大范围内重新调动、组合、配置要素资源，发展的支撑和动力变多，建设发展的步伐加快。有数据显示，2011年上半年山东半岛蓝色经济区主阵地6市2县规模以上工业实现主营业务收入增长28%，增幅较2010年提高3个百分点；进出口总额增长25.4%，占全省总量的76.3%。

4.7.7.3 凸显"转调"目标，加速结构优化

区域经济发展与转方式、调结构相辅相成，以区域为平台，可以更有效地推动转方式、调结构；以"转调"为动力，可以进一步加深区域一体化发展。"蓝黄"两大经济区建设，给山东转方式、调结构搭建了最佳平台。

青岛市突出海洋科技、基础性研究等优势，着力打造"蓝色硅谷"，加速青岛海洋科学与技术国家实验室高性能科学计算与系统仿真平台、国家深海基地等15个海洋科技领域国家级创新平台建设，带动蓝色经济区海洋科技发展和海洋科技产业转化。烟台市围绕调整优化渔业结构，在12处苗种繁育基地推行健康育苗制度，建设全国最大健康海水苗种供应基地。2012上半年，仅海参出苗量就达200×10^4 kg，同比增加20%；名贵海水鱼出苗量同比增加10%。威海市以建设国家海产品质量检测检验中心、南海海洋经济新区和荣成好运角旅游度假区等重大事项为抓手，加快加工贸易、城市环境、新兴产业转型升级。潍坊市全力打造电子信息、新能源等8大千亿级产业链，带动大企业、大项目纷纷落户，高新技术融入其中等。

目前，山东半岛蓝色经济区以高端高质高效为目标，以培育战略性新兴产业为方向，以发展海洋优势产业集群为重点，强化园区、基地和企业的载体作用，吸引莱阳丁字湾滨海省级旅游度假区开发项目、日照新加坡国际海洋城项目等近百个超大项目加速集聚，带动传统产业和城市发展加速转型升级。以发展循环经济，推进清洁生产，突破制约产业转型升级的关键技术为切入点，东营、滨州等"黄三角"核心地区致力于培育油盐化工循环经济示范园区、优质粮棉区、生态渔业区、生态畜牧区、绿色果蔬区，构筑现代生态产业体系，建设全国高效生态农业基地和循环经济示范基地，推动两大经济区率先转入创新驱动、内生增长轨道。

事实上，"蓝黄"两区进入国家区域发展大战略，既是沿海地区的发展机遇，也是"山东板块"整体的发展机遇。在两大经济区建设中，根据产业发展阶段不同、产业结构差异等情况，山东省还以海洋产业链、高效生态产业链为纽带，以产业配套协作、产业链延伸、产业转移为重点，专门打造了28个海洋产业区联动发展平台，将发展平台延伸到整个"山东板块"。

　　"蓝黄"两大发展战略，在一个新高度上，为山东区域经济现实发展提供了平台；同时，又在一个新的目标上，为山东更加长远的可持续发展蓄积了后劲，夯实了基础（李梦，2011）。

5 山东半岛蓝色经济区产业
发展保障措施

5.1 山东半岛蓝色经济区海洋产业发展原则与对策

5.1.1 推进山东半岛蓝色经济区建设，认识是关键

蓝色经济是个全新的概念，是人类社会发展到今天不得不面对的一个重大课题，基本上没有成熟的理论可以借鉴，因此，提高思想认识，在各级党委、政府的统一领导下，全方位开展工作，是蓝色经济体系建设的基本前提条件。山东省省委书记姜异康同志对此有深入思考（姜异康，2011）。

（1）思想认识水平要再提升

针对当前思想认识实际，要做到"四个更加"，即更加自觉从全局高度认识蓝色经济区建设的重大意义，自觉站在国家战略和全局的高度，找准定位，主动呼应，主动对接，主动融入，加快推进；更加深刻认识蓝色经济区建设给山东发展带来的重大机遇，抓关键，出亮点，见实效，真正把机遇转变为实实在在的发展成果；更加清醒地看到关键在于狠抓落实，以高度负责的精神，开拓进取，扎实工作；更加主动地以改革开放为动力推进蓝色经济区建设，勇于创新创造，大胆探索实践，拓展发展新空间。

（2）主题主线要再突出

坚持科学发展为主题，以加快转变经济发展方式为主线，努力做到"四个加快"，即加快产业转型升级步伐，重点培育海洋优势产业，进一步提高产业的综合竞争力和整体实力；加快提升自主创新能力，充分发挥海洋科教资源较为富集的优势，推动创新要素进一步集聚，促进科技成果加快转化；加快生态建设和环境保护，加强各类自然保护区建设，严格执行环境保护标准和污染物排放控制制度，大力发展循环经济，打造全国重要的生态文明示范区；加快推进体制机制创新，积极扩大对外开放，推进中日韩区域经济合作试验区建设，加快建设中日韩循环经济示范基地。

（3）规划实施力度要再加大

围绕规划实施，要着力抓好"五个突出"，即突出抓好产业园区建设，抓紧研究出台现代海洋示范园区建设和管理办法，促进各类园区转型升级；突出抓好重大项目建设，加快推进海洋优势产业重大项目，保持投资强度，增强项目建设对产业发展的拉动作用；突出抓好基础设施建设，打通省际、区际和环海大通道，统筹规划港口发展，优化整合资源，建设港口集疏运体系；突出抓好未利用地开发和集约用海，加快修订海洋功能区划，抓紧开展未利用地开发和管理试点工作；突出抓好建设资金投入，充分发挥财政专项资金的引导作用。

（4）组织协调要再强化

进一步加强领导，充分发挥领导机构和办事机构组织协调作用，健全工作责任制，一级抓一级，层层抓落实。强化督促检查，实行严格考核，完善考核办法，把考核结果作为领导班子建设和领导干部选拔任用奖惩的重要依据。引导沿海和内陆搞好衔接配合。鼓励山东中西部地区参与蓝色经济区建设，积极支持，全面对接，协力发展，努力把山东半岛蓝色经济区规划蓝图变成美好现实。

5.1.2　山东半岛蓝色经济区海洋产业发展原则

发展蓝色经济，建设山东半岛蓝色经济区，应该坚持以下原则。

（1）海陆联动原则

蓝色经济区是涉海经济、临港经济与临海经济的统一体，打造蓝色经济区，要把海域、陆域作为一个整体，整合人才、技术、海区、资本等各类要素资源，统一规划、统一配置，把握海陆经济的内在联系，大力推动海陆产业联动发展、生产力联动布局、基础设施联动建设、生态环境联动保护治理，在海陆联动发展中实现蓝色经济体系的形成和大发展。

（2）科技创新原则

进入 21 世纪，海洋经济领域的竞争，归根到底是科技创新的竞争。加强海洋科技创新体系建设，提升海洋科技创新能力，促进海洋科技成果转化，是蓝色经济区海洋经济又好又快发展的必然选择。为此，打造蓝色经济区，要充分发挥山东的科技资源和科技人才优势，加快人才培养和科技资源向现实生产力的转化，研制一批海洋高新技术产品，形成具有核心竞争力的海洋特色产业，提升蓝色经济体系的整体水平。

（3）高端产业带动原则

高端产业是指在同一产业链中，拥有高技术含量、高附加值、专有关键技术、不可替代的产业。发展高端海洋产业，能有力地促进蓝色经济区海洋产业结构的优化和升级。因此，打造蓝色经济区，要提高先进技术对海洋产业的渗透能力，同时大力培育海洋新兴产业、有竞争力的优势高端产业，推动产业集聚发展，形成特色鲜明的蓝色经济聚集区。

（4）可持续发展原则

可持续发展是一种注重长远发展的经济增长模式，秉承可持续发展的经济理念，探索蓝色经济的发展之路，对于海洋经济发展意义重大。因此，蓝色经济区海洋经济建设要实行"生态优先、保护优先，开发与保护并重"的战略，做到在开发中保护，在保护中开发，科学规划、合理开发，积极发展循环经济和生态经济，努力为海洋经济的发展提供可持续利用的资源和生态环境，全力保障和促进海洋经济的可持续发展。严令禁止过去经常出现的违背自然规律的做法：打着保护的旗号，优先开发。

5.1.3　山东半岛蓝色经济区海洋产业发展对策

（1）坚持海陆统筹规划为重点，推动区域一体化协调有序发展

统筹发展是蓝色经济的重要特征。海洋经济发展总体规划与沿海产业带规划、土地利用总体规划、城市总体规划紧密衔接。做大做强海洋经济，必须在充分发挥海洋资源、区位、科技和对外开放等综合优势的基础上，科学合理地安排用海布局，依托内陆腹地，延

伸产业链条，形成辐射效应。

① 整合海陆要素资源，优化海陆空间布局，从海岸、近海、远海，按照自然属性和功能定位，优化开发与保护的格局，提升开发利用效率，促进海陆产业互动发展。同时，由海到陆，由点到面，不断扩大海洋经济的辐射带动能力，促进陆域相关产业结构升级。

② 统筹海陆产业发展，打破行政区划限制，加强沿海之间、沿海与内陆之间的协作。

③ 统筹基础设施，构建海陆联动发展的桥梁和纽带。"十二五"期间，国家和山东省应重点保障港口、铁路、公路、机场建设和能源体系、海洋防灾减灾体系建设，为海洋经济的发展打下坚实的基础，增强发展的后劲（谢恩年，2011）。

构筑蓝色经济区，统筹海陆联动，尤为重要的是要加强港口等基础设施的发展定位。以沿海港口城市群为依托，构筑基础设施支撑体系，将吸引蓝色经济要素在内陆的扩散和交流，为发展蓝色经济搭建陆海联动平台。按照统筹规划、合理布局、适度超前、安全可靠的原则，紧紧抓住扩大内需的有利时机，加强基础设施和公共服务体系建设，推进蓝色经济区基础设施一体化发展。着力打造以青岛港为龙头，以日照港、烟台港为两翼，以半岛港口群为依托的现代化港口集群，进一步完善重点港口之间、城市之间、沿海与内地之间的交通网络体系。

规划是龙头、是基础，也是管理、开发海洋的基本依据。要在充分调研的基础上，制定好海洋经济发展总体规划和涉海行业及重点产业发展规划。在海洋经济发展总体规划的框架内，严格执行《中华人民共和国海域使用管理法》和《中华人民共和国海洋环境保护法》及其配套的法律法规，加强对涉海项目的审批和管理，实现海域的依法使用，有偿使用，科学使用，合理使用，促使海洋各产业协调。

（2）转变经济增长方式，重点发展海洋主导产业

① 重点发展现代渔业。海洋渔业是目前山东省海洋经济中最大优势产业，要积极推进渔业和渔区经济结构的战略性调整，推动传统渔业向现代渔业转变，实现数量型渔业向质量型渔业转变。加快发展养殖业，养护和合理利用近海渔业资源，积极发展远洋渔业，发展水产品深加工及配套产业，努力增加渔民收入，实现海洋渔业可持续发展，建设山东半岛现代渔业经济区。

② 重点发展海洋交通运输业。山东省海洋交通运输业落后于其他省份的原因主要是布局分散，形不成合力，竞争力不够强。发展海洋交通运输业要统筹规划，结合内陆地区、沿海地区的交通运输情况，积极整合现有物流资源，建立和完善现代海洋运输体系。

③ 重点发展海盐及海洋化工业。海洋盐业是山东省传统优势海洋产业，在成本方面山东省具有较强的竞争力，全省盐业增加值居全国首位。传统海洋化工业对海洋生态环境破坏严重，要积极实行科技创新，提高产品的附加值，并以莱州湾为中心，依托山东海化等大型骨干企业，积极实行科技创新，发展海洋化工产品深加工，实行规模化、集约化生产，提高海洋化工产品的市场竞争力。

④ 重点发展滨海旅游业。山东省滨海旅游业发展迅速，但是各地区旅游资源比较分散，没有形成相互呼应的整体效应。要加大沿海地区各部分旅游资源的整合力度，使得各旅游景点可以相互结合，形成整体的"好客山东"的大旅游景点，强化滨海大旅游观念，在资源开发、设施配套、市场开拓等方面打破传统的地区限制，加强合作消除地区壁垒，逐步形成具有竞争力的国际、国内著名旅游胜地；同时，要进一步加大旅游综合设施的配

套建设，并加大"好客山东"旅游项目的宣传力度，形成新的山东滨海旅游新格局。

（3）优化升级海洋产业结构，大力发展海洋第三产业

要充分发挥山东海洋资源的比较优势，加快提高山东省海洋产业的国际竞争力，要不断优化海洋产业结构，逐步淘汰低层次的产业结构和技术水平。应充分发挥山东省在海洋资源与科技资源方面的两大优势，按照有限目标、重点突破的原则，主要扶持发展潜力大、前景好的行业、企业、产品，尽快形成规模优势和竞争优势，促进山东海洋产业结构的优化和升级。

① 大力发展海洋第三产业。今后，山东滨海旅游要实现由单纯海滨观光旅游向滨海休闲度假旅游和海上观光旅游的转化，由夏季观光向四季休闲度假的转化，由国内旅游地向国际旅游地的转化，进一步提高滨海旅游产品层次，拓展产品内涵。结合海洋保护区建设和海洋渔业结构调整，发展休闲渔业和海洋生态观光产业，拓展滨海旅游产业链，实现滨海观光、休闲度假和商务旅游的三分天下格局。建立包括海水浴场、冲浪、滑水、海上观光、游艇、水下公园、海洋公园、钓鱼和海洋博物馆等具有海洋特色的多功能的旅游区，滨海旅游的范围从海滨扩大到海上和海岛，构建海洋旅游网络。进一步完善港口功能、加快海洋运输业发展，海洋交通运输业的发展不仅对海洋产业结构和交通运输结构优化产生重要影响，而且还将带动和促进造船、钢铁、机械、电子等相关工业的发展。

② 积极调整并发展海洋第二产业，特别是加快海洋化工、海盐业、海洋油气业发展。海盐业要坚持"以盐为主，盐化并举，多种经营"的方针；积极发展综合利用和多种经营；再是稳定提高海洋第一产业。坚持科学布局、重点突破、协调并进、稳步发展的原则，树立品牌渔业、高效渔业和生态渔业"三个发展理念"，搞好渔业结构的战略性调整，建设山东半岛现代渔业经济区。增养殖方面，要培植特色优势品种，重点发展海参、鲍鱼、扇贝、海带、优质鱼、贝类等的增养殖。加强水产养殖的规范管理，加快水产良种产业化，大力发展标准化、无公害、健康生态养殖；远洋渔业方面，要加快壮大远洋渔业企业，建立和完善远洋渔业基地，调整作业和品种结构，拓展新的发展空间。加快休闲渔业的发展，培植景观渔业、都市渔业等新的经济增长点。认真组织实施渔业资源修复行动计划，探索建立多元化的投融资机制，加强对项目的监督管理，逐步建立和完善渔业生态环境损坏补偿机制。

（4）突出龙头带动，发挥青岛的核心作用

近些年，青威高速、济青南线、青银高速、同三高速、胶州湾桥隧工程等建成通车后，打通了青岛向东、向西、向南联系的通道，城市间人流、物流日益频繁，使青岛对山东半岛地区的带动作用明显增强。今后，应通过铁路、公路、港口等基础设施的进一步完善，加强青岛与周边沿海各城市的联系，使其发挥更大的经济带动作用。同时，应考虑推进青烟威"三市一体化"进程，推进青潍、青日（照）经济全面接轨，共同打造山东省蓝色经济体系（韩立民等，2010）。

（5）优化区域布局，构建山东蓝色经济体系核心区

重点加快黄河三角洲高效生态经济区，沿莱州湾、胶州湾、荣成湾综合经济区，以及青岛、烟台、威海、日照4大临港经济区和海岛经济区开发建设。沿莱州湾地区要加快发展养殖业和水产品的精深加工及盐化工业，沿胶州湾地区要重点发展临港工业、旅游业和生态健康养殖业，沿荣成湾地区要重点发展船舶制造业、现代渔业、海洋生物产业等。海

岛经济区，要坚持生态保护优先的原则，重点发展海岛旅游业和海珍品养殖业。

根据区域特色，发挥示范带动作用。优先打造"六个特色示范区"即：黄河三角洲高效生态经济区、长山列岛科技综合示范区、莱州湾畔沿海卤水化工示范区、荣成湾海洋水产技术密集区、胶州湾海水综合利用区、日照海洋生物资源综合开发区。

（6）大力实施"科技兴海"战略，提高海洋经济核心竞争力

要推进科技兴海战略，整合海洋科研力量，培养海洋科技人才，推进海洋科技创新体系建设，大力发展海洋高新技术产业、海洋新兴产业。加快高新技术向传统产业的渗透，引导与扶持海洋企业开发新产品、新技术和标准化，推动海洋科技产业化进程。

山东省在海洋资源、海洋科研和海洋教育方面具有突出的优势，但在海洋科技成果的转化和产业化方面仍然存在很多不足之处，特别是海洋高技术产业的发展仍处在起步阶段，影响了山东省海洋高技术产业基地的建设。各级政府部门应当以海洋产业结构调整为目标，以发展海洋高新技术为起点，以提升海洋高新技术产业规模和市场竞争力为指导，遵循高科技产业发展规律，统筹规划，合理布局，加强山东省海洋高技术企业的科技创新和产业化转化能力。以市场为导向，以政府为支撑，制定相关扶持政策，大力发展海洋高技术产业集群，以高校、科研机构和大企业为依托，强化海洋科技企业孵化器和公共专业服务设施建设，增强企业自主研发和市场生存能力，推动山东省海洋高技术产业的快速发展，建设国际一流的国家海洋高技术产业基地，突出发展海洋高新技术产业。

发挥海洋科技优势，平台建设至关重要。一是要积极推进创新资源整合，在大型科学仪器与试验基地、科技文献、科学数据，自然科技资源和网络科技环境等方面，建立信息共享平台。二是要在政策层面加大创新机制。以税收优惠、财政支持等多种形式，对高新技术企业和企业研发给予支持。三是要切实加大研发投入。研发投入是技术创新的保障，也是获得收益的前提。

（7）加大海洋资源和环境保护政策力度

加快海洋资源开发利用的法制化建设，保证海洋法律、法规、配套的规章制度内容科学、结构合理，制定和完善一系列加强宏观管理、实现资源整合、促进原始创新的法律法规，使海洋开发管理有章可循、有法可依。同时理顺海洋管理体制，加大行政执法力度。全面推进海洋管理依法行政工作，建立健全海洋管理行政复议、听证制度、政务公开制度等，以推进海洋管理行政执法责任制建设，强化海洋行政监督。加强海洋污染防治、海洋生态保护和岸线资源保护，以海洋功能区划为依据，合理利用海洋资源，加强生态环境建设，增强防灾、减灾能力，促进海洋经济与社会、环境协调发展。要加强典型海洋生态系保护，规划建设一批水生野生动物保护区和海洋自然保护区，维护海洋物种多样性。建立近海主要渔业资源捕捞总量控制制度，保护和涵养近海渔业资源，实施近海渔业资源修复行动计划，促进近海海洋牧场建设。对生态功能保护区、自然保护区、生态环境脆弱区和黄河入海口，严格限制各类开发建设活动。按照谁开发谁保护、谁受益谁补偿的原则，加快建立生态补偿机制。组织实施胶州湾、莱州湾生态整治示范项目建设工程，开展入海排污口全面检查整顿。

（8）保护海洋生态，大力发展循环经济和海洋新兴产业

在发展海洋经济的同时，要努力维持人海关系和谐发展的局面，着力发展海洋循环经济，各产业链互相交织，实现海洋经济和陆域经济的联动发展，形成上下游产品接续成

链，关联产品复合成龙，资源闭路循环的"经济型互联网"。大力发展知识技术密集、资源消耗少、综合效益好的海洋战略性新兴产业，构建创新型、集约型、科技含量高的发展模式，推动海洋经济可持续发展。

（9）构建"五大支撑体系"，保证海洋产业健康发展

① 建立市场支撑体系。我国海洋产业结构的调整，力图建立以需求为导向、以市场为龙头、以效益为主线的产业分布结构，这就要求建立市场支撑体系即建立市场经济要求的各种相应的惯例和交易规则，按照国际通行的方式，以实现与世界经济的全面接轨。

② 建立金融支撑体系。投资是产业形成的先导和基础，在产业结构调整中投资起到导向作用。逐步建立和健全沿海地区科技兴海银行贷款机制，利用国家倾斜性政策，通过政府财政贷款，银行信贷或各种形式的合资，增加对海洋产业的投入，提高技术水平，改变海洋产业结构落后的局面。加强海洋产业与各级财政金融部门的结合，建立海洋开发基金周转制度，创建海洋风险基金或海洋专业银行等，引导社会资本和金融资本加入，引导资金投入那些成长性好、有增长前景的高科技海洋项目。

③ 建立人力资源支撑体系。坚持科教先行，带动产业升级，尽快在高校中设立与海洋产业相关的专业，培养专业人才；建立海洋经济的技术、人才、信息市场，广泛开展国际海洋科技合作与交流，有计划地引进海洋高科技人才和高新技术，增加科技储备，发展沿海科技工业园，以海洋科技为依托，保证海洋产业经济的持续发展。

④ 建立产业整合支撑体系。根据国内外相关研究结论大多数国家和地区的产业是由企业群组成而非零散的个体，产业整合的实质是以企业为主体以产业为框架的市场整合，整合的层次可以分为企业层次的分工与协作和部门层次的分工与协作以及区域层次的分工与协作，海洋产业要想取得长足发展就必须建立这两个层次的分工与协作。

⑤ 建立产业政策支撑体系。加强海洋管理的法制建设，对需要优先发展的海洋产业领域提供一些政策和税收的优惠，以主动实现产业的自动调整；积极发展海洋服务业和滨海基础设施建设，加速沿海地区的城镇化建设，政府应重点支持滨海的交通运输等基础设施建设和海洋信息服务业的发展，为海洋产业发展创造更好的条件；完善对海洋产业发展的管理体制，进一步转变政府的管理职能，加强海洋产业发展的宏观调控机制，更好地配置海洋资源，推动海洋产业群的发展壮大。

（10）加强基础设施建设，增强支撑保障能力

加强公共服务基础设施建设，突出推进港口、立体疏港交通体系、港口腹地建设、海水综合利用和海洋新型能源、公共服务基础设施等建设。通过公共基础设施增进地区之间的经济联系，在合作共赢中打造山东半岛蓝色经济区。

规划建设一批国家级中心渔港和国家一级渔港；加快各级水产品质量检测中心和病害防治中心建设；抓好省级海洋防灾减灾中心建设，加强海洋气象工作，健全风暴潮、赤潮、海冰等海洋灾害的预警预报系统，提高预警预报准确率。

（11）加强组织领导，形成加快海洋经济发展的强大合力

加快海洋经济发展，建设海洋经济强省，打造山东半岛蓝色经济区是一项事关全局、功在千秋的系统工程。要加强组织协调，努力形成齐抓共管的工作格局；推进管理体制机制创新，不断增强发展海洋经济的动力和活力；抓好重大项目建设，加快带动海洋经济发展；实施依法治海，加强海洋综合管理，实现海洋资源的集约有序高效利用（韩寓群，

2007）。

（12）建设全方位区域协调合作经济体系

蓝色经济是开放型经济，打造蓝色经济区，区域协调与合作必不可少。半岛经济与相毗邻的日韩经济有较强的互补性，合作基础好，全方位参与国际分工协作的条件优越。必须以更加积极的姿态参与周边区域经济协作。使内源和外源经济发展更为协调，拓展对外开放广度和深度，完善内外联动、互利共赢、安全高效的开放型经济体系，努力把山东半岛蓝色经济区建设成我国对外开放的重要门户。

①"市"与"市"间的协调合作：建设蓝色经济区，必须避免新形势下"诸侯经济"的抬头。蓝色经济区既是一个区域经济，也是一个整体经济。山东沿海城市要建立健全城市协调联动机制。在统一规划的指导下，在充分集聚各市的比较优势，体现各自特色的前提下，开展多种形式的区域合作，实现区域间优势互补、互利共赢、和谐发展。要建立市长联席会议制度和城市联动机制，强化政府间协调。市长联席会议确定的关于海洋经济的重大事项，由相关的协调会来具体实施和推进。加强半岛蓝色经济区专业委员会的建设，推进各个大项目、大工程的实施。促进民间团体的交流。积极组织和支持企业、社会团体间的合作交流，推动区域内海洋经济文化的合作交流（高琳，2010）。

②"省"与"省"间的协调合作：山东半岛蓝色经济区建设要根据不同区域的自然属性和社会经济发展现状，在产业布局、产业遴选等方面因地制宜地制定开发政策。同时，还要将山东半岛经济区建设与天津滨海新区、辽宁省"五点一线"、河北的沿海经济振兴计划、苏北的滨海计划等环渤黄海开发战略结合起来，避免重复建设。

③"国"与"国"间的协调合作：山东半岛不只是山东的半岛，也是全国的半岛。打造蓝色经济区必须跳出山东看半岛，眼界要宽，眼光要远，要有开放的胸怀和举措。只有这样，才可能充分运用国内国外两个市场、两种资源，在更大范围、更宽领域、更高层次上搞好对内对外的双向开放，真正形成开发海洋、提升沿海、带动全省、服务全国的发展新格局。

山东半岛地处规划中的中日韩环黄海经济圈，开展区域国际合作的条件十分优越。可借海洋经济发展试点的良机，积极争取建立东亚次区域经济合作的先行试验区，开展以日本、韩国的沿海城市（区域）为主要对象，以强化生产要素跨国（地区）界流动为主要目标，以贸易、投资、旅游、基础设施、人力资源、环境保护等为主要合作领域的经济合作试点。以此为契机，争取国家在外资准入审批程序上的优惠政策，进一步简化外资审批程序，争取中央在土地、财税、金融等方面给予政策支持。同时，通过举办蓝色经济论坛等形式，加强与海洋产业、海洋技术先进国家（地区）的交流，跟踪国际动向，加强与各国科研、产业层面的合作，如与法国布列塔尼（海洋生物医药）、丹麦（海洋新能源、循环经济）、美国佛罗里达半岛（邮轮）、波士顿等地区的合作，积极引进外资和项目（韩立民等，2010）。

5.2　山东半岛蓝色经济区产业发展策略

2009年6月，山东省委、省政府出台《关于打造山东半岛蓝色经济区的指导意见》，对蓝色经济区总体目标、基本思路、发展重点等方面作出明确安排，产业发展政策共涉及

51 个县市区，联动区包括规划主体范围之外的省内几大区域。根据规划，山东半岛蓝色经济区以 3 000 多千米海岸线为主轴，突出做大做强海洋经济这一主线，坚持交通同网、市场同体、环境同治、产业联动、信息共享，将沿海 7 市 51 个县市区设定为主体区，与其他市县区组成联动区，互促互动，联动发展，从而实现陆域与海域的统一大布局。在半岛蓝色经济区空间布局上，山东提出构建"三带三区"总体发展框架，即在 16×10^4 km² 海域上，由近及远形成海岸、近海、远海 3 条开发保护带，此举相当于将山东的陆域面积扩展了 1 倍，既可承载养殖捕捞、远洋渔业、海洋食品等海洋经济第一产业，也可承载造船、海洋新能源、生物产业、海洋工程、环保产业、海洋化工等海洋经济第二产业，更可承载旅游、物流、海洋信息产业等海洋经济第三产业。

形成"一体三带"的发展格局，并由此形成产业的特殊聚集群。"一体"即以海洋经济为主体，沿 3 000 多千米的海岸线，分三个特色产业带进行部署规划；"三带"就是集中打造三个优势特色产业带：一是在黄河三角洲着力打造沿海高效生态产业带；二是在青岛、烟台、威海、潍坊等沿海一带，打造高端产业聚集区，即高端产业聚集带；三是构建以日照钢铁精品基地为重点的鲁南临港产业带。

围绕这"三个特色产业带"，形成青岛—潍坊—日照、烟台—威海、东营—滨州三个城镇组群。因此，"半岛蓝色经济区"将呈现明显的地域特色，按照三大地区带的划分，不同的产业和上市公司将得到不同的发展机遇。

2009 年 8 月 12 日，国家海洋局和山东省政府正式签署《共同推进山东半岛蓝色经济区建设战略合作框架协议》，合力打造山东半岛蓝色经济区。《协议》指出，双方将把打造山东半岛蓝色经济区作为共同的重大战略任务全力推进，在促进山东海洋经济在重点领域实现突破、科技和人才支撑、建设用海需求、海洋环境保护、海洋观测预报与防灾减灾体系建设等方面进行合作。协议积极支持山东在海洋领域综合配套改革方面先行试点，把山东半岛蓝色经济区作为全国海洋综合管理体制机制改革试验区，集中集约用海先行区，海洋生态修复示范区，高端海洋产业发展引领区。通过打造山东半岛蓝色经济区，为全国海洋事业发展提供经验和示范。

山东省将努力把山东半岛蓝色经济区建设成为我国海洋科技教育中心，海洋优势产业聚集区，海滨国际旅游目的地，宜居城市群和海洋生态示范区，形成连接"长三角"和"环渤海"地区、沟通黄河流域广大腹地、面向东北亚全方位参与国际竞争的重要增长极（王颖，2010）。

山东半岛蓝色经济区的核心区是 9 个集中集约用海区，即"两城七区"：丁字湾海上新城，潍坊海上新城；海州湾重化工业集聚区，前岛机械制造业集聚区，龙口湾海洋装备制造业集聚区，滨州海洋化工业集聚区，董家口海洋高新科技产业集聚区，莱州海洋新能源产业集聚区，东营石油产业集聚区（贺常瑛，2012）。初步测算，到 2020 年"9 大核心区"总投资约 1.4 万亿元，集中集约利用海陆总面积约 1 600 km²，其中近岸陆地 600 km²，填海造地 420 km²，围垦养殖用海 180 km²，相关联的开放式用海 400 km²，相当于在海上再造一个陆域大县，从而大大扩展山东省的发展空间。

5.3　山东半岛蓝色经济区发展保障措施

5.3.1　转变政府职能，完善海洋管理体制

　　管理体制的核心是管理机构的设置、各管理机构职权的分配以及各机构之间的相互协调。管理体制的运行实效直接影响到管理的效率和效能，因而在管理中起着决定性的作用。目前，我国的海洋综合管理机构是海洋局系统，主要包括中央（国家海洋局）、区域（北海、东海和南海分局）和地方管理机构。尽管我国海洋职能部门的分工划分比较明确，各部门也都能在职责范围内发挥着作用，但我国的海洋管理体制仍然存在缺陷。中立的综合协调部门缺位，政府职责不明确，海洋保护与经济发展割裂，协调机制缺乏，责任追究机制缺乏，公众参与无法体现（宋文杰，2008）。完善海洋管理体制，要从以下几个方面入手。

　　（1）明确政府职责，提高政府行政管理效能

　　在海洋管理体制中，政府可能会由于种种原因产生非中立性，避免政府的非中立性需要多方面的规制。除了社会监督、人大政协监督、行政内部监督，进行实体和程序方面的双重限定外，还应明确政府职责。如果将政府的职责进行太具体的细化，会使其僵化，反而不足以应对海洋环境保护这样的工作，但职责条款过于模糊则往往会使政府在面对问题时采取滥为或不为的行为，这样不利于工作的开展，所以政府职责的条款不能太细但也不能太模糊，应有细化条款及相应的惩罚机制，从而保证政府积极有效地开展工作（张丽君，2010）。

　　行政管理统一化是国际通行的产业管理体制。我国要实行行政管理统一化必须对行政管理体制进行整体改革，这是我国海洋行政管理体制改革成功与否的决定因素，其重点是打破海洋产业的分割局面，改变海洋管理政出多门，实现统一管理、统一市场。统一综合的管理模式是在新形势下发挥海洋行政管理体制竞争力的前提条件。国家要进一步加强海洋事业发展的综合协调管理，设立权责层次较高的海洋行政管理部门，沿海各级政府、涉海各部门要积极做好配合工作。在中央，建立国务院直属的国家海洋行政管理机构，统一行使海洋行政管理职责，协调海洋行政管理行为；地方上，提高对海洋行政管理的认识，建立相应的海洋统一综合管理机构，配合和协调中央与地方的海洋行政管理工作，维护国家海洋权益，开发利用海洋资源，保护海洋生态环境，发展沿海地区海洋产业。权利清楚、责任明确，是海洋行政管理体制发挥其竞争力的重要保证。国家海洋局要大力推进海洋行政管理体制改革，建立海洋综合管理的高层次协调机制，调整和完善内部机构设置，强化涉海部门间的协调配合，理顺管理职能与权责分工，各司其职，提高行政管理效能，形成促进海洋事业发展的合力（崔旺来等，2009）。

　　（2）加强海洋政策法制建设，建立统一的海洋管理执法体系

　　统一的海洋管理执法体制，是一种科学而先进的海洋管理制度。现在，许多沿海国家都在建立统一和高效的海上执法队伍。建立统一的海洋执法体制，可集中财力、人力建设现代化的强大的海洋综合执法队伍，加大执法力度、提高执法效能；可统筹使用执法资源，降低执法成本、提高执法效率；可增强立法和执法的统一性，提高立法质量，减少执

法矛盾，从而加强海洋行政管理，促进国民经济发展和社会稳定。各级政府要进一步强化海洋渔业、海上交通运输、海域使用、海洋环境保护等的巡视、监察和处理力度；推进无居民海岛、海洋自然保护区和海洋特别保护区等的执法管理，提高对海岸工程、海洋工程、沿岸陆源排污的综合执法能力；切实维护海洋资源开发秩序，保障海洋开发利用者的合法权益（崔旺来等，2009）。

海洋立法在海洋行政管理中起着重要作用，它不仅是维护国家主权和其他海洋权益的法律保障，还是管理机构实施管理行为的法律依据，对依法行政无论在程序上还是在实体上都有至关重要的意义。海洋立法是海洋综合管理体系的前提，管理机构只有借助立法才能有效地实现对海洋和海岸带的综合管理，同时也只有借助于科学、合理的规范与标准才能实现综合管理的科学化。海洋法是沿海国家管理所辖海域及海上活动的法律基础和保障。今后，应当在整体海洋综合管理价值链中，把海洋立法、海洋权益和海洋功能区划作为管理的前提和基础，为其他具体管理环节活动和整个管理价值链的顺畅运转提供保证。同时要研究出台海洋产业发展、海水利用研究和应用、促进海洋自主创新等一系列海洋事业全面发展的政策；建立健全海洋行政管理法律法规，尽快完善海域使用管理法、海洋环境保护法、海上交通安全法、渔业法等的配套法规，深化领海及毗连区法、专属经济区和大陆架法的配套制度研究；全面推进海洋行政管理依法行政，贯彻落实行政许可法，建立健全海洋管理行政复议、听证制度，推进海洋管理行政执法责任制建设；加强海洋执法监察体系建设，创新管理体制，规范海洋开发、保护和管理秩序；积极开展海洋普法工作，努力建立符合海洋行政管理特点和体现体制竞争力的综合管理体制，为海洋综合管理提供外在的体制保证（崔旺来等，2009）。

（3）建立协调机制，明确责任追究机制

近年来，我国海洋综合管理取得了不小的成绩，同时也遇到了如何同传统的部门管理间关系的协调问题，管理职能相互制约，造成其发展困难重重。因此，如何建立起有效的协调机制、不断完善综合管理体制是促进海洋综合管理深入发展的关键问题。建立协调机制是为了将责任落实到实处，否则就会出现互相扯皮的现象，其中行政协助制度是一个很好的切入点。行政协助制度是指无隶属关系的行政机关之间在执行公务的过程中，因某种需要，互相提供方便，并协助完成公务的行为。该制度既能减少政府中立有限的缺陷，又能提高行政效率。但该协助制度的顺利实施首先是以各部门职责明确、合理分工为前提。行政协助制度一般分为请求的提出，对请求的审查，做出决定和救济四个阶段，即规定凡认为本机关存在可以请求行政协助的法定情形的，均可向有关机关提出行政协助的请求，被请求协助机关在接到行政协助请求时应在一定期限内对该请求进行审查，内容包括请求事项是否在本机关的职权范围内，请求协助的法定事由是否存在，是否存在不予协助的法定情形等，但这只需要表面上看已具备事实或法律的依据即可；被请求机关应在法定的时间内做出决定，如果被请求协助机关做出不予协助的决定时，请求机关可以采取行政复议或诉讼的手段进行救济（张丽君，2010）。

海洋管理工作没有达到预期的目标并不能仅仅将责任归在工作人员的素质上，因为如果约束机制不能提供一种良性压力，以确保任何人处于某一特权地位时均不能过多或丝毫都不牟取私利，那么，再高尚的执政官也不能保证社会公共利益不被他的后继者有意或无意地加以损害。而约束机制的核心就是责任追究机制。目前，我国缺乏海洋管理机构不履行法定职责的责任追究机制，因此应在立法时进行明确规定：海洋环境监督管理部门因保护、整治措施不力，或因其工作人员在工作中滥用职权、玩忽职守、徇私舞弊的，由其所在的单位或者上级部门给行行政处分；情节严重，构成犯罪的，依法追究刑事责任（张丽君，2010）。

（4）落实公众参与，加强海洋科普和教育

公众的权利与国家的权力具有不可替代的作用，而且它们之间是相互制衡的，所以应在海洋管理体制中给公众留下一定的空间，加大海洋海洋环境保护的宣传，强化公众的保护意识，用法律的形式明确公众的权利和义务，并制定相关奖惩办法，充分发挥公众的参与积极性，从而使海洋环境的保护成为公众日常生活的一部分。

各级党委、政府要充分认识海洋对促进经济社会可持续发展的重要作用和意义，努力把增强全民海洋意识与爱护生存环境、拓展发展空间结合起来，把构建海洋强国与现代化建设结合起来，把弘扬海洋文化与建设文明社会结合起来；把普及海洋知识纳入国民教育体系，在中小学中开展海洋基础知识教育；加快海洋职业教育，培养海洋职业技术人才；紧密结合海洋事业和海洋经济发展需要，调整海洋教育学科结构，建设高水平的海洋师资队伍，努力办好海洋院校，提高海洋高等教育水平；加强海洋文化遗产的保护和挖掘，开展海洋文化基础设施建设；充分发挥各种媒体和宣传渠道的作用，加强海洋知识宣传教育和普及，提高公众海洋意识，建立和完善海洋管理的公众参与机制（崔旺来等，2009）。

5.3.2　调整海洋投资机制，加快对外开放步伐

为促进海洋科研强省向海洋产业强省的跨越，山东省拟设立海洋产业投资基金，基金总规模约500亿元，这将是山东省首个产业投资基金。该基金由山东省国有资产投资控股有限公司发起，将由省国有资产投资控股有限公司联合其他投资机构共同募集设立，为封闭式、契约型基金，存续期为15年，首期为50亿元，根据基金运作情况采取阶段性募集。海洋产业投资基金将以海洋第二、第三产业中的重点行业、第一产业中的高科技产业为主要投资方向，初步确定的投资重点领域包括海洋工程装备制造业、船舶工业、海洋生物技术产业、海洋精细化工、海水综合利用等主要海洋产业，以及港口、交通运输等基础设施建设。产业基金是一种金融创新工具，不同于证券投资基金，它可以直接投资于产业和项目，拓宽企业融资渠道。目前我国仅有一只已经开始实际运作的产业基金。根据国务院要求，国家发改委正加快推动产业基金扩大试点。产业选择或者说基金的投资方向，是产业基金能否成功设立运作的重要因素。必须有足够的投资机会和获利空间，才能支持基金的商业化运作，从而支撑所投资产业的发展。有数据显示，2007年，山东海洋产业增加值达到4 618亿元，海洋经济成为山东经济重要的增长点。但有关专家也指出，山东的海洋产业仍存在结构层次较低、科技成果转化不足、融资渠道单一等问题，改革现有的海洋产业投融资制度，完善投融资机制、实施金融创新是海洋产业发展的突破口。

针对山东半岛蓝色经济区发展规划中拟实现的"五个突破"，可以确定"优势、持续、创新"是区域发展的核心观念。再结合海洋经济自身发展的特殊性，应采取"政府主导、市场运作、风险分担为主、利益诱导为辅"的金融支持战略。

（1）发展多种投资方式，提高投资效率

由于海洋产业的行业类型、发展阶段与宏观政策发展导向的相符程度等不同，对资金

的数量和实效性要求存在差异，应采取分层次、分类别的投资支持战略。就产业层次而言，海洋产业中的第一产业和基础性、战略性设施需要政府积极投入，大力扶持；第二和第三产业中的成熟产业，只需在政府适度引导下进行市场化融资；高风险、成长空间大的高新技术产业，在发展初期需要政府的"非盈利性"投入（周应龙和蒙少东，2010），但在适当时机可鼓励盈利性的商业运作模式介入。就产业类别而言，应优先发展新兴、环保、特色产业，继续支持传统、高附加值、民生产业，严格淘汰落后、双高、纯劳动密集型产业（李军，2010）。具体来说：一是发挥政府主导作用，加大各级财政性建设资金向海洋经济的倾斜力度，积极争取中央国债和预算内资金支持，提供税收优惠和财政贴息等手段，落实相关配套资金。二是加快市场化投融资体制创新，包括引入不同类型的战略投资者，建立产业投资基金，扶持海洋经济产业发展和高新技术成果的转化；发展专业性融资机构（例如组建海洋开发专业银行），扩大直接融资规模，强力支持蓝色经济优势产业发展；重点培育一批海洋经济企业，积极引导、鼓励企业进行股份制改造，通过股票上市、发行债券、经营权和资产转让、联合兼并等方式，盘活存量资产，优化增量资产，还可鼓励和引导企业发行海洋高新技术的可转换债券、可调利率优先股票等，在发展初期扩大融资来源（刘加杰和张鹏飞，2011）。三是积极利用外部资金，全面放开外商投资海洋经济领域，努力提高山东半岛蓝色经济区与周边经济圈的融合程度，积极参与海洋国际性区域合作开发，鼓励有条件的企业"走出去"；尽量争取利用世界银行、亚洲开发银行等国际金融机构或国际金融组合的优惠贷款或赠款；尝试采用 BOT（建设—经营—转让）等方式吸引外资和技术，采用对外招标的方式加速海洋资源的开发利用。

（2）探索完善抵押担保方式，强化信贷资金的支持力度

针对蓝色经济区中大量闲置的土地和海域使用权，创新抵押担保方式，增强金融机构认可度，有利于降低信贷门槛，畅通融资渠道（杨子强，2010）。

一是积极开展海域使用权抵押贷款。要加大宣传和引导，尽快规范信贷管理办法和有关海域使用权抵押登记的规章制度，落实相应的操作制度；加快专业性评估机构建设，健全评估标准；积极发展和培育海域使用权二级交易市场，构建海域使用权的变现平台；同时加大政策扶持力度，出台财政贴息政策，降低海域使用权抵押贷款风险，加大金融机构对海域使用权抵押贷款的认知程度和投放力度（刘加杰和张鹏飞，2011）。

二是推动土地流转与交易。针对蓝色经济区中滨州、东营等地市存在大面积的盐碱地、荒草地和滩涂等未利用土地的现状，建议通过盘活闲置土地，提高单位土地投资强度。因此，可以探索建立省级统筹的土地管理体系和市场交易机制，完善适合当地情况的流转土地抵押融资制度，实现该区域土地资源的资本化，从而吸引各类开发资金流入并支持产业发展（杨子强，2010）。同时，积极争取国家用地、用海指标，对重大产业、基础设施等项目优先安排用地、用海计划，全力支持优势产业发展。此外，针对部分生产分散、信用较弱的涉海经济个体，可以借鉴农村金融中的互助担保方式，大力发展信用联合体贷款，有效提高从事海洋经济发展的微观个体的信贷能力。

（3）加快金融投资产品与服务方式创新，推动区域产业集群优化整合

发展环境、区位优势、人文理念等的相似性，使得半岛海洋经济存在产业结构趋同的问题，由此带来了基于规模化生产和竞争力提高要求的区域产业集群整合的必要性，而当前金融产品单一和金融服务落后限制了优化整合的进程，需要创新金融产品方式、加强产

业集群与资本市场的对接与合作（杨子强，2010）。

一是建立完善并购融资内部管理制度，加强金融机构与市场中介机构合作，积极利用并购贷款支持企业兼并重组，推动产业优化整合。

二是大力发展金融租赁业务，积极支持重点产业的设备更新，提高技术含量。

三是积极探索开发集合融资平台，有效整合各类金融资源，引导政府、银行、担保、信托、创投和其他社会投资者等多方参与，积极发展各种债权、股权类融资平台，为中小企业提供集合融资服务。

四是重点探索中小企业产业集群融资模式和中小企业供应链融资模式，发展和推动置于价值链、供应链下的贸易贷款。

五是鼓励开展各类非信贷融资模式，综合运用贸易融资、保理、票据、信用证等非信贷融资工具，做好对企业的金融服务工作。

六是转变经营理念，规范发展风险投资基金（于谨凯和张婕，2008）。可考虑改变风险基金的所有者结构，适当增加对收益关注度较高的企业或民间资本的控股权，在适当时机还可吸收国外风险投资专家进入，同时发展初期政府应在有限领域积极介入并提供相关的税收优惠、投资亏损补贴、技术研发补助等保障性措施，以此激励风险投资的设立和启动。

（4）构建环保金融投资激励与补偿机制，推进经济区生态建设

蓝色经济区的发展模式应是低碳与循环的结合体，对产业节能减排的要求较高。金融部门应充分发挥资金、信用、市场等方面的资源优势，通过信贷投向和环保金融工具创新，推动区内工业体系的节能减排工作。

一是坚持绿色信贷原则，推行环境准入制度。金融机构应联合行业组织和协会，建立一套符合环保和节能减排要求的绿色信贷指导目录和环境风险评级标准，明确各行业的技术和项目准入标准，将各产业节能减排监测结果纳入贷前、贷中、贷后管理的各个环节，充分运用信贷杠杆促进区内清洁生产和环保进程。

二是量化环境资源，发挥环境配额制的激励约束作用。通过将环境资源转换为具有产权和可以计量的具有金融属性的交易产品，并探索分种类的环境当量与经济增长的交换关系，从而在"谁使用谁付费"的原则下，有效推行环境有偿使用制度。

三是成立环境交易所，发挥市场机制的灵活调控作用。环境交易所可以提供一个经济利益转换与补偿的平台，通过设立电子清算中心，建立环境使用调节基金，执行差别化的交易价格，提供期权期货交易平台等促进节能减排（章洪刚，2013）。

（5）发挥政策性金融投资避险作用，引导外向型经济快速发展

山东半岛蓝色经济区作为欧亚大陆桥头堡之一，具有吸收日、韩、欧美以及港澳台地区投资，大规模承接国际产业转移的区位优势，但国际商品价格的剧烈波动和汇率的不稳定，提高了区内企业出口的信用风险，加大了区内产业调整和发展的难度。中央和地方财政需加大支持外向型海洋经济发展的力度，设立出口区域性信用风险保障专项基金，合理补偿金融资源的政策性成本。该出口信用风险保障专项基金以出口信用保险公司为依托，实现政策性保险和银行信贷的有效组合，维护外向型企业在生产流通环节资金链条的连续性，为其提供避险手段和融资保障，从而有助于推动外向型经济的持续稳定发展，更好地完善经济区内的产业布局与分工（单春红等，2008）。

（6）建立多渠道的退出机制

风险投资的退出机制可以使风险投资公司通过适时退出投资实现价值，从而降低投资风险，是决定风险投资能否成功的重要环节。风险投资退出主要有 4 种形式：上市、出售、回购与清算。由于制度的原因，国外许多行之有效的风险投资退出渠道在我国不能直接运用，我国现有的资本市场结构也不能与风险投资退出机制很好地接口。

山东省较现实的海洋高科技风险投资基金有三种：① 通过向一些实力强的大企业集团出售自己的企业，实现最初风险投资的退出。这一方式在我国海洋高科技行业中表现尤其突出，如在海洋油气业中，大的石油公司如中国海洋石油总公司、中国石油总公司等就不断兼并小的石油公司来发展业务，而小的石油公司也通过卖出自己的企业实现最初风险投资的变现和增值。② 借壳上市。利用在沪、深主板市场的上市公司的"壳"资源优势和融资渠道，通过与上市公司收购兼并，达到借壳上市的目的。③ 海外上市。推荐部分海洋高科技企业到香港二板市场和 NASDAQ 上市。虽然有借壳上市和利用海外二板市场等退出机制，但这并不是海洋高科技产业风险投资基金退出的最佳渠道。我国应致力于构建一个由成熟企业股票市场（即主板）、创业企业股票交易市场（即创业板）、场外交易市场等有机组成的多层次资本市场体系来完善我国风险投资退出机制（于谨凯和张婕，2008）。

另外，政府应该制定实施扶持政策。政府强有力的支持是风险投资发展的必要条件。政府对海洋高科技产业风险投资基金的支持应以间接调控为主。① 税收优惠。对风险投资者给予税收优惠，增加风险资金的供给；减轻风险投资公司的税收负担，鼓励风险投资公司的发展；完善对高新技术企业（风险企业）的税收优惠政策。② 政府担保。我国政府应充分利用政府担保的放大功能，设立贷款担保基金，为海洋高科技企业向银行提供贷款担保。③ 政府采购。通过政府采购可以为海洋高科技产业开辟初期市场，其采购的对象应是关系国家经济大局和产业安全或政府是最终使用者的产品，如海洋油气。并且健全的法律体系，风险投资作为一种特殊的投融资活动，有其特殊的法律环境。我国处于风险投资发展的起步阶段，尚未形成完整的法律法规体系，因此，完善风险投资的法律法规体系，是保障风险投资运行的当务之急。规范的投资中介机构是必不可少的，中介机构是风险投资各部门发生联系的必经环节，在风险投资中可以起到沟通交流和化解信息不对称的作用。海洋高科技风险投资作为一个特殊的投资领域，为其服务的除了一般的中介机构以外，还应建立一些专门为高科技风险而设立的特殊中介机构，包括知识产权评估机构、标准认证机构、科技项目评估机构、专业性融资担保机构以及风险企业上市监管机构等（于谨凯和张婕，2008）。

5.3.3 建立海洋人才培养引进机制，提高研发创新能力

基于能力导向的海洋管理创新人才培养是对高校人才培养的一种全新思考。在学生个人特质发展需要的基础上，结合海洋事业发展对人才的要求，设计符合能力导向的创新人才学业发展规则，并在实施发展计划过程中对学生提供支持和辅导。这样不仅能帮助学生实现自身的发展目标及学业潜能，也能促使学生努力开发提高关键技能和行为，达到创新人才培养的目的（曾宪文，2010）。

（1）改革人才培养方案，优化教学内容

创新能力来源于宽厚的基础知识和良好的能力素质，能力导向的培养思路不仅需要学

生专业基础理论知识，更需要对专业基础教育的内涵更新、外延拓展，并以此构建合理的课程体系。首先要优化课程结构，按照"少而精"的原则设置必修课，确保学生具备扎实的基础知识。增加选修课比重，允许学生跨系跨专业选修课程，使学生依托一个专业，并进行针对海洋管理人才培养的实际要求着眼于综合性较强的跨学科训练。同时还要提高学生获得信息的手段，使学生有机会接触各学科发展前沿，了解科技发展的趋势，掌握未来变化的规律（全永波，2011）。

（2）改革课堂教学，优化教学形式

课堂教学是教学的基本组成形式，学生的创新精神和创新能力的培养也必须渗透到各科教学过程中。教师既是知识的传授者，也是创新教育的实施者。要结合学生的认知水平和生活体验，创设新的教学情景导入新课，激发学生主动探索的欲望。在教学中，营造一个鼓励学生创新的课堂氛围。采用多样的课堂教学形式，鼓励学生提出不同的见解，让学生自觉、主动地学习。加强各学科的相互渗透和交叉综合，拓宽学生的思维空间，有利于学生整体素质的提高；注意融合海洋管理学科前沿知识和高新科技，增大课堂信息量，激发学生的创新精神（全永波，2011）。

（3）改革实验课教学模式，探索开放式实验教学体系

实验教学是培养学生动手能力和创新意识的重要平台。一个重要的途径就是完善实施开放式实验教学的方法及其在课堂教学、实验技能竞赛、创新实验设计竞赛、本科生毕业设计（论文）中的应用，改革和完善实验课程成绩的科学评价体系，改革实验室管理运行机制，探索开放实验室的管理方式和体制，探索保障实验仪器设备不断更新以跟上学科发展的途径，完善实验仪器设备、实验经费和实验耗材的实验室管理体制（全永波，2011）。

（4）改革和完善学生科技创新体系，建立校内外创新实践基地

实行学生研究训练计划，引导学生在教师的指导下进行科研训练；鼓励学生参加教师的科研课题，进行科学研究；实行学生科研立项制度，从政策和经费上鼓励学生进行科技创新；开设辅修专业、公选课、实践基地等平台进行教学，聘请国内外著名专家学者为学生作学术报告，使学生了解海洋学科发展的学术前沿（全永波，2011）；鼓励学生申报大学生创新创业项目、参加"挑战杯"大学生创业竞赛等，通过科研促进教学，提高学生的科学素质，培养学生的科学精神。发挥海洋区域经济优势，签约合作企业，为学生在校内外创建创新实践基地（全永波，2011）。

（5）改革和完善评价体系，建立完善的创新激励机制

评价是教育管理中实施控制的特殊手段，是教育管理的重要环节。传统培养体系不利于培养创新人才的弊病主要反映在评价体系采用简单划一的方式，未能反映出学生的真实全面的水平和能力。对学生的评价不仅要重视知识的全面性考查，更要重视创新能力的考查。考试方式多样化，考试时间自主化，或采用非考评学，通过写专题报告、撰写学术论文、参与科研项目等多种形式评学。同时，建立对学生的创新意识、创新能力、创新成果的激励机制，即对学生的各种创新行为和成果给予正面的激励和奖励。对教师的教学行为评价不仅要看教师给学生传授了多少知识和学生掌握知识的情况，更要看其能否注重培养学生的创新思维能力。建立专门制度，从政策导向上鼓励和支持教师在传授知识过程中探索培养创新思维能力的方法并付诸实践。总之，基于能力导向的海洋创新人才培养应立足于学生创新思维与创新能力的培养，通过优化和改革专业课程体系、教学内容、教学方法

和实验教学模式，引导学生进行科研创新训练，为学生创建良好的创新环境和创新氛围，引导和激励学生进行创新精神和创新能力的培养，最终达到创新人才培养的全新模式构建（全永波，2011）。

5.3.4 加快蓝色经济先行区建设，打造特色海洋经济园区

蓝色经济产业园区是以海洋优势产业为主导，相关产业协调发展的高端产业聚集区，也是高科技、外向型、潜力大的战略性新兴产业的聚集之所。山东半岛蓝色经济区建设办公室提供的数据显示，截至 2011 年，山东半岛蓝色经济区拥有的高新区、开发区、保税港区、出口加工区等各类园区已达 66 家，其中国家级园区 16 家，而根据国家制定的蓝色经济区发展规划，海州湾北部、董家口、丁字湾、前岛、龙口湾、莱州湾东南岸、潍坊滨海、东营城东海域、滨州海域将成为 9 个集中集约用海片区，青岛西海岸、潍坊滨海、威海南海等地也将建成新的海洋经济区。

蓝色经济产业园区是山东省海洋经济发展的重要平台和载体，是高端产业发展的重要基地，因此，在蓝色经济产业区的建设和发展过程中，要重点建设具有蓝色经济独特优势和竞争力的产业，形成以高新技术产业为核心、以高端产品为标志、以产业组织体系的高端化为主体的现代产业体系，突出配置海洋高端产业、海洋战略性新兴产业和现代临港产业。重点建设 9 大特色产业区，包括：丁字湾海上新城、潍坊海上新城、海州湾重化工业集聚区、前岛机械制造业集聚区、龙口湾海洋装备制造业集聚区、滨州海洋化工业集聚区、董家口海洋高新科技产业集聚区、莱州海洋新能源产业集聚区、东营石油产业集聚区。区内现有各类产业园区要深入挖掘潜力，拓展发展空间，推行园中园和一区多园模式，建设一批特色突出的海洋经济园区。同时，探索不同园区之间的合作交流、政策叠加和区域整合的有效方式。对于集中集约用海片区和海洋经济新区，要实现规划的高起点、建设的高标准，强化创新和集聚功能，加快打造具有示范作用的海洋高端产业园区。

5.3.5 进一步加快基础设施建设，发挥基础设施的支撑保障作用

完善的基础设施是区域经济发展的重要支撑和保障。山东半岛有着较为完善的基础设施，为蓝色经济发展奠定了坚实的基础。随着沿海港口及相关配套设施的逐步完善，山东沿海各海港的集疏能力及综合功能都在显著提高。与此同时，山东也进一步加强了公路、铁路、航空等基础设施的建设力度，水利、能源和通信等基础设施的建设也取得新的进展，完善的基础设施体系对蓝色经济发展将起到巨大的支撑和保障作用。

（1）进一步加强综合交通运输网络与对外通道建设

① 要加强沿海港口及相关配套设施的建设，优化港口功能布局和分工协作

山东省交通运输厅公布的数据显示，2010 年山东青岛港吞吐量突破 3.5×10^8 t，日照港、烟台港吞吐量相继突破 2×10^8 t，山东成为全国唯一拥有 3 个亿吨海港的省份。山东省各港口年吞吐量超过 9.3×10^8 t，其中外贸吞吐量超过 4.5×10^8 t，位列全国第一位。由此可见，要充分发挥山东沿海港口的现有优势，就应当坚持以蓝色经济的总目标为基础，重点突破青岛、日照和烟台三大主力港口的优化布局建设，完善港口相关配套设施，着力构建以青岛港为龙头，以日照港、烟台港为两翼，以威海、东营等中小港口为补充的山东沿海现代化港口网络体系，打造东北亚国际航运中心，推动山东半岛国际集装箱中转基地

以及国家煤炭、铁矿石及原油进出口基地的建设。

② 要进一步发挥山东在公路建设方面的优势

根据山东省交通运输厅2011年数据,山东省公路密度超过每百平方千米40 km,基本形成了以省会济南为中心,国、省道为骨架,县、乡公路为基础,干支相连、遍布城乡、四通八达的公路网,其中高速公路通车里程已达4 285 km,在建里程600多千米,全省"五纵四横一环"的高速公路网已建成使用,建设密度基本达到发达国家水平。在这一优势基础上,应当充分利用山东现有公路资源,完善公路网络,加快山东滨海大道建设,既要重视公路网络的延展,又要重视高等级公路,特别是高速公路的建设,提高公路运输的效率和质量。同时,完善相关配套设施及管理机制,加强公路养护,坚决消除"乱收费"、"超期收费"等现象,降低公路的物流成本。

③ 要规划、整合、利用好现有的机场资源

山东全省目前有9个机场,其中有7个分布在半岛城市群区域。一直以来,山东机场都存在着公共机场稀疏,人均机场数偏少,各机场吞吐量偏低,机场等级偏高的问题。山东省总面积约 15×10^4 km²,平均万平方千米有0.6个机场,远低于美国15.7个机场每万平方千米的水平。从人均公用机场方面看,美国平均不到1.98万人就有一个机场,山东半岛平均1 064万人才拥有一个机场,美国4E级机场仅占全国机场总数的4%,山东省超过10%,100%的山东民航机场都能够起降"B737"飞机。按照飞行区等级划分,山东没有真正意义上的支线机场,而且除济南、青岛等少数机场赢利外,大多数机场利用率低,吞吐量小,需要依靠地方政府给予的补贴才能正常运营。因此,在机场基础设施建设中,应坚持抓大促小,区别对待;以大带小,形成联盟,把握时机,超前适度的发展战略,以济南机场为基地,打通与国内机场的通道。以青岛机场为基地,打通与国际机场的通道,对于青岛和济南机场两个重要机场可以进行适度超前建设,同时,联络周边支线机场,组建东部、西部两个机场联盟,实现资源共享、优势互补。对于其他支线机场,要明确定位,增强核心竞争力。依托并服务于枢纽、干线机场,发挥本地机场方便灵活的优势,与所在城市的发展相结合,提供公务、商务、旅游等短平快的航空服务。对于新建的机场,应控制其规模和等级,配套设施的建设也应尽量从简。

④ 要加快山东环海铁路建设,形成山东沿海铁路网

同山东省发达的公路交通相比,铁路是山东省交通体系的一大"短板"。截至2007年年底,山东省铁路运营里程总量仅有3 305 km,全省每万人平均拥有铁路0.36 km,不足全国平均水平的60%;每百平方公里拥有铁路仅为2.2 km,落后于东部沿海发达地区平均水平。山东省已有的铁路不仅里程短,而且不连贯,缺乏铁路网络,特别是环海铁路网络。为此,要充分发挥铁路对蓝色经济发展的促进作用,就应当加快山东全省"四纵四横"铁路网的建设进程,尽快形成山东环海铁路网络,重点抓好烟大铁路轮渡、德龙烟铁路、黄日铁路与青烟荣城际铁路的建设,打通环海铁路、省际铁路的大通道,构筑由沿海快速铁路运输、港口集疏运输、集装箱便捷货物铁路运输、大宗物资铁路运输和省际间客货铁路运输组成的铁路运输体系,打造功能完善、高效便捷的现代化铁路运输网络,使蓝色经济区内各中心城市的联系更为便捷、紧密。

(2)保障蓝色经济区能源供给

能源是国民经济和社会发展的重要基础。一直以来山东都是能耗大省,特别是2003

年至今，山东经济、社会进入全面快速发展时期，工业持续高速增长，重工化特征显著，能源消费剧增，短短五年内就增加近一倍，能源消费的对外依存度接近50%，原煤、原油大量依赖外部提供。而随着近年来国家一系列节能减排政策的出台，各级政府都加强了对能源的控制力度，能源成为制约半岛蓝色经济发展的一大瓶颈。因此，应当充分利用山东半岛优良港口多的条件，积极利用国内外两种资源，强化能源保障体系，优化能源结构。结合沿海煤运港口的建设，合理布局沿海大型煤电，适时推动超临界、超超临界火电的建设进程，完善核电站建设工作，加快海阳核电站、荣成核电站建设，确保核电站工程的安全与质量。同时完善威海、烟台与青岛沿海的风电场建设，大力发展核能、风能、太阳能、潮汐能、海浪能与生物能等新型海洋能源，实现半岛能源供给渠道的多元化，在大力发展山东半岛电力设施的同时，也要进一步推动半岛电力供应由"输煤"模式向"输电"模式转变。

（3）全面提高城乡基础设施水平

完善的城乡基础设施是蓝色经济深入发展的动力和基石。提高区域内城乡基础设施水平，要重点关注以下几个方面。

① 要坚持改善城市道路交通条件，加强对外交通体系与内部交通体系的衔接

完善城市内道路路网结构，提高路网密度。推进完善青岛、济南、烟台等城市的轨道交通发展，提高城市交通运输水平。重点关注城市道路桥梁、供水、供气、防洪、污水和垃圾处理等市政基础设施的建设，特别是重点工业园区、养殖区与海岛地区的沿海污水处理厂与垃圾处理场的建设，提高人口承载能力。努力改善乡村交通、饮水、人居环境等条件。

② 加强水源与供水工程建设

建设一批具有防洪、灌溉、供水等功能的综合水利枢纽。合理规划和建设跨区域、跨流域的水资源配置工程，推动胶东半岛调水工程建设与青岛、威海、烟台等地的海水淡化示范工程建设，切实解决沿海地市供水问题，满足沿海发展对水资源的需求。

③ 完善蓝色经济区内信息通信网络的建设

推进蓝色经济区海底通信缆线铺设工程的建设，充分利用东亚环球光缆和中美国际直达海缆两条国际海底光缆从青岛登陆优势，加快构筑智能化、宽带化、高速化的现代信息网络。

5.3.6 其他配套政策及保障措施

5.3.6.1 完善渔民转产转业政策

要解决山东省海洋渔业问题，加快实施海洋渔业结构战略性调整，关键是压缩近海捕捞，让近海捕捞在渔业中所占比重降下来。核心是引导部分捕捞渔船从生产渔场上退下来，帮助引导一部分渔民从单一的捕捞围城中走出来，也就是引导渔民转产转业，减轻捕捞强度，保护渔业资源。具体地说，就是鼓励和引导海洋渔民发展海水养殖业、水产品加工业、滨海旅游业、休闲渔业等第二、第三产业，来为退出捕捞的渔民创造新的就业岗位，同时结合山东渔业经济发展的现状，调整渔业产业结构，既是控制和压缩过剩捕捞能力，减轻渔业捕捞资源承受压力的迫切要求，也是实现山东半岛渔业可持续发展的客观要求（陶顺君和同春芬，2010）。

（1）发展海水养殖业

海水养殖业不仅弥补了由于海水资源枯竭引起的海洋水产品产量减少，而且为沿海渔民改变以捕鱼为主的单一经济模式，转向"以养为主，捕养结合"的发展道路提供了一条行之有效的途径。因此在实现渔民从传统渔业向现代渔业转变的过程中，发挥着不可替代的作用。据统计（王萍和梁振林，2010），我国浅海滩涂面积广阔，其中 15 m 等深线以内的沿海和滩涂面积为 $1\,400 \times 10^4$ hm^2，潮上低洼地 367×10^4 hm^2，两者共计 $1\,767 \times 10^4$ hm^2，而山东省所处的黄渤海海区又是浅海海区，这为海水养殖业提供了天然有利的条件。目前山东省海水养殖面积占可养殖面积的比率只有 45% 左右，10 m 以内的浅海利用率也只有 10% 左右。而山东省周边的黄渤海海区具有较为广阔的海水可养殖面积。山东不仅海水可养殖面积与其他省区相比居于前列，而且浅海、滩涂、港湾等海区类型分布比较合理，这为本省的水产养殖业的发展提供了广阔的空间，为实现沿海渔民"捕—养"转型创造了良好的条件。海水养殖业则要稳定藻类，稳步扩大对虾，突破鱼蟹，加速海珍品养殖，并加强防病害研究，精养提高质量；加强海洋生物技术开发研究，逐步向海洋农牧化方向发展（陶顺君和同春芬，2010）。

（2）大力发展水产品加工业

海水产品加工是指以海洋水产品为原料，制成食品或非食用产品的过程。积极开发水产品加工业，实现水产品的增值，是改善和优化水产业结构，合理配置水产资源，促进渔区经济发展，吸纳转业渔民实现其再就业的重要途径。作为海洋大省，山东省的水产加工行业一直处于全国领先地位，在本省整个海洋渔业产业（包括海水产品、海洋渔业服务业、海洋水产品加工）中也占有较大比重，达到 50.22%。水产加工业的繁荣发展带动了山东渔业加工企业的发展，由于水产加工企业往往是劳动密集型企业，这类企业的高速发展也能为转产渔民提供大量的就业岗位。近年来，山东省的水产品加工呈现良好的发展态势，水产品加工实力明显加强，涌现了包括荣成"好当家"、青岛"正进"、烟台"京鲁"、日照"荣信"等一大批集水产、加工、贸易为一体的大型综合性企业。水产加工结构也趋于多元化，改变了过去单一的盐干鱼、大冻块的产品形象，转向多层次、多品种、方便化的小包装冻品、制品和调理食品，产品加工技术明显提高（陶顺君和同春芬，2010）。未来山东水产品加工业应在保持国内领先的情况下，积极赶超甚至引领世界水产加工潮流，加快低值水产品综合开发利用速度，提高优质水产品的加工品味，开发合成水产品以及保健、美容水产品等，从而激发水产加工业的活力，进一步促进其在渔业劳动力转产转业中作用的发挥。

（3）发展滨海旅游业

海洋除了给人类带来物质利益外，还为人们提供了观光旅游和文化娱乐等精神享受，促进了海洋旅游业的产生和发展。据世界卫生组织 1998 年统计，全世界滨海旅游业收入占全球旅游业总收入的 1/2，约为 2 500 亿美元，比 10 年前增加了 3 倍；40 个大旅游目的地中有 37 个是沿海国家或地区，旅游总收入达 3 572.8 亿美元，占全球旅游总收入的 81%。现在，海洋旅游和娱乐业已构成了我国海洋经济的一个新兴的支柱性产业。

山东省发展以旅游业为先导的第三产业，引导渔民实现海上渔业结构的转变，是缓解捕捞人员转产压力，振兴渔业经济的可行之路。虽然山东省的滨海旅游业与其他省区相比还有较大差距，但山东省管辖的海域面积广阔，海洋旅游资源丰富，旅游业发展潜力巨大。据统计，全省现有的 4 个国家级自然保护区中，有 3 个位于沿海地区；全省 25 个国家森林公园中，位于沿海地区的有 12 个；全国 5 个 4A 级国家风景名胜区中，山东沿海就占 2 个。另外，旅游业与其他产业相比，往往更容易与其他产业形成互动共进作用。据世界旅游组织的统计表明，旅游行业里每增加 1 个直接从业人员，全社会的就业机会就会增加 3～5 个，旅游行业每增加 1 美元的直接收入，就会带动其他产业 4.3 美元的相关收入。所以，发展旅游行业的产业连带作用也是相当明显的。山东省滨海旅游业的发展优势在于集山、海、城、湾于一体的自然海滨和城市风光，因此，应着力开发包括滨海城市观光度假、海滨观光、海滨度假、渔家民俗旅游在内的滨海旅游项目。根据 2001—2011 年山东滨海旅游总体规划的实施要求，在未来几年，打造一批开发方向合理，产品定位明确，突出地方海洋文化特色的高品质滨海旅游景区（点），使滨海旅游业进一步成为拉动山东经济增长，促进渔民转产转业的重要途径（陶顺君和同春芬，2010）。

（4）发展海上休闲渔业，拓展渔业新领域

休闲渔业，又称娱乐渔业，观赏渔业和旅游渔业，20 世纪 60 年代起源于拉丁美洲的加勒比海地区。它是利用渔村设备、渔村空间、渔业生产的场地、渔法渔具、渔业产品、渔业经营活动、自然生物、渔业自然环境及渔村人文资源，经过规划设计，以发挥渔业与渔村休闲旅游功能，增进人们对渔业和渔村的体验，提升旅游品质，并提高渔民收益，促进渔村发展。它把旅游观光与现代渔业有机结合，实现第一、第三产业的整合与转移，既拓展了渔业空间，又开辟了渔业新领域，为困境中的渔业经济注入了活力，受到了许多国家和地区的重视。山东省拥有长达 3 345 km 的海岸线，沿海地区风景秀丽、渔区民风淳朴，海洋文化积淀深厚，具有开发渔家风情游的独特优势，游客可吃住在渔村，体验渔家民俗风情，参观捕捞、养殖、加工等多项渔业生产活动，参与出海垂钓、祭海活动等，因此，发展休闲渔业潜力巨大。近几年，山东省的休闲渔业发展迅速，与沿海其他省区相比处于绝对领先地位。根据山东省渔业厅公布的数据，2006 年末，山东省休闲渔业基地已达到 3 000 余处，水面面积达 4.4×10^4 hm^2，年接待游客达 1 875 万人，年产量达 15×10^4 t，从业人员突破 10 万人，创造增加值已超过 30 亿元。与 2004 年的数字相比较，山东休闲渔业的年增长速度超过 17%。可见，休闲渔业不仅是山东省的优势产业，而且也为沿海渔民转产转业创造了大量的就业机会（陶顺君和同春芬，2010）。

今后，山东省的滨海休闲渔业应把握世界休闲渔业发展方向，以开发近海及海上运动及娱乐垂钓产品，开发长岛、养马岛、威海成山头、荣成石岛、日照山海天的渔村度假及休闲产品以及配套的青岛游船制造、威海渔具制造等多种辅助产品制造为重点，推动山东休闲渔业的全面发展（陶顺君和同春芬，2010）。

5.3.6.2　加强水产品质量安全保障措施

（1）加强水产品质量安全检验检测体系建设

为完善我国现有的水产品质检体系梯队结构，根据国家农业科技体制改革和建设 21 世纪农业科技创新体系的要求，尽快建立一个学科齐全、国内权威并与国际接轨的部级水产品质量标准与检测研究中心是当务之急。部级水产品质量标准与检测研究中心将作为我国水产品质量安全检验检测体系的技术核心，专职开展水产品质量、安全、标准和检测方面的政策、技术、风险分析和评估等研究，为我国水产品质量安全技术研究、危害分析和风险评估、质量标准研究等各项科学研究搭建技术和硬件设施平台，为政府宏观管理决策提供技术支撑，为有效实施我国水产品质量监控计划提供技术手段（肖良，2007）。同时，建议相关部门进一步加强对水产品质量安全检验检测体系建设的投入，一方面用于优化水产品质检机构布局，加强基层综合性质检机构（县级检测机构）的建设，另一方面用于增加抽检频次和范围，实现从重点监控向普遍监测方向的转变，加强水产品质量安全工作的宣传及执法，形成一套由部、省（市）、县三级组成、布局合理、职能明确、专业齐全、运行高效的水产品质量安全检验检测体系。

（2）完善水产品质量安全检验检测体系管理机制

进一步加强内部管理，重视能力建设，加强对法律法规的培训和宣贯，建立健全机构内部的管理规章制度，细化质量文件内容，规范检测工作程序，从而完善质量管理体系，保障质检机构运行顺畅。在考评机制方面，完善人员任用和管理实施细则以及人员培训、考核、奖励、流动机制，充分考虑检测工作的特殊性质，缓解检测与科研相矛盾的问题，重视对质检队伍的培养，为质检机构不同层次人员相互交流创造机会和条件，不断提高检测从业人员素质。在实验室能力比对方面，尽快制定检测机构的检测条件和能力考核合格办法、能力验证计划以及能力验证结果评价和处理机制，并与国际有关能力验证机构建立固定关系，组织质检机构参与国际能力验证活动。

（3）提高水产品质量安全检验检测体系运行效力

为进一步提升我国水产品质量安全检验检测体系的总体竞争力，质检机构要加快开展快速检测技术、多残留检测技术等前沿技术的研究，丰富检测参数，拓宽检测业务，提升检测能力；加深对禁用渔药替代物、药代动力学、药物休药期等基础性研究工作，增加科研储备，增强机构的竞争力；加强对水产品质量安全监管政策和对策的研究，为我国水产品质量安全监管工作的逐步推进提供技术保障。

此外，建议主管部门通过开展能力比对、飞行检查等工作，加强对质检机构的动态管理，并对能力比对不合格、不遵守抽检操作规程的质检机构采取一定的制裁手段；通过实行检测任务竞投标、签订责任书等工作机制，强化质检机构的危机意识和责任意识，提高我国水产品质量安全检验检测体系的运行效力（陶顺君和同春芬，2010）。

5.3.6.3 转变政府职能，强化管理，做好服务

（1）在制度方面，政府通过向消费者提供水产品市场中的"正面"信息，达到降低信息不对称的程度。在实行市场准入制的基础上，要加强水产品检验、检测体系和质量认证体系建设，确保市场上水产品的质量。根据不同水产品的特点，积极推行水产品分级包装上市和产地标识制度、信息可追踪制度和责任追踪制度。积极推行水产品质量安全认证，如无公害农产品认证、绿色食品认证、有机食品认证等产品认证，引进和推广ISO9000、ISO14000、HACCP 等体系认证。推进水产品地理标志，使水产品的质量信息与当地的环境信息绑定起来（郭可汾，2010）。

（2）建立和完善水产品质量安全标准体系。很多国家和地区都制定了较高的农产品标准，欧盟有 BCS、法国有 IFOAM、德国有 ECOCERT、荷兰有 SKAL，日本专门制定了"农林物资规格化及正确表示品质法律"（简称 JAS 法）。对适合我国国情和发展需要的国际标准，要尽快转化为我国的标准（刘欢等，2010）。应组织开展对现行国家标准、行业标准、地方标准的清理，通过清理，解决标准之间交叉、重复、矛盾以及强制性标准和推荐

性标准定位不合理的问题，使标准体系结构合理，各类标准协调配套。要加强标准的宣传和培训，大力普及标准知识，使企业负责和技术人员了解、熟悉相关标准，提高企业负责人的标准化意识和质量意识。标准信息应及时向社会公开，以便企业和社会各方面查询，提高水产品生产企业的标准水平；加强水产品标准实施的监督检查，促使企业严格按照标准组织生产，提高企业执行标准的自觉性（郭可汾，2010）。

（3）政府对水产品质量安全信息的管制，可通过以下四个方面进行：一各级政府应该尽快建立专门的水产品质量安全信息网，并努力实现对不同水产品的质量安全信息实施跟踪发布，完善其信息服务职能。强制要求水产品生产、经营各环节企业披露有关产品特点和使用方法等方面的信息，以便消费者或下游企业对产品质量进行评价。二政府应加强对水产品质量的监测，利用各种媒体如网络、电视、报纸等发布各种关于安全水产品的市场信息、生产信息、各种法律法规等相关政策及不安全水产品对人体的健康危害，从正反两方面刺激广大水产品生产经营者和消费者的安全意识，减少市场上信息不对称的程度。三对信息提供给予补贴，对跟踪研究、搜集和提供国内外有关影响食品安全与营养方面最新信息的机构或个人给予支持等。四对企业为促销而主动进行的产品质量宣传和产品名称的使用严格控制，以防止发生欺诈消费者的行为（郭可汾，2010）。

（4）从名优产品品牌化角度，通过商标使名优特产与其他一般商品相区分，并以商标为载体将其质量、特色传递给消费者，树立良好信誉，从而提高销售量和售价，实现优质优价。在世界农产品贸易中，原产地证明商标的使用就比较普遍。在我国，证明商标也开始得到应用，如"绿色食品标志"、"阳澄湖大闸蟹"等就属于证明商标。品牌化的发展，能将产品的质量信息有效地传达给广大消费者，并建立起消费者对该产品的信任，进一步成为该产品的忠诚购买者。可以考虑以企业为龙头，以市场需求为导向，以商标为纽带，将公司与水产品、公司与公司、公司与企业集团有机联系起来，将商标特别是原产地证明商标作为资源，进行专业化经营和开发，并逐步将商标打造成名牌（郭可汾，2010）。一些渔村在品牌化过程中，采用专业合作组织的形式将分散的养殖户组织起来，有利于降低安全水产品的生产成本，并利用规模优势，大大降低采用安全技术、检验检测、质量认证等各种生产和信息成本。

5.4 加强与国内沿海区域经济的合作

5.4.1 与沿海区域经济合作的必要性

（1）有利于整体推进我国海洋强国战略的实施

蓝色经济是以海洋经济为主体的经济，打造山东半岛蓝色经济区是胡锦涛同志基于我国面临的竞争日趋激烈的世界经济形势，立足实现建设海洋强国目标而提出的重大战略设想。近些年来，随着国际竞争由陆地向海洋的转移，世界各国越来越重视海洋资源的开发和海洋经济的发展。我国作为一个海洋大国，加强海洋开发和利用，加快建设海洋强国已经成为一项重要战略任务，对于维护我国海洋主权和实现长远发展目标具有越来越重要的意义。国家海洋局发布了《中国海洋发展报告（2010）》，提出了以"建设海洋强国"为目标的海洋发展战略，国家也将对我国海洋经济发展战略作出总体布局，即在山东省打造

"蓝区"的同时，将浙江、广东两省也列为发展海洋经济试点省，分别面向环渤海、东海和南海开展海洋经济发展试点工作，以期拉动我国沿海地区海洋经济的全面发展。这就要求山东省必须着眼于这一战略全局的需要来布局谋划，在积极参与海洋强国战略实施的同时，主动加强与国内沿海区域特别是试点省的经济合作与交流，实现相互促进，共同提高，联动发展。这样做不仅有利于"蓝区"的建设和发展，而且对整体推进国家海洋强国战略的实施也具有非常重要的意义。

（2）有利于山东省尽快确立和形成黄河流域龙头地位

打造"蓝区"是国家进一步构建和完善我国区域经济总体格局的重大举措。根据中央统筹区域发展的要求，经过多年的努力，我国区域经济已经基本形成了通过东部沿海地区率先发展带动中部崛起、西部大开发和东北老工业基地振兴的总体格局。在东部沿海地区率先发展的过程中，地处东部沿海地区南端、中端的广东和上海，分别通过"珠三角"、"长三角"密切合作、共同开发，不仅自身得到迅速发展，也发挥了重要的辐射带动作用，从而确立了各自在珠江流域和长江流域的龙头地位，在拉动中部崛起和西部大开发中做出了重要贡献。而东部沿海地区的北端，即包括山东省在内的环渤海地区，虽然在支持中西部和东北老工业基地振兴方面也做出了重要贡献，但在整个东部沿海地区率先发展的过程中，未起到应有的作用，区域整合和一体化发展程度较低。特别是地处黄河流域下游的山东省尚未形成龙头地位，影响了辐射带动作用的发挥。通过打造"蓝区"，加强与国内沿海区域经济合作，带动全省与国内各兄弟省、区、市的合作，特别是与环渤海和"长三角"地区各省、市的交流与合作，一方面可以加速山东省融入环渤海经济圈的进程；另一方面可以与"长三角"的传统合作关系更加紧密和扩大。有利于山东省南北兼顾、东西衔接的独特区位优势得到充分发挥，在合作中做大做强，积累和厚植辐射拉动中西部发展的能力，逐步成为黄河流域发展的龙头骨干，进而实现整个东部沿海地区以及黄河流域、珠江流域、长江流域的平衡协调发展。

（3）有利于拉动全国蓝色经济的发展

打造蓝色经济区，主要目的就是要在全国蓝色经济发展中发挥示范带头作用。所谓"蓝色经济"，其鲜明特征就是在海洋资源开发中要突出注意环境保护，凸显生态文明建设要求。但是，其在理论上还是一个新概念，在实践中则是一个新事物。因此在打造"蓝区"的过程中，除了加强山东自身的实践探索以外，还必须注意加强与其他沿海省、市的合作与交流。近些年来，随着我国海洋开发战略的实施，各个沿海省、市都非常重视海洋经济的发展，在加强海洋环境保护、建设海洋生态文明等方面积累了许多经验，特别是浙江和广东在成为海洋经济试点省以后，相信在这方面也会有更多的实践和探索。通过加强与他们的合作与交流，不仅可以做到相互学习、相互借鉴、取长补短、共同发展，更重要的是可以使山东省能够集中国内整个沿海区域的智慧和经验，共同将"蓝区"打造成为全国蓝色经济的示范区，以带动国内蓝色经济的整体发展。

5.4.2 与沿海区域经济合作的基础

5.4.2.1 独特的地缘优势

山东省，包括蓝色经济区所辖区域同国内沿海省、市特别是环渤海经济圈和"长三角"地区有着极为密切的地缘联系，为加强与国内沿海区域经济合作提供了天然的时空环境，从经济学的角度看，地缘优势是经济合作与发展的具有决定性意义的因素。

（1）区位优势独特

从国际地理环境看，山东半岛蓝色经济区东邻日本、韩国等国家，与"环渤海"、"长三角"所属省、市同处改革开放的前沿，随着中日韩经济合作的日趋加强和三国自由贸易区的探索被提上日程，将共同成为我国面向日、韩合作的主要区域，成为国内其他省、市加强与日、韩经济合作的桥梁和平台。这在客观上有利于"蓝区"同环渤海经济圈、"长三角"地区全面经济合作，也有利于与包括其他沿海省、市在内的国内各省、市的合作。从国内地理环境看，"蓝区"北属环渤海经济圈，南邻"长三角"地区，而"长三角"地区作为我国改革开放和经济发展的龙头，是目前国内最具实力和活力的区域，环渤海经济圈则是国家正在倾力打造的最具发展潜力的区域，山东省居于两者之间，兼具两者之利，这是国内其他任何省、市所不具备的独特区位优势，如果合作得好必将受益。

（2）交通极为便利

蓝色经济区所处的交通条件也是国内其他地区难以比拟的。海、陆、空运输条件齐备，特别是高速公路建设水平居国内之首。京沪、京福高速公路连接环渤海、"长三角"以及国内大多数沿海省、市。京沪高速铁路更是大大缩短了山东省与环渤海、"长三角"诸省、市的时空距离，为"蓝区"加强与这些地区的合作与交流创造了空前有利的条件。

（3）传统联系紧密

历史上，山东省历来被视为京畿腹地和华北一部，又曾在行政区划上划归华东地区，与环渤海的津、冀、辽和"长三角"的江、浙、沪有着各种各样的传统联系。加上闯关东、南下等历史事件以及鲁北与冀南、鲁南与苏北地域相连、民俗相近等影响，民间来往更是非常密切。这些都为山东省特别是"蓝区"加强与环渤海、"长三角"等国内沿海区域的经济合作创造了更多的信息和联系渠道。

5.4.2.2　已有基础为加强国内沿海经济区合作提供了良好条件

山东省历来重视省际间的经济合作与交流工作，自20世纪80年代以来，就与青海、甘肃、宁夏、内蒙古、陕西、山西、河南等省区合作，建立了沿黄经济协作带，对促进黄河流域的人才交流和经济发展做出了积极贡献。特别是近些年来，山东省与兄弟省、市、区的经济技术合作与交流进一步得到深化和加强。在中央的统筹部署下，在参与西部大开发、加强与新疆、西藏、重庆、四川、宁夏等的对口支援和经济协作等方面也取得了突出的成绩。山东省委、省政府领导多次率团赴外省、区、市学习考察，并先后与有关省、区、市政府签署了《经济发展战略合作框架协议》，确定了合作的基本原则，明确了合作的重点，制定了合作措施，推进山东省国内经济合作工作取得重要的进展，其中"蓝区"所属区域与国内沿海省市的经济合作也日趋活跃，并且呈现出多方面的特点。

（1）合作格局日趋形成

一是合作思路逐渐清晰。"蓝区"各市普遍从自身实际出发，把经济合作工作纳入本地工作的全局，加强了实践和探索，逐步形成了适应区域经济发展需要的工作思路，并且转化为实际的决策。如日照市提出了"融入半岛、服务鲁南、接轨青岛、对接江浙沪粤"的总体思路，把与国内沿海区域合作的重点放在"长三角"和"珠三角"，促进了合作工作的有效开展。东营市则把"两区"开发建设纳入环渤海经济圈这个大的经济区域中统筹谋划，提出了"深化全方位合作、促进共同发展"设想，通过大开放促进大开发。

二是合作布局趋向合理。随着合作思路的不断清晰，"蓝区"各市与国内沿海区域合作的布局也逐步形成。在同环渤海、"长三角"、"珠三角"等实行广泛合作的同时，根据区域经济合理布局的原则，逐步明确了主要合作区域，如沿环渤海的潍坊、东营、滨州主要是与天津滨海新区等合作，而日照等则重点与江浙沪等合作，初步形成了"蓝区"与国内沿海区域"北融南合"的格局。

（2）合作程度日趋紧密

目前，山东沿海各市县与国内各沿海区域的联系呈现出日益紧密的趋势，而且合作的组织化程度不断提高。青岛、烟台、潍坊、威海、东营、滨州等地处环渤海经济圈的市都陆续成为环渤海区域合作市长联席会议成员，并借助这一平台大力加强了与环渤海各成员市之间的合作。早在 2006 年 4 月就与 32 个环渤海城市在天津共同签署了《推进环渤海区域合作的天津倡议》，在构建一体化市场体系、统筹区域发展规划、推动重要项目建设合作、实现共同发展等方面提出了一系列重大举措。以此为契机，上述各市近几年来加快了融入环渤海经济圈的步伐，如青岛市先后到天津、大连、沈阳等市进行考察，探讨合作方式和途径；东营市多次组团赴天津滨海新区学习其开拓创新的经验，探索对接的切入点、方式和措施等，围绕规划、交通、产业对接和区域旅游合作等有针对性地开展了合作，取得明显成效。与"长三角"等其他区域合作的紧密程度也不断提高，如日照市主动对接"长三角"，市党政考察团多次赴上海、苏州、昆山、无锡、盐城等地考察洽谈，就全面推进交通、产业等方面的合作进行深入探讨，取得实质性进展。目前，日照引进到位的内资项目 10% 来自"长三角"，销往"长三角"的农副产品已经占到全市农副产品产量的 9%。

（3）合作渠道日趋多样

一是借助地缘联系加强合作。潍坊市积极与天津滨海新区对接，确定了双方交流与合作的重点领域，全力加快潍北沿海开发，促进了两地在金融、贸易、港口及项目引进等领域的全方位合作。

二是借助部门联系加强合作。省直许多部门利用长期以来与兄弟省、市形成的良好合作关系，主动加强合作服务。如省海洋与水产厅积极推进山东省与其他沿海省市的渔业管理部门的合作，在向外省提供渔业生产养殖等技术服务的同时，扩大了山东省海洋渔业的作业区域，开拓了海洋渔业产品的市场，推进了海洋渔业经济的发展。省知识产权局北与环渤海地区各省、市知识产权部门建立了知识产权联席会议制度，南同华东地区各省、市建立了知识产权片会制度。2009 年 10 月在济南召开的会议上，来自上海、江苏、浙江等省、市的代表围绕加强知识产权保护和运用等方面的合作进行了深入探讨。这些合作，对促进相关省、市实行跨地区的知识产权保护和自主创新工作起到了良好的作用。

三是借助企业联系加强合作。在推进经济合作的过程中，各地十分注意发挥企业的主体作用，积极引导和支持企业加强合作。如地处环渤海经济圈的各市，通过连续组织企业参加中国天津商品交易投资洽谈会等大型经贸活动，主动承接沿海产业梯度转移，促进了产业结构调整，提高了企业开拓市场的能力。烟台市积极鼓励企业顺应市场规律加强合作，一方面通过打造良好投资环境把企业"引进来"，先后从"环渤海"、"长三角"、"珠三角"等国内 500 强企业中引进大批合作项目，仅 2009 年就签订合同、协议类项目 42个，总投资达到 860 多亿元；另一方面支持企业"走出去"，利用外地资源膨胀发展。如烟台万华集团利用浙江宁波的港口、热电、原材料等优势，投资 50 亿元设立了万华 MDI 大榭岛工业园项目，为万华集团巩固 MDI 产品的世界领先地位奠定了基础。

（4）合作重点日趋突出

山东沿海各地普遍把经济合作的重点放在了招商引资和产业结构的调整上。青岛市不断创新思路、整合资源，完善招商引资工作绩效评价机制，合力搭建投资促进平台，制定下发了《国内招商工作要点》，突出面向"长三角"、"珠三角"和环渤海地区，开展定向招商和投资促进活动，使引进项目的层次、水平和结构都发生了重大变化，有力地促进了产业结构调整和项目的优化升级。烟台市围绕主导产业和主要领域，在沿海各省市筛选了 112 个项目作为重点招商项目，仅 2008 年总投资就达到 630 亿元。威海市适应产业结构优化升级、创建现代产业体系的需要，大力实施"招大引强"战略，突出现代海洋经济等招商重点，连续在上海、深圳、杭州、苏州等地组织了系列合作交流活动，并在"长三角"、"珠三角"等区域设立驻外招商联络机构 20 家，进一步扩大和加大了经济合作的广度和力度。

（5）合作领域日趋广泛

除了经济贸易合作的领域不断扩大以外，围绕深化经济合作的需要，"蓝区"各市与国内沿海区域特别是环渤海地区的合作已经扩展到人才、科技、信息、环保等诸多领域。如青岛、烟台、潍坊、威海、东营、滨州等"环渤海区域合作市长联席会议"成员普遍加入了环渤海区域人才协作联盟、环保合作网络、口岸合作组织和区域信息网等组织，推进合作向着更为广阔的领域发展。

上述所有这些工作，不仅推进了山东省与其他省市的经济合作向纵深发展，也为进一步加强"蓝区"与国内沿海区域合作奠定了基础、探索了路子、提供了经验。

5.4.2.3 与沿海省市的合作意愿提供了广阔的发展空间

从山东经济学院课题组对沿海省市考察结果看，至少有以下三个因素非常有利于加强蓝色经济区与国内沿海区域的合作（山东经济学院课题组，2010）。

（1）国内沿海省市普遍重视区域合作

贯彻中央统筹区域发展的要求，适应区域经济一体化发展的趋势，特别是适应国际金融危机后的新形势，"环渤海"、"长三角"和"珠三角"各省、市逐步把对内开放摆到了与对外开放同等重要的地位。把开展区域合作当做地区经济发展的必由之路，努力探索通过区域间的合作实现各地区之间技术、资本、人力等各种资源的交流，最终达到共同发展目标的现实途径，推进国内沿海区域合作从三个层次广泛展开。

一是优先突出抓好本省、市内具有国家战略性质的重点区域的一体化发展。如天津的滨海新区、河北的曹妃甸新区、辽宁的"五点一线"沿海经济带、上海的"大浦东"新区和"金融航运两个中心"建设、江苏的沿海地区开发、浙江的海洋经济发展带、福建的海峡西岸经济区、广东的深圳特区进一步扩大和海洋经济带、广西的北部湾开发、海南的国际旅游岛建设等，都已取得重大突破和实质性进展。

二是本区域的合作已经全面推进。本区域各省市已经把更大范围的经济合作特别是所在区域的合作放到了更为重要的地位。环渤海地区各省市围绕将环渤海经济圈打造成我国经济新的增长极加强了合作交流，特别是依托环渤海区域合作市长联席会议这一区域合作组织开展了广泛的合作。天津、辽宁、河北以及山东省间的高层交往明显增多，签署了一系列合作框架协议，举办了"津洽会"、"产学研合作洽谈会"等大量区域性的经贸活动，取得了显著的合作成果。仅据 2007 年和 2008 年部分环渤海区域合作市长联席会议成员城市的统计，已达成合作项目 2 034 个，合作金额 2 340 亿元。"长三角"的区域合作更是如火如荼，已经出现一体化发展的趋势。江、浙、沪等省市积极贯彻落实 2008 年国务院审议和原则通过的《进一步推进长江三角洲地区改革开放和经济社会发展的指导意见》和 2010 年 6 月批复的《长江三角洲地区区域规划》，以上海为龙头，江、浙等为广阔腹地，努力深化区域合作，坚持探索以政府为引导、以市场为基础、以企业为主体，建立和完善"三级运作、统分结合、务实高效"的区域合作长效机制，从区域整体出发，在统筹规划重大经济改革和社会保障措施的同时，共同推进重大基础设施网络化建设，逐步实现交通、水运、航空、能源、信息等综合基础设施的无缝对接，形成"长三角"地区的"同城效应"，一体化发展已经取得显著进展。"珠三角"则在广东省的强力推动下，突破省内界限，向泛"珠三角"方向发展，推进了粤港澳等地在经贸、交通、能源、旅游、劳务和民生等方面的广泛合作。

三是跨区域的合作引起重视。不仅"环渤海"、"长三角"、"珠三角"各省市之间的自发合作与交流一直在进行，而且三大区域之间的整体合作问题也逐步被提上重要日程。目前，三大区域的有关组织如环渤海区域合作联合市长联席会、"长三角"两省一市省、市长联席会议制度等都已注意加强沟通与联系，通过相互学习、借鉴先进经验和成功做法等，共同推进整个沿海地区区域合作水平的提高。国内沿海区域的这些合作，说明了国内各沿海省市普遍具有比较强烈的合作意识，为加强"蓝区"与各大区合作提供了广阔的宏观背景和前提条件。

（2）沿海省市普遍关注山东半岛蓝色经济区建设

山东省是东部沿海地区重要经济大省，地方生产总值稳居全国前三，历来引人注目。近几年来，围绕经济文化强省建设，以重点区域带动战略引领全省经济社会发展，先后提出和实施了黄河三角洲高效生态经济区、山东半岛蓝色经济区、胶东半岛高端产业聚集区、鲁南临港产业带规划建设和省会建设五大战略，在国内区域经济发展中产生了较大的反响。特别是打造"蓝区"，由于是胡锦涛同志站在国家区域经济和海洋经济发展战略需要的高度提出的，山东省作为经济大省和海洋大省，能够率先探索和实践发展蓝色经济这一国家重大战略的路子，不仅为山东省经济社会整体发展创造了机遇，而且使山东省更加受到国内外特别是国内沿海省市的关注。各沿海省市对山东省积极贯彻胡锦涛同志的要求所采取的措施表示充分的肯定，对"蓝区"规划和建设的进展具有浓厚的兴趣，普遍希望对蓝色经济及其发展途径有更多更深的了解。特别是即将列为国家海洋经济试点省的浙江和广东也非常希望学习借鉴山东省"蓝区"规划编制等方面的经验做法，以期搞好自己的试点工作。从策划推动到组织实施，始终参加天津滨海新区开发工作的天津市发改委副主任、天津滨海新区发改委主任杨振江同志的说法很有代表性，他说："山东贯彻中央的要求很坚决，动作很迅速、措施很有力，打造山东半岛蓝色经济区是具有国际国内意义的重大举措，是推动东部沿海地区特别是环渤海地区取得突破性发展的现实途径，我们非常关注，非常希望尽快取得重要进展，非常希望进行合作，并使天津海洋经济发展和滨海新区开发受益。"广东发展海洋经济的提法也开始体现"蓝"的色彩。国内沿海各省市的这种态度，为山东省加强与他们的合作与交流提供了非常有利的契机。

（3）国内沿海省市普遍希望加强海洋科技合作

目前，发展海洋经济已经成为沿海省市经济发展的重要组成部分，而发展海洋经济尤其需要科技做强有力的支撑引领手段。山东省在这方面具有得天独厚的优势，国家主要的海洋科技力量都在山东，对于吸聚沿海各省市积极与山东省开展经济、科技合作特别是海洋经济科技合作起到了极为重要的作用。2009 年 11 月，全国 11 个沿海省、区、市联合成立了"全国沿海海洋科技管理联席会议"，并在山东省青岛召开了第一次会议，围绕如何增进省际间的海洋科技交流与合作、有效整合海洋科技力量、共同推进提高我国海洋科技创新能力、强化海洋科技对区域经济和海洋经济发展的支撑引领作用等问题进行了深入的研究，交流了工作思路和经验做法，确定了在人才交流、信息共享、成果培育和项目转化等方面的合作任务。这一合作组织的出现，显示了沿海地区具有较为强烈的合作意愿和内在动力，而山东省则可以因势利导，以得天独厚的海洋科技力量为吸聚手段，全面加强和推进与国内沿海区域的经济科技合作工作。

5.4.3 与沿海区域经济合作的制约因素

加强"蓝区"与国内沿海区域经济合作既有重要意义，又有现实基础和有利条件。但是，如何加以推进也面临着一些重要的制约因素和亟待解决的问题。产生这些问题的主要原因，一方面当前现实的区域经济合作工作中本身还存在一些难点问题；另一方面也由于"蓝区"建设总体上尚处在规划论证阶段，有些问题还有待于在规划实施过程中加以探讨和考虑。

（1）围绕"蓝区"发展需要开展合作的明确意识尚未形成

山东半岛蓝色经济区虽然普遍重视区域合作工作，而且取得显著进展，但是，目前这种合作多属一般的经贸合作活动的范畴，还不是真正意义上的围绕"蓝区"发展特别是海洋经济发展需要而开展的合作。究其原因，既有"蓝区"建设处于初始阶段的因素，更主要的则是"蓝区"各级领导和有关部门对合作工作的认识尚未实现转轨变形，即尚未从一般的经贸合作转移到围绕"蓝区"发展需要开展合作上来。"蓝区"发展需要合作的意识尚未确立和形成。对加强"蓝区"与国内沿海区域合作的意义认识不够，没有突破"行政区域壁垒"的束缚，甚至存在着"孤立办区"的思想偏差；对如何正确处理"蓝区"发展与合作、竞争与合作的关系缺乏思考；对如何推进"蓝区"与国内沿海区域联动发展的思路不甚清楚。这种情况的存在，不利于推进"蓝区"与国内沿海区域的合作，对推动整个"蓝区"的发展也是无益的，更难以满足国家海洋强国战略的需要，因此应当给予高度的重视。

（2）"蓝区"与国内沿海区域合作的统筹协调较为薄弱

目前，"蓝区"各市县与国内沿海区域的合作基本上处于各自为战的状态，既没有各市、县之间的横向自发整合，更没有"蓝区"层面的整体部署和统一行动。原因在于"蓝区"与国内沿海区域合作的统筹协调工作尚未列入"蓝区"工作的议事日程，更进一步的原因则是省里有关区域合作的组织机构相对薄弱。山东省区域合作的主管部门是省发改委，具体由经济合作处负责。但是，该处不仅人手少，而且还有其他职能。不要说主动抓"蓝区"合作工作，就是全省层面上的一般经贸合作工作也顾不过来，很大程度上处于被动应对状态。山东半岛蓝色经济区建设办公室当前的主要精力在规划编制等工作上，也无暇顾及。省海洋与渔业厅，除了管理海洋事业外，主要是抓渔业生产管理和有关合作工作，在整个海洋经济发展以及合作方面没有职能，所以也无能为力。山东省有关蓝色经济管理部门的这种状况，是不能适应"蓝区"建设及其合作工作需要的。

（3）"蓝区"与国内沿海区域合作的总体布局缺乏谋划

国内各沿海区域总的来说呈现出合作日趋密切和加强的趋势，但是，由于各区域所属省市在区位特点、发展水平等方面存在着明显的差异，因此，其合作意愿的强弱、合作程度的高低、合作伙伴的选择、合作布局的规划，以及合作重点的确定等都呈现出不同的要求和价值取向。譬如"环渤海"地区，天津按照国家确定的区域发展功能定位，试图通过天津滨海新区开发成为北方经济中心，由于其发展基础相对较弱，土地资源有限，辐射能力不强，需要尽快引入一些大项目进区，合作伙伴的选择主要是京、冀。河北省沿海开发重点区域是唐山、秦皇岛和沧州三市，其开发尚处于初期阶段，原来基础也比较薄弱，合作的重点也是希望引进项目，对天津的关系是既希望通过合作得到辐射，又存在引进项目的一定程度的竞争。辽宁省地处环渤海经济圈和东北两大区域，相对来讲，与吉林、黑龙江的联系更为重要，因此，除了与河北毗邻地区有一定合作外，主要是通过沿海经济带发展，培植实力，辐射带动东北老工业基地振兴。又如"长三角"地区，江、浙、沪三省市区域分工合理，一体化程度高，经济发展强劲，处于产业升级阶段，存在着部分产业向北方和长江中下游转移的趋势。"珠三角"则主要是把合作的方向放在泛"珠三角"特别是相邻的港、澳和湖南等地。上述各沿海区域的不同情况和特点，要求"蓝区"的合作工作必须能够与之相适应，增强针对性，根据"蓝区"合作目的和价值取向确定不同区域合作的重点和内容，做到科学谋划、合理布局。但是，目前还十分缺乏这方面的工作。

（4）"蓝区"与国内沿海区域合作的重点不够突出

从现在"蓝区"各市县与国内沿海区域合作的情况看，合作项目虽然比较注意适合本地产业结构调整的要求，但更多的是从发展陆地经济的需要考虑的，属于海洋经济的合作项目除了海洋渔业特别是水产养殖有较多的合作、海洋装备制造业中的造船业有一定的技术合作以外，其他产业的合作如海洋化工、海洋生物、海洋能源矿产业、海洋工程建筑业、海洋生态环保产业等则涉及较少，而这些产业恰恰是构建"蓝区"新兴现代产业体系，发展蓝色经济最为需要的，应当成为今后"蓝区"经济合作工作的重中之重。

（5）"蓝区"与国内沿海区域合作的鼓励政策亟须制定

由于"蓝区"尚在规划实施的初期阶段，显然尚未有有关政策出台，但是，从目前山东省开展国内经贸合作的实际情况看，的确缺少鼓励和支持区域经济合作的有关政策。为了积极鼓励对外经贸合作，省里在财政税收、投资融资、土地使用等许多方面都出台过一些优惠政策。建立了省级外经贸发展基金，重点资助出口产品研发；对企业参加出口信用保险提供资助；对省里确定的重点劳务出口基地县和专业培训基地给予适当资助；对省政府统一组织的境内外招商、贸易洽谈活动给予适当补助；对省里确定的重点境外工程承包、对外经济合作和资源开发等"走出去"项目给予适当资助等。这些政策对推进山东省的对外经贸合作起到了良好的作用。随着国际国内经济形势的发展变化，国内经贸合作具有了越来越重要的地位，因此，山东省也应当注意制定一些鼓励和支持国内经贸合作，特别是"蓝区"与国内沿海省市经济合作的政策。

（6）"蓝区"与国内沿海区域合作的基础设施建设有待完善

基础设施特别是交通设施是区域合作得以实施的基本条件。山东省与"环渤海"、"长三角"等地区的交通设施总体上和主体干线上来说是比较完善的，尤其是高速公路、铁路、航空等都比较便捷。但是，在一些局部地区的交通设施则还不够成网、配套，其中有的地方还处于比较关键的部位，打通则全局通，否则形成瓶颈制约。如山东省连接环渤海地区的交通设施，据"蓝区"一些市县反映，一是连接山东省和辽宁的渤海海峡跨海通道建设至今没有实施，不仅严重影响了山东省与辽宁的经济社会合作，也是环渤海经济圈至今难以成"圈"的重要客观原因。二是连接山东省环渤海地区与河北、天津的环渤海高等级公路（东营—天津滨海新区）建设尚未开工。而河北、天津都已基本建设完成。三是山东省无棣与河北黄骅的连接桥梁建设问题尚未解决。两地近在咫尺、隔河相望，如果能建设一座大桥，打通黄骅港与滨州等地的联系，对加强经济合作和加快发展都意义重大。但是，无棣与黄骅、滨州与沧州在县市（地）层面上进行了多次磋商，至今无果，亟须省级层面的协调支持。

6 山东半岛蓝色经济区调整产业结构分析

6.1 山东半岛蓝色经济区产业结构优化的方向

6.1.1 海洋主导产业评价

由于不同的侧重点，对产业的认识不尽相同，具备技术优势的产业未必符合扩大就业的要求；具有经济效益优势的产业未必具有较强的关联度，因而不能最大限度地带动整个海洋产业的发展。因此，要正确完整地认识蓝色经济区海洋产业，选择可以带动蓝色经济发展的主导产业，需要建立科学的产业评价综合指标体系。要综合评价海洋产业地位，应该使评价指标体系满足充分性、独立性、完备性和可操作性（孙吉亭和孟庆武，2012）。

6.1.1.1 主导产业选择的指标体系和评价方法

（1）指标体系

山东半岛蓝色经济区各产业的基础、性质等不同，需选择一系列可量化测度的指标体系才能进行判断比较。指标选择遵循以下"四个原则"：一是科学性原则，海洋主导产业选择的指标必须能客观、真实、系统地反映主导产业的内涵；二是可行性原则，要尽量采用有数据支撑的、易于搜集和计算的指标，以减少主观臆断的误差；三是可比性原则，要既可进行横向比较，又可与以往历史资料衔接；四是层次性原则，由于主导产业涉及面广，指标的选择要能按照其层次的高低和作用的大小进行细分，形成各自的子系统（孙吉亭和孟庆武，2012）。

运用层次分析法建立山东半岛蓝色经济区主导产业选择指标体系。其中目标层为主导产业综合评价和选择；准则层为产业比较优势、产业发展前景、产业关联效应、环境效应；指标层则选取了总产值比重、区位商、就业吸纳率、技术进步速度、需求收入弹性、影响力系数、感应度系数和能源消耗率8个具体指标。

（2）各指标的计算与量化

建立了指标体系之后，需对各个指标进行精确的计算与量化，各指标的含义如下：

C_1，总产值比重是反映各产业经济运行结果的综合性指标。

C_2，区位商是指一个区域特点产业的产值占该区域工业总产值的比重与全省或全国该特点产业产值占全省或全国工业总产值的比重之间的比值，即前一比重（区域）除以后一比重（全省或全国）的商。

C_3，就业吸纳率反映了主导产业的就业功能。

C_4，技术进步速度反映了一个产业的劳动生产率的高低。

C_5，需求收入弹性反映了产业的增长潜力，高需求弹性的产业具有良好的市场前景，表明了产业的良好成长性。

C_6，影响力系数是指某产业对各产业总产出的平均影响程度与各产业对各产业总产出影响程度平均值的比值，反映了该产业需求量的增加对其他产业产出的影响程度，也叫后向关联度。该指标可用投入产出表来测算。

C_7，感应度系数是指其他产业对该产业的平均感应程度与各产业感应程度的平均值的比重。

C_8，能源消耗率包括各产业对煤炭开采和洗选业、石油和天然气开采业、电力和热力的生产和供应业、燃气生产和供应业、水的生产和供应业等产业的完全消耗。可根据投入产出表来计算。

（3）评价方法

首先，要对各指标数据进行无量纲化处理。由于原始数据的量纲不同，无法直接进行运算，因此在处理原始数据时，要对其进行无量纲化处理。本书采用极值处理法，可以同时保证数列的单调性、差异比不变、平移无关、缩放无关、区间稳定性（叶宗裕，2003；郭亚军和易平涛，2008）。其中 $C_1 \sim C_7$ 为正作用指标，即指标值越大，在选择主导产业时意义就越大，因此在对数据进行无量纲化和标准化处理时，采用极小值标准化，C_8 为负作用指标，采用极大值标准化。

其次，运用层次分析法（AHP法）确定各指标权重。其方法是用 $1 \sim 9$ 标度法，通过专家咨询比较判断矩阵，即：

$$A = (a_{ij}) = \begin{bmatrix} A & c_1 & c_2 & \cdots & c_7 & c_8 & r_i \\ c_1 & a_{11} & a_{12} & \cdots & a_{17} & a_{18} & r_1 \\ c_2 & a_{21} & a_{22} & \cdots & a_{27} & a_{28} & r_2 \\ \vdots & \vdots & \vdots & \vdots & \vdots & \vdots & \vdots \\ c_7 & a_{71} & a_{72} & \cdots & a_{77} & a_{78} & r_7 \\ c_8 & a_{81} & a_{82} & \cdots & a_{87} & a_{88} & r_8 \end{bmatrix}$$

其中，判断矩阵中的 a_{ij} 表示指标相邻两项指标 c_i 关于 c_j 的重要程度，具体标度如为：

$$a_{ij} = \begin{cases} 1 & c_i \text{ 比 } c_j \text{ 同等重要} \\ 3 & c_i \text{ 比 } c_j \text{ 稍微重要} \\ 5 & c_i \text{ 比 } c_j \text{ 明显重要} \\ 7 & c_i \text{ 比 } c_j \text{ 强烈重要} \\ 9 & c_i \text{ 比 } c_j \text{ 极端重要} \\ 2,4,6,8 & \text{上述判断的中值} \end{cases}$$

$$i,j = 1,2,\cdots,7,8 \quad r = \sum_{j=1}^{8} a_{ij}$$

最后，根据比较判断矩阵。求出其最大特征对应的特征向量，经无量纲化，可得各指标的权重值和排序（表6－1），经一致性检验，各分析对象的层次总排序具有较好的一致性。

表6-1　山东半岛蓝色经济区主导产业选择各指标权重

指标	C_1	C_2	C_3	C_4	C_5	C_6	C_7	C_8
权重	0.108 1	0.113 3	0.102 3	0.112 9	0.112 1	0.113 8	0.103 4	0.103 8
排序	第五	第二	第八	第三	第四	第一	第七	第六

6.1.1.2　主导产业的选择

在确定了评价模型、指标体系和计算方法之后，首先要对山东半岛蓝色经济区产业进行产业粗选，确定备选产业，然后对备选产业进行数据运算和分析。

（1）山东半岛蓝色经济区主导产业备选产业的确定

山东半岛蓝色经济区的建设，仍以海洋经济为主体，采取海陆统筹、陆海联动、以海带陆的方式发展。因此，在选取蓝色经济区主导产业时，主要考虑海洋产业，包括海洋渔业、海洋油气业、海洋矿业、海洋盐业、海洋化工业、海洋生物医药业、海洋电力业、海水利用业、海洋船舶工业、海洋工程建筑业、海洋交通运输业、滨海旅游业等主要海洋产业，以及海洋科研教育管理服务业13大产业。其中，海洋科研教育管理服务业是开发、利用和保护海洋过程中所进行的科研、教育、管理及服务等活动（孙吉亭，2010），在各海洋产业发展中起到了至关重要的作用，但一般不作为一个区域的主导产业研究；因此，结合各海洋产业的特点和山东半岛蓝色经济区建设实际要求，选取海洋渔业、海洋油气业、海洋矿产业、海洋盐业、海洋船舶工业、海洋化工业、海洋生物医药业、海洋工程建筑业、海洋电力业、海水利用业、海洋交通运输业和滨海旅游业12大海洋产业作为蓝色经济区主导产业的备选产业（孙吉亭和孟庆武，2012）。

（2）山东半岛蓝色经济区海洋产业各指标计算

使用中国海洋统计年鉴（2010）、山东省统计年鉴（2010）和山东省投入产出表（2002）的基础数据，利用所述计算方法，对山东半岛蓝色经济区12大海洋产业的8项指标进行计算，具体计算过程略，得出各产业综合评价值（表6-2）（孙吉亭和孟庆武，2012）。

表6-2　山东半岛蓝色经济区主要海洋产业综合评价值及排序

产业	综合评价值	排序
海洋渔业	0.187 8	第一
海洋油气业	0.135 6	第八
海洋矿产业	0.155 6	第六
海洋盐业	0.121 5	第十
海洋船舶工业	0.157 8	第五
海洋化工业	0.132 2	第九
海洋生物医药业	0.162 3	第四
海洋工程建筑业	0.102 3	第十二

产业	综合评价值	排序
海洋电力业	0.119 8	第十一
海水利用业	0.140 9	第七
海洋交通运输业	0.176 5	第三
海洋旅游业	0.179 6	第二

（3）山东半岛蓝色经济区主导产业的选择

从表6-2可以看出，山东半岛蓝色经济区主要海洋产业得分排在前6位的依次是海洋渔业、滨海旅游业、海洋交通运输业、海洋生物医药业、海洋船舶工业和海洋矿产业。其中，海洋渔业是山东省传统的海洋支柱产业，水产品总产量、产值和出口创汇等指标连续10余年保持全国首位。尽管面临着海洋生物资源衰竭、海洋环境污染等问题，但是在山东省"以养为主"的方针贯彻下，大力发展水产品健康养殖业，落实近海捕捞渔船报废和渔民转产转业制度，不断开拓远洋渔业，积极发展休闲渔业（孟庆武，2009）。近年来，山东省海洋渔业得到了稳定的发展，目前仍是半岛蓝色经济区建设的重点产业之一。

滨海旅游业得益于山东省丰富的滨海旅游资源，以及"好客山东"的旅游品牌建设，一直保持较快的增长（孙吉亭和赵玉杰，2011）。目前已被列为蓝色经济区发展的重点优势产业之一。

海洋交通运输业以山东省港口为依托，以青岛、烟台和日照港为主枢纽港，龙口、威海港为地区性重要港口，潍坊、蓬莱、莱州、东营和滨州等中小港口为补充的现代化港口群的带动下，在海洋经济中所占的比重越来越大（孟庆武，2011）。

海洋生物医药业尽管在海洋产业中所占比重不大，但是，目前山东省已初步形成了以海洋药物与功能食品为主体，以海洋新材料与活性物质提取为辅的海洋生物医药产业基础，具备了较为完善的海洋生物医药产品体系，是高新技术产业发展的重点领域（孙吉亭，2011）。

海洋船舶工业目前主要集中在渔船修造上，但存在着产业规模普遍较小，并且有较为分散、各自为战、龙头带动能力差、产业升级慢以及链条比较短等问题（孙吉亭，2008）。因此，短期内不适宜作为蓝色经济区的海洋主导产业。但是，以造修船、游艇和邮轮制造、海洋油气开发装备、临港机械装备、海水淡化装备、海洋电力装备、海洋仪器装备、核电设备、环保设备与材料制造等产业为主要内容的海洋装备制造业（山东半岛蓝色经济区发展规划，2011），是支撑各海洋产业的基础性产业，必须重点发展。

海洋矿产业在山东主要以建筑矿砂开采为主，尽管各种矿类储量、种类比较丰富，但在开采利用过程中科技含量较低，同时对环境影响较大（孙吉亭和赵玉杰，2011），因此不建议作为蓝色经济区的海洋主导产业发展。

综合以上定量和定性分析，最终确定近期内山东半岛蓝色经济区海洋主导产业为：海洋渔业、滨海旅游业、海洋交通运输业和海洋生物医药业。

6.1.2 山东半岛蓝色经济区海洋产业结构深化的趋势

从表6-3可以看出，山东省蓝色经济区1999—2008年各年来第一、第二、第三产业比重，由原来的第一产业为主逐渐演变到2006年以来的第二、第三产业取代第一产业迅猛发展。

表6-3 山东半岛蓝色经济区海洋三次产业结构演进过程

年份	第一产业（%）	第二产业（%）	第三产业（%）	结构形态
1999	77.37	13.79	8.84	一、二、三
2000	74.79	16.20	9.01	一、二、三
2001	65.97	22.00	12.03	一、二、三
2002	63.22	24.25	12.52	一、二、三
2004	54.70	18.61	26.69	一、三、二
2005	53.20	17.77	29.03	一、三、二
2006	8.34	48.55	43.10	二、三、一
2007	7.60	48.14	44.26	二、三、一
2008	7.20	49.20	43.60	二、三、一

在2002年以前，山东省海洋各产业的产值在海洋产业总产值中所占的比重为海洋第一产业的产值在海洋产业总产值中所占比重基本上呈下降趋势，但仍远远高于海洋第二产业和第三产业。海洋第二、第三产业的产值所占比重远低于第一产业，山东半岛蓝色经济区海洋三次产业结构呈现为"一二三"形态，海洋依旧是满足生产、生活基本需要的"资源高地"，对海洋资源的开发、利用仍处于较低水平。

直至2005年，由于经济快速发展导致了大量对海洋科技与教育、海洋交通运输和滨海旅游业等第三产业的投资和消费需求，海洋第二、第三产业展现出迅猛上升趋势，但比重仍未超过第一产业，山东半岛蓝色经济区海洋三次产业结构呈现为"一三二"形态。

2006年以来，随着对海洋资源的综合开发能力不断增强，海洋第二产业投资、技术水平不断提高，海洋第二产业的发展速度超过了海洋第三产业，开始成为带动区域经济增长的重要因素，山东半岛蓝色经济区海洋三次产业结构呈现为"二三一"形态，亦即山东半岛蓝色经济区海洋经济进入了快速工业化发展阶段（李福柱等，2011）。

山东省海洋产业结构优化的目标，应以海洋产业整体效益为中心，凭借区域资源优势，依靠技术进步，促进海洋产业群不断扩大和增值，实现从低级利用到深层次开发的结构升级过程，使海洋产业在绝对量增长的同时，第一、第二、第三产业结构达到2:3:5的合理比例，实现海洋产业结构从"资源开发型"向"海洋服务型"的转变，使山东省海洋产业国际竞争力进一步加强（师银燕，2007）。

6.1.3　山东半岛蓝色经济区海洋产业结构优化调整的方向和原则

6.1.3.1　海洋产业结构优化调整的方向

根据国务院国函〔2011〕1号文件批复的《山东半岛蓝色经济区发展规划》，山东半岛蓝色经济区的战略定位是：建设具有较强国际竞争力的现代海洋产业集聚区、具有世界先进水平的海洋科技教育核心区、国家海洋经济改革开放先行区和重要的海洋生态文明示范区。

根据《规划》提出的目标，到2015年，山东半岛蓝色经济区现代海洋产业体系基本建立，综合经济实力显著增强，海洋科技自主创新能力大幅提升，海陆生态环境质量明显改善，海洋经济对外开放格局不断完善，率先达到全面建设小康社会的总体要求；到2020年，建成海洋经济发达、产业结构优化、人与自然和谐的蓝色经济区，率先基本实现现代化。

在今后一个比较长的时期内，山东省海洋产业结构优化的方向应该是：突出科学发展主题和加快转变经济发展方式主线，以深化改革为动力，优化海洋经济结构，加强海洋生态文明建设，提高海洋科教支撑能力，创新体制机制，推动海陆联动发展，推进海洋综合管理，使山东半岛蓝色经济区成为黄河流域出海大通道经济引擎、环渤海经济圈南部隆起带、贯通东北老工业基地与"长三角"经济区的枢纽、中日韩自由贸易先行区，成为具有国际先进水平的海洋经济改革发展示范区和我国东部沿海地区重要的经济增长极。

（1）建立区域科学与合理的规划布局

经充分调研，中共"十七大"确立主体功能区的综合配套改革指导方针，主体功能区将在国家和省级两个行政区域层面、以县（市）为基本单位上规划运作。按照行政区划，山东半岛蓝色经济区有7个省辖市和36个县（市），在实际的规划运作中，7个省辖市和36个县（市）作为功能区，必然具有不同的经济特色和经济地理优势决定的、区位比较优势所形成的综合比较优势，不同的功能区从小区域发展的市情出发，需要建立区域科学与合理的布局结构。充分发挥在山东半岛城市群所处的经济地理优势，全力打造跳板经济形态和跳板产业结构（郭先登，2010）。

（2）建立区域科学与合理的产业结构

从一般意义上讲，现代科技产业转化而成的独立的工业或者是服务业门类，称之为高端产业；现代城市依靠高新技术产业化形成的新型产业与新兴产业，也都列入高端产业的范畴。近期，国内权威性主流思路达成了共识，高端服务业主体内容包括：以高技术性、知识性、新兴性为基本特征的现代金融业、电信业、综合商贸业、物流业、商务服务业、科学研究和技术服务业、教育培训业、医疗保健业、文化体育与娱乐业、环境管理和旅游业等10大服务业；高端制造业的主体内容包括：信息产业，生物产业、现代装备制造业、环保产业及与环保产业关联度超过0.5的产业等高端产业；以及传统优势产业走高端化的行业与产品。高端产业是现代服务业和新型工业化的标志性产业。

山东经济要真正实现中国乃至世界海洋经济重要增长极的战略目标，必须建立区域科学与合理的产业结构，全面落实以青岛为龙头的胶东半岛高端产业聚集区的战略部署，在建设山东半岛蓝色经济区和开放先导区的过程中，不断提高产业布局水平（郭先登，2010）。

（3）建立区域科学与合理的人才结构

人才结构是经济结构的主体组成部分，只有建立起科学与合理的人才结构，才能形成富有特色和可持续发展的蓝色经济结构，要解决好"三个突出问题"：

一是就全省的角度看，山东作为具有相对完整经济体系的大省，山东半岛蓝色经济区作为一个相对独立的经济区，完全应该建立相对完整、科学合理的人才结构。特别要从建设山东半岛蓝色经济区着眼，以建设党政领导人才、企业经营管理人才和专业技术人才为重点，把握各类人才成长和发挥作用的不同规律，不断创新人才工作的方式方法，形成巨大的人才聚集力。

二是山东半岛蓝色经济区内，必须形成支持特色经济发展的相对完整、科学合理的人才结构。

三是单个的市县层面很难形成推动自身发展需要的人才体系，唯有借助"外脑"，才能形成强有力的人才资源优势（郭先登，2010）。

6.1.3.2　海洋产业结构优化调整的原则

社会经济结构优化调整的一般原则是：以市场为导向，使社会生产适应国内外市场需求的变化；依靠科技进步，促进产业结构优化，利润最大化；发挥各地优势，推动区域经济协调发展；坚持可持续发展，转变经济增长方式，改变高投入、低产出，高消耗、低效益的状况（徐质斌和张莉，2006），更不能做"让子孙后代买单"的事情。

山东省海洋产业优化要遵循产业演变规律，并根据自身情况，把握产业结构的制约因素，从实际出发选择产业结构模式。山东省海洋产业结构优化应强调以下"9个原则"：

① 市场需求导向原则：即山东省海洋产业发展要适应目前国内外消费结构的变化，以市场需求为导向，发挥市场配置资源的基础作用。

② 经济技术相适应原则：海洋产业的调整过程一定要从山东省海洋产业的实际情况出发，选择与山东省的社会经济技术状况相适应的海洋产业政策，形成适宜的生产力布局和生产规模。

③ 区域协调发展原则：要求产业有较强的灵活性和相互转换能力，在生产、分配、交换、消费等环节能和谐地运作，产业间形成积极的互补关系，避免和削减"瓶颈"或"过剩"产业。

④ 积极稳妥原则：产业结构一般情况下应采取增量调整，应坚持渐变性、经常性调整，避免突击性、大幅度调整，以保持社会秩序的稳定。

⑤ 科技进步推动原则：科学技术在海洋产业结构转变中起着决定性的作用，因此，山东省在海洋产业结构调整过程中，就必须注重用先进技术改造传统产业、发育新型产业、提高产业技术基础。

⑥ 产业定位原则：产业之间的协调要求各产业均衡发展。但由于资源的稀缺性以及市场的自发调节性质，发展中国家实际上一般采用"非均衡战略"，即根据自己特殊的条件，在一定时期优先发展某些产业，这就产生了一个对主导产业、重点产业、基础产业的判定和选择的问题。

⑦ 效益最佳原则：海洋产业的发展对经济和社会的整体效益或综合效益最佳，投入产出比最大。

⑧ 产业非均衡发展原则：根据目前山东省海洋经济的现状，对海洋支柱产业、战略

产业、调整产业要进行判断和选择，在今后的一定时期优先发展某些产业。同时要注意各海洋产业之间的兼容性，促进合理的海洋产业组合。

⑨ 可持续发展原则。海洋经济发展规模和速度要与资源和环境承载能力相适应，走产业现代化和生态环境相协调的可持续发展之路。

6.1.3.3 海洋产业结构优化调整的目标

海洋产业结构的优化调整，是指海洋产业生产要素的合理配置和协调发展。具体表现在海洋自然资源、环境和人力资源的充分有效的利用，各海洋产业互相补充、协调发展，各地区的优势得到充分发挥，海洋高新技术在生产活动中得到最大限度的推广应用，人民群众对海洋产品和服务的需求得到更好的满足（殷艳，2008）。

我国海洋产业结构的优化目标，应以海洋产业整体效益为中心，依靠技术进步，促进海洋产业群的不断扩大和增值，实现从低级利用到深层次开发的结构升级过程，加快海洋经济发展步伐。根据产业演进规律和现实条件，海洋产业在绝对量增长的同时，第一产业比重逐步缩小，第二产业尤其是第三产业的比重尽可能增加，在较短的时间内，形成"三二一"为序的产业结构，并达到 5∶3∶2 的合理比例，使新兴海洋产业的比重赶上或超过传统产业，并使海洋产业的结构性矛盾缓和（张红智和张静，2005）。实现海洋产业结构从"资源开发型"向"海洋服务型"的转变，使山东省海洋产业国际竞争力进一步加强（崔玉阁，2008）。

山东半岛近期海洋产业结构优化的重点应是发展海洋交通运输业、海洋渔业、海洋油气业、滨海旅游业，带动和促进沿海地区的经济全面发展。大力发展海水直接利用、海洋药物、海洋保健品、海洋盐业及盐化工业、海洋服务业等，使海洋产业群不断扩大。研究开发海洋高新技术，采取有效措施促进海洋高新技术的产业化，逐步发展海洋能发电、海水淡化、海水化学元素提取、深海采矿等产业以及新兴的海洋空间利用事业等，不断形成海洋经济发展的新生长点（张红智和张静，2005）。

6.2 山东半岛蓝色经济区产业结构调整的出发点

6.2.1 产业结构调整的 SWOT 分析

SWOT 分析法是竞争分析常用的方法之一。运用 SWOT 法进行选择分析，就是将与竞争主体密切相关的各种主要内部优势因素（Strength）、弱点因素（Weakness）、机会因素（Opportunity）和威胁因素（Threat），通过调查罗列出来，并依照一定的次序按矩阵形式排列起来，然后运用系统分析的思想，把各种因素相互匹配起来加以分析，得出一系列相应的结论，如对策等。

这种研究方法，最早是由美国旧金山大学的管理学教授在 20 世纪 80 年代初提出。在此之前，早在 20 世纪 60 年代，就有人提出过 SWOT 分析中涉及的内部优势和弱点、外部机会和威胁这些变化因素，但只是孤立地对它们加以分析，而 SWOT 法用系统的思想将这些似乎独立的因素相互匹配起来进行综合分析。运用这种方法，有利于人们对对象所处情境进行全面、系统、准确的研究，有助于人们制定发展战略和计划，以及与之相应的发展计划或对策（河北博才网）。

6.2.1.1　山东半岛蓝色经济区产业结构调整的优势

（1）地理区位优势

山东半岛蓝色经济区具有得天独厚的区位优势，它地处我国最大的半岛——山东半岛的东部，位于东北亚经济圈的圈层中心，是中国北部延伸至太平洋进而通向各大洲的重要门户。它北临京津冀都市圈，与天津滨海新区和辽东半岛隔海相望，西连黄河中下游地区，东与朝鲜半岛、日本列岛隔海相望，南接长三角地区。随着天津滨海新区上升为国家战略和环渤海经济圈的不断壮大，山东半岛蓝色经济区又处于该区域的中心圈层，因此，半岛蓝色经济区呈现出勃勃地发展生机，成为我国北方地区接受外来经济辐射、吸引各方投资和扩大交流合作的首选之地，也将成为东北亚经济发展新的增长极和新引擎（孙松山，2011）。

（2）资源优势

首先，港口资源丰富。山东沿岸是我国长江口以北具有深水大港预选港址最多的岸段。其次，海洋再生和非再生资源丰富。山东半岛地处温带，日照充足，水质肥沃，适合鱼类和水生生物的生长繁殖，具有经济价值的各类水生生物资源达 400 多种，渔业资源丰富。再次，滨海旅游资源丰富。滨海沙滩是山东最有特色的滨海旅游资源之一，123 处海滩总长度 365 km，主要分布在山东半岛沿岸，具有坡缓、沙细、浪平等特点，且阳光充足、气候宜人，颇受国内外游客青睐。山东沿海自然景观和人文景观也极具特色，除独特的海洋和陆地景观外，诸多人文景观如神话传说、历史典故、文物古迹等吸引了大量国内外游客前来观光，成为中外闻名的旅游胜地（陈华和汪洋，2009）。

（3）科技优势

山东省是全国海洋科技力量的聚集区，是国家海洋科技创新的核心基地。拥有中国海洋大学、中国科学院海洋研究所、国家海洋局第一海洋研究所、中国水产科学研究院黄海水产研究所和青岛海洋地质研究所等国内一流的科研、教学机构。

（4）产业基础优势

较强的海洋经济实力为蓝色经济发展奠定了良好的产业基础。近年来，山东省海洋经济呈现出持续快速发展的良好态势，运行质量和效益在稳步提升。三次产业结构调整取得了良好效果。

（5）基础设施优势

近年来，山东省不断加快公路、铁路、海运、河运、航运等基础设施建设，完善的基础设施体系为发展蓝色经济提供了有力保障。

6.2.1.2　山东半岛蓝色经济区产业结构调整的劣势

（1）海洋产业结构不合理

山东省海洋第一产业高新技术投入不足，第一产业的比重下滑严重。依靠扩大渔业规模提高经济总量，致使近海渔业资源状况严峻，一些传统的大宗经济鱼类资源接近枯竭，代之以上层鱼类及头足类为主，近海捕捞业的衰退势必会制约山东省海洋产业发展。新兴产业占比重较小，如海水养殖、海产品精深加工、临港工业、海洋生物和海洋化工等新兴海洋产业发展相对滞后（陈华和汪洋，2009）。

（2）海洋生态环境恶化

山东省近海环境污染严重，港口、海湾、河口及靠近城市的海域污染情况尤为严重。

（3）海洋优势产业发展层次低

山东半岛蓝色经济区内除海洋渔业、海洋盐化工、海洋交通运输业等传统海洋产业在全国具有优势地位，多数科技含量高、发展潜力大的海洋新兴产业还远远落后于国内外先进地区，并且产业发展的规模也不大，对半岛蓝色经济区内经济发展和产业结构调整的辐射带动作用也非常有限。目前，山东现有的海洋产业类群中，海洋交通运输业发展面临着釜山港、天津港、上海港等国内外大型港口群的强力竞争，发展形势不容乐观；而滨海旅游业方面虽然发展迅速，但规模有余而水平不足，包括自然气候条件导致旅游活动的季节性及其对旅游经济的影响比较明显，高垄断性的文化遗产资源不多，国际市场过于倚重日本和韩国，因此，现实发展空间也很有限，亟待转变思路更新观念（孙松山，2011）。

（4）海洋资源利用不合理

山东省海洋产业结构明显失衡，较侧重于第一产业如渔业和养殖业，而采矿业、水产加工业、旅游业等发展相对不足。海洋资源综合利用和多层次利用严重不足，将导致资源性产业在其发展过程中遭遇资源匮乏的困扰，如因过度捕捞导致近海渔业资源严重衰退。此外，海洋资源所有权权属观念模糊，任意占用海洋资源的短期开发行为严重，加剧了资源的过度消耗及生态环境的恶化（陈华和汪洋，2009）。

6.2.1.3　山东半岛蓝色经济区产业结构调整的机遇

（1）时代背景良好

山东半岛蓝色经济区战略的提出，顺应了经济全球化和区域经济一体化的大趋势，既立足于山东发展实际，又放眼全国发展大局，定位科学，付诸实施后，必将使山东半岛的区位优势和各种资源优势真正转化为区域竞争优势和产业融合优势（陈华和汪洋，2009）。

（2）政策环境良好

2009 年 4 月，胡锦涛同志视察山东时提出"要大力发展海洋经济，科学开发海洋资源，培育海洋优势产业，打造山东半岛蓝色经济区"。胡锦涛同志的重要指示，充分体现了国家对科学开发海洋资源，发展海洋经济的高度重视，也为建设海洋强国指明了方向。2011 年 1 月 4 日，国务院以国函［2011］1 号批复《山东半岛蓝色经济区发展规划》，标志着山东半岛蓝色经济区建设正式上升为国家发展战略。国家的高度重视也为山东半岛蓝色经济区的全面可持续发展提供了必要的政策保障。山东省委、省政府一直高度重视山东半岛蓝色经济区建设。20 世纪 90 年代初，山东就在全国率先提出建设"海上山东"这一跨世纪工程。2007 年，山东省又提出了"一体两翼"的空间发展格局，包括青岛、烟台、潍坊、威海、东营、滨州、日照等 7 市，也给予了重点支持，并提供了支持其发展的重大的政策文件和优惠措施（孙松山，2011）。

6.2.1.4　山东半岛蓝色经济区产业结构调整的挑战

（1）外部竞争加剧

东北亚各国和国内海洋开发与区域竞争迅速升温。山东半岛是环渤海地区与"长三角"地区的重要结合部、黄河流域地区最便捷的出海通道、东北亚经济圈的重要组成部分。周边发展所带来的竞争压力越来越大竞争越来越激烈。

（2）临海、临港、港口产业建设和竞争节节升温

青岛港、大连港和天津港争夺北方国际航运中心地位已有多年。近年来，各港口均加大了对新型集装箱码头、大型原油码头和矿石码头的建设力度，促使竞争不断升级。

6.2.2 基于 SWOT 分析的产业结构调整战略

运用 SWOT 矩阵分析法，对山东半岛蓝色经济区海洋产业的发展提出四种战略，即 SO（Strengths Opportunities）战略、WO（Weaknesses Opportunities）战略、ST 战略（Strengths Threats）、WT（Weaknesses Threats）战略。SO 战略是利用自身优势抓住外部机遇的战略，WO 战略是利用外部机会改进内部弱点的战略，ST 战略是利用自身优势抵制外部威胁的战略，WT 战略是克服内部弱点和避免外部威胁的战略（陈华和汪洋，2009）。

6.2.2.1 SO 战略（增长性战略）

（1）充分利用山东半岛海洋资源、科技资源等优势，规划整合要素资源，形成东西结合、优势互补、产业互动、布局互联、协调发展的新局面

胶东半岛地区应以青岛为龙头，烟台、潍坊、威海为骨干，着力打造沿海高端产业带。青岛应充分发挥资源、科技、区位等优势，以可持续发展为出发点，建设海洋自主研发和高端产业聚集区，及海洋环境生态保护示范区。烟台应借助自身资源、空间和产业等优势，以港口建设发展为突破口，以海洋科技进步引领产业发展，重点培植水产养殖加工、船舶工业、海洋工程装备、滨海旅游等海洋优势产业。威海与日韩区位优势明显，可加强国际经济合作。

鲁南地区应着力构建临港产业带，以建设日照精品港基地为重心，加快现代港口物流业发展。

黄河三角洲地区应摒弃"重河轻海"的旧观念，把握河海双重优势，坚持开发与保护并重，科研与产业相融合，争取在临港产业开发、海洋渔业开发、生态旅游开发上实现突破（陈华和汪洋，2009）。

（2）加大科技创新力度，提高科技成果转化率

首先，应针对山东半岛海洋科技创新不足之处，加强与省内外著名院校、研究机构及大企业研发机构的合作，采取技术联姻、知识共享、合作开发的方式，最大限度利用现有科技资源，达到优势互补、共同发展。

其次，加快高新技术向传统产业渗透，引导海洋与渔业企业开发新产品、研究新技术，推动海洋科技产业化进程（陈华和汪洋，2009）。

（3）抓住天津滨海新区发展契机，提升山东海洋产业竞争力

紧跟环渤海经济圈经济一体化进程，以平等互利为基础，通过区域协作，实现垂直分工和水平合作，加速海洋资源整合，提升山东海洋产业竞争力。

6.2.2.2 WO 战略（扭转型战略）

（1）重视海洋生态环境保护，实现可持续发展

保护海洋环境是实现可持续发展的前提和重要手段。首先应加大依法治海力度，严格贯彻落实海洋保护相关法律法规，加强海洋环境监督执法力度。其次，鼓励相关企业降低能耗、排污量，严加整治技术落后、污染严重的企业，对其进行清理改造。最后，

适时借助政策调控、市场机制等手段，制定相应具体措施，如排污收费、发放排污许可证等，加强污染控制，改善海洋环境（陈华和汪洋，2009）。

（2）提高政府综合管理能力

目前我国海洋管理存在权责模糊、效率低下的现象，因此，山东省沿海各级政府和海洋管理部门应充分认识到在这方面的不足，借鉴发达国家综合管理模式，提高政府管理人员和民众对海洋综合管理的认识，健全相关法律法规，建立全省统一的海洋综合管理机构及执法机构，强化海洋产业管理力度（陈华和汪洋，2009）。

6.2.2.3 ST 战略（多元化战略）

在经济一体化背景下，海洋经济的竞争由单一产业、单一地区的竞争，扩展到区域一体化的竞争。打造山东半岛蓝色经济区，要坚持区域协调、区域合作的原则。一方面，为避免重复投资、重复建设，山东半岛蓝色经济经济区要与天津滨海新区、辽宁省"五点一线"等环渤海开发战略全面对接，实现各大区域间要素资源的无障碍流动，全面打造整体区域的产业竞争优势。另一方面，蓝色经济区处于东北亚经济圈的重要位置，与日韩经济合作基础好，产业互补性强，参与区域分工、区域合作的优势突出，应尽快找准自己的定位，全方位地加入区域一体化竞争，大幅度地提升蓝色经济区的海洋经济水平。蓝色经济区既是一个区域经济，也是一个整体经济。建议有关政府统一规划指导，在充分聚集各市区比较优势的前提下，开展多种形式的区域合作，实现区域间优势互补、互利共赢，推动区域内海洋经济的可持续发展。只有这样，才能真正形成开发海洋、提升沿海，带动全省、服务全国的发展格局（司翠，2011）。

6.2.2.4 WT 战略（防御性战略）

（1）优化产业结构

山东省海洋产业结构不合理，第一产业占比过重，因此应加速海洋产业结构升级换代，积极向"三二一（5:3:2）"的结构形式转变。首先，应大力发展海洋第三产业，如海洋交通运输业、滨海旅游业等。一方面可以实现产业结构的优化调整，同时，海洋交通运输业可以带动电子、机械、造船等相关产业发展，对区域经济发展起到良好带动作用。其次，加大技术开发的投资力度，推动海洋第二产业发展。海洋第二产业如船舶制造、油气开采、海水化工等产业能带来巨大的经济效益和社会效益，发达国家海洋第二产业产值能占海洋产业产值的一半，因此，应加大第二产业技术开发力度，并迅速投入使用，在优化产业结构的同时创造更多的经济价值。最后，第一产业发展应以保护海洋环境为前提，海洋保护与海洋资源开发共同规划、共同发展，在此基础上积极推进渔业产业化经营，逐步形成结构合理的现代渔业产业（陈华和汪洋，2009）。

（2）加速产业集群建设，提升山东半岛海洋产业竞争力和区域竞争力

打造蓝色经济区，要以高端海洋技术、高端海洋产品、高端海洋产业为引领，实施高质、高端、高效的海洋产业发展战略，促进海洋一二三次产业的优化升级，全力打造高技术含量、高附加值、高成长性的海洋产业集群，把山东半岛蓝色经济区建设成为国内一流、国际先进的高端产业聚集区。一要强化健康、生态和高效理念，建设优势海水养殖业，推进传统海洋产业高端化。二要加快海洋医药、功能保健、新型蛋白等海洋生物制品的研发，应用智能化、自动化、信息化、新材料技术，努力实现高端船舶多元化，推进优

势海洋产业高端化。三要开发游艇旅游、生态旅游、探险旅游等高端旅游产品，推进新兴海洋产业高端化，带动发展一批海洋高端产业（司翠，2011）。

6.3　山东半岛蓝色经济区海洋产业结构状况

近年来，山东省海洋产业总产值占 GDP 的比例不断攀升，海洋经济成为促进山东经济发展的重要支撑。同时，山东的海洋产业也存在资源管理体制不完善、产业的结构性矛盾突出、资源利用效率比较低下等问题。产业升级是涉及山东省甚至全国海洋经济发展的核心问题。合理制定国家海洋战略、稳步推进海洋产业集聚、积极鼓励涉海企业创新是推动我国海洋产业升级，促进国民经济发展的关键。

海洋产业结构是指各海洋产业部门之间的比例构成以及它们之间相互依存、相互制约的关系，它反映了海洋资源开发中各产业构成的比例关系。山东海洋传统优势产业包括海洋港口、海洋船舶、海洋化工、海洋生物制药、海洋渔业、海洋养殖业、滨海旅游业等。

（1）海洋港口业

港口是山东省的比较优势和核心战略资源。港口与航运、临港产业、临港物流等相关产业共同组成港口经济。随着全省经济加快发展和对外开放的不断扩大，港口经济的地位和作用日益突出。进一步加快港口发展，对于承接国际产业转移，有效拉动经济增长，改善对外开放环境，发展外向型经济，促进区域经济协调发展，有着巨大的推动作用。加快沿海港口发展为全省经济社会发展的重大战略。山东海洋港口业的主要任务是，围绕"一个中心"，即建设以青岛港为龙头，烟台、日照港为两翼，半岛港口群为基础的国际航运中心，打造青岛、日照、烟台 3 个亿吨大港，着力建设集装箱、矿石、煤炭、原油四大运输系统，依托大型港口，建设青岛、烟台、日照、威海四大临港物流中心。"十二五"期间，山东港口将围绕"蓝黄"战略的实施，在加快发展中转方式，合力打造山东东北亚物流枢纽和国际港航中心。到 2015 年，全省港口吞吐量突破 11×10^8 t，其中集装箱突破 $2\,000 \times 10^4$ TEU。

（2）海洋船舶业

海洋船舶业是指生产远洋和沿海运输船舶及辅助船舶而形成的生产行业、维修行业和保险行业，主要指制造业。当前，我国已成为世界第二大造船国，正处于造船大国向造船强国转变的关键时期。我国造船完工量及新承接船舶订单量大幅增长，海洋船舶工业继续保持较快增长，2010 年实现增加值 1 182 亿元，比 2009 年增长 19.5%。

山东省是环渤海船舶工业带的重要组成部分，因此，未来山东省海洋船舶工业要突出主业、多元经营、军民结合，重点发展超大型油轮、液化天然气船、液化石油气船、大型滚装船等高技术、高附加值船舶产品及船用配套设备，同时稳步提高修船能力，实现向造船强省的稳步发展（全国海洋经济发展规划纲要，2003）。

（3）海洋油气业

海洋油气业是在海洋中勘探、开采、输送、加工石油和天然气的生产行业。我国继续加大海洋油气勘探开发力度，多个油气田陆续投产，海洋石油天然气产量已超过 $5\,000 \times 10^4$ t。海洋油气业高速增长，2010 年实现增加值 1 302 亿元，比 2009 年增长 53.9%。山东海洋油气业重点建设面向环渤海经济圈的渤海天然气田，逐步形成三个区域性市场供应体系。规划建设国家石油战略储备基地，发展商业石油和成品油储备也已成为发展海洋经济的重要战略之一。

（4）海洋生物医药业

海洋生物医药业指从海洋生物中提取有效成分利用生物技术生产生物化学药品、保健品和基因工程药物的生产活动。生物技术产业为 21 世纪最具发展前途的朝阳产业，海洋生物技术产业作为生物技术产业类群的一个分支，由于其丰富的海洋资源保障，越来越多地得到各国的重视和关注。当前，海洋生物医药等现代海洋生物技术产业已成为世界医药功能食品开发研究的热点，在海洋生物活性物质中寻找抗病毒、抗肿瘤特效药，已成为国内外研究开发的方向，其产业发展也已初具规模。山东省发展海洋生物医药产业起步较早，截至 2008 年，山东省已研制开发了海洋药物、保健品、功能食品以及精细化工产品等 70 多个品种，实现年产值 28 亿元，利税 8 亿元，出口创汇 4 000 多万美元（韩霁，2008）。

（5）海洋渔业

海洋渔业是海洋产业的重要内容之一，包括海水养殖、海洋捕捞等活动。山东省海洋渔业多年来保持平缓增长，海水养殖产量稳步提高。截至 2009 年，山东省海水产品产量 6 263 895 t，其中海洋捕捞产品 2 449 591 t，海水养殖产品 3 814 304 t，水产养殖面积 441.4 hm² （山东省统计局，2010），山东海洋渔业将积极发展水产品精深加工业，对产业结构进行调整，以水产品保鲜、保活和低值水产品精深加工为重点，搞好水产品加工废弃物的综合利用。提高加工技术水平，搞好水产品加工的清洁生产。结合水产品远洋捕捞、养殖业区域布局，建设以重点渔港为主的集交易、仓储、配送、运输为一体的水产品物流中心。

（6）滨海旅游业

滨海旅游是旅游业的一个重要组成部分，在沿海地区，它又是海洋产业构成中的一个很大部分。滨海旅游业是指以海岸带、海岛及海洋各种自然景观、人文景观为依托的旅游经营、服务活动。滨海旅游业正处于快速发育的时期。据统计，2010 年山东共接待国内游客 3.49 亿人次，国内旅游收入 2 915.8 亿元，分别同比增长 21.2% 和 25.1%；接待入境游客 366.8 万人次，入境旅游收入 21.55 亿美元，分别同比增长 18.3% 和 22.1%。全年旅游总收入相当于山东省 GDP 的 7.7%、服务业增加值的 21.2% （郑茜，2011）。受经济社会发展水平和旅游业发展阶段等影响，山东滨海旅游业与世界水平还有较大差距。这从另一方面说明，山东滨海旅游业拥有很大的发展空间和潜力。

国家海洋局下发的"海十条"（《关于为扩大内需促进经济平稳较快发展做好服务保障工作的通知》），提出对适宜开发的海岛，选择合理开发利用方式。同时，推进无居民海岛的合理利用，单位和个人可以按照规划开发利用无居民海岛，鼓励外资和社会资金参与无居民海岛的开发利用活动，此政策将加快滨海旅游业的发展。同时，编制并实施山东半岛蓝色经济区、黄河三角洲高效生态经济区旅游发展规划，借助国家战略打造长岛休闲度假岛等高端旅游项目和产品。据统计，2010 年山东全年累计完成旅游投资 1 025 亿元，年增长率达 25% （宋德瑞，2012）。

6.4　山东半岛蓝色经济区产业结构升级的内涵

海洋产业结构是海洋经济的基础，海洋产业结构优化升级主要是指促进海洋产业结构的协调化和高度化的发展。海洋产业结构的协调化是指在海洋产业发展过程中合理配置生产要素，协调海洋产业部门的比例关系，为实现海洋经济的高质量增长打下基础。海洋产业升级是海洋产业发展中的核心问题，一般来说，海洋产业的升级既包括已有的传统海洋产业的升级，即海洋渔业、海洋运输业、造船业等产业，由粗放型向集约型的转变，也包括新兴海洋产业的扩张，即海洋油气业、海水养殖业、滨海旅游业等，这些产业将在未来成为海洋产业中的主要成分，海洋产业结构优化升级的目的就是充分考虑生态系统、社会系统和经济系统的内在联系和协调发展，建立资源节约和综合利用型的合理的产业结构，获得更高的结构效益，在不增加投入的情况下实现海洋经济增长，从而促进海洋产业更好、更快、更稳定的发展（李宜良和王震，2009）。

从宏观角度看，现代经济增长的一般路径是农业—工业—服务业的过程。海洋经济的产业升级就是着力发展海洋经济中的第二、第三产业，提高其在海洋经济中的比重，提升海洋油气业、海洋造船、海洋运输及滨海旅游业等的经济规模。

从中观（即产业）角度看，一般要通过对实际案例的研究，探讨产业政策、产业集群的经济外部性等问题，为区域经济发展提供建议。具体来说，就是不同的海洋产业应该立足自身的发展现状，分别制定不同的适合自身的产业发展战略。

从微观角度看，产业升级的概念实际上是对产业集聚研究的一个延伸，主要是研究单个企业参与价值链的过程，以及如何在产业集群中获得自身的发展。一般来说，企业在价值链中的升级主要通过产品升级、生产过程升级、企业功能升级和部门间升级四种方式来实现，具体来说，对于海洋高科技产业和海洋新兴产业，政府、民间组织、科研部门和金融机构应该相互合作，帮助相关企业特别是中小企业成长。

产业升级在微观、中观和宏观这三个层次上的内涵实际上是统一的，微观和中观的企业升级构成了宏观上产业的变化趋势，宏观的三次产业之间的比例关系是对升级进行静态分析的一个良好参照系（许罕多和罗斯丹，2010）。

6.5　山东半岛蓝色经济区产业结构优化升级措施

6.5.1　产业结构优化升级的必要性

（1）产业结构转型升级已经成为世界经济发展潮流

经济发展规律要求产业结构转型升级。产业结构转型升级是经济发展的客观规律。从国际经验看，不论是发达国家还是新型工业化国家，产业的转型升级都是实现国民经济快速发展的必由之路。

新的产业革命推动产业结构转型升级。放眼海外，世界各发达国家都在摒弃 20 世纪的传统增长模式，探寻一条走向生态文明的新路，通过低碳经济模式加快技术创新、产业突破和发展模式转型升级，抢占新的发展制高点。面对新一轮的产业革命，我们只有加快转型升级步伐，在海洋新兴产业发展方面抢占先机，才能在未来的全球海洋产业中占据更加有利的地位。

国际金融危机逼迫产业结构转型升级。世界经济发展史表明，全球性经济危机往往会成为催生重大科技创新和新兴产业崛起的动力与契机。而对中国来说，国际金融危机实质上是对经济发展方式的冲击，是传统发展模式之危、科学发展模式之机。面对市场需求缩减、要素价格上升等方面的压力，产业转型和升级的需求显得尤为迫切。

（2）实现经济发展战略要求产业结构转型升级

蓝色经济区以海洋经济为特色，"蓝色"意味着纯净、天然、环保，强调可持续发展。因此，蓝色经济区是陆海一体、统筹发展的泛海经济区，是以海洋优势产业为主导，相关产业协调发展的高端产业聚集区，是海洋科技与高端人才聚集的科技先导区，是生态保护与环境友好、人与自然环境和谐发展的生态文明区，是经济社会和谐发展的复合功能区。重视高科技、高端产业的创新型经济，重视节约资源、保护环境的可持续型经济，重视统筹发展、成果共享的和谐型经济，是蓝色经济区鲜明的经济特色，这无疑会使代表未来的高端产业体系在深度开发海洋的大潮中诞生，为我们乘势优化经济结构、培植发展新优势、加快转型升级提供了重要契机（中共荣成市委党校课题组，2010）。

6.5.2　转变海洋主管部门政府职能，加强海洋统筹管理

要制定高效的海洋经济宏观管理发展与调控政策，形成健全的海洋经济综合管理体制，进一步转变海洋主管部门政府职能，理顺管理权限，加强海洋统筹管理，建立统一的海洋统筹协调机构，解决海洋产业多头管理的问题。建立完善的海洋产业市场秩序，促进有效竞争，形成资源的有效分配。建立海洋资源开发管理协调机制，协调和解决海洋开发过程中存在的国家与地方、相邻省、全局与局部、资源开发效益与生态保护以及长远效益与眼前利益等多方面的利益冲突。制定促进海洋高新技术产业发展和引导海洋高新技术产业集聚的政策，把提高海洋自主创新能力放在核心位置，加大海洋科技投入，坚持走自主创新、联合攻关以及技术引进、消化和吸收并举的道路。加速传统海洋产业的技术更新改造，促进新兴海洋产业的发展壮大，培育未来海洋产业。建立科技成果转化与推广应用的优惠和奖励机制，大力支持科技进步型企业，提高海洋企业的自主科技创新能力和对海洋经济的贡献，加强政府扶持，建立有效激励措施。综合考虑海洋生态系统、沿海地区社会系统和经济系统的内在联系和协调发展，构建低消耗、高收益的合理的产业结构，获得更高的结构效益，大幅度提高海洋资源开发利用的广度和深度，逐步由粗放型开发向集约型、效益型开发利用转变，全面提高海洋经济整体效益和海洋产业的国际竞争力（李宜良和王震，2009）。

6.5.3　调整产业结构，发展海洋新兴产业

根据沿海各海洋经济强国的历史经验，海洋经济发达程度取决于海洋第二、第三产业的发达程度。鉴此要充分发挥山东省的海洋资源优势、发展条件和海洋产业发展趋势，在蓝色经济战略下，大力发展海洋第三产业，积极调整海洋第二产业，稳定提高海洋第一产业，加速山东海洋产业结构优化升级步伐，推进山东省海洋经济快速发展。通过对海洋产业结构的调整与转换，协助衰退产业顺利地实现产业规模的缩减，促使其产业资源向新的

产业部门转移，保护和扶持具有民族和地区特色的产业。通过对海洋新兴产业的培育与扶持，在国民经济中形成基础产业、新兴产业、骨干产业和衰退产业相互协调、相互促进的产业序列，依托科技进步促进产业结构升级和合理化（李宜良和王震，2009）。

（1）调整海洋产业结构，实现传统优势产业和新兴产业的结合

应充分发挥山东省在海洋资源与科技资源方面的两大优势，加快提高海洋产业的国际竞争力。不断优化海洋产业结构，逐步淘汰低层次的产业。按照有限目标、重点突破的原则，主要扶持发展潜力大、前景好的行业、企业、产品，尽快形成规模优势和竞争优势，促进山东海洋产业结构的优化和升级。

一是应大力发展海洋第三产业。滨海旅游是关键，要实现由单纯海滨观光旅游向滨海休闲度假旅游和海上观光旅游的转化，由夏季观光向四季休闲度假的转化，由国内旅游地向国际旅游地的转化，进一步提高滨海旅游产品层次，拓展产品内涵，将目前单一的海滨游览观光产品调整为涵盖海滨游览观光、休闲度假、海上运动、商务会展、科普教育、农业观光和都市旅游等多元化产品结构，特别是结合海洋自然保护区建设和海洋渔业结构调整，发展休闲渔业和海洋生态观光产业，拓展滨海旅游产业链，实现滨海观光、休闲度假和商务旅游的三分天下格局。建立包括海水浴、冲浪、滑水、海上观光、游艇、水下公园、海洋公园、钓鱼和海洋博物馆等具有海洋特色的多功能的旅游区，滨海旅游的范围从海滨扩大到海上和海岛，构建海洋旅游网络。进一步完善港口功能、加快海洋运输业发展，海洋交通运输业的发展不仅对海洋产业结构和交通运输结构优化产生重要影响，而且还将带动和促进造船、钢铁、机械、电子等相关工业的发展（赵玉杰，2008）。

二是积极调整并发展海洋第二产业，特别是加快海洋化工、海盐业、海洋油气业发展。海盐业要坚持"以盐为主，盐化并举，多种经营"的方针，积极发展综合利用和多种经营。

三是稳步发展海洋第一产业。坚持科学布局、重点突破、协调并进、稳步发展的原则，树立品牌渔业、高效渔业和生态渔业"三个发展理念"，搞好渔业结构的战略性调整，建设山东半岛现代渔业经济区。增养殖方面，要培植特色优势品种，重点发展海参、鲍鱼、扇贝、海带、优质鱼、贝类等的增养殖。加强水产养殖的规范管理，加快水产良种产业化，大力发展标准化、无公害、健康生态养殖；加快壮大远洋渔业企业，建立和完善远洋渔业基地，调整作业和品种结构，拓展新的发展空间。加快休闲渔业的发展，培植景观渔业、都市渔业等新的经济增长点。组织实施渔业资源修复行动计划，探索建立多元化的投融资机制，加强对项目的监督管理，逐步建立和完善渔业生态环境损坏补偿机制（江玉民，2011）。

四是加快发展海洋新兴产业。

① 开发海水利用业

山东省具有发展海水利用的良好条件。作为海洋大省，山东省拥有绵长的海岸线，且岛屿众多，具有利用海水的优越条件。伴随着陆地水资源的日渐枯竭和淡水资源危机的到来，山东省应该充分利用自身优越的地理位置，大力发展海水淡化和综合利用技术，通过化学或者物理的方法从海水中获得淡水，为人类社会经济的发展提供足够的淡水供应。同时，还要加强开发在工业和生活中直接利用海水的技术，并加快将海水循环冷却等关键技术运用到实际的工业和生活中。海水中还含有丰富的化学资源，可以利用来制盐，以及提

取钾、溴、镁等元素，并进行深加工，从而提高对海水的综合利用（刘占平，2010）。

2003年，国家海洋局杭州水处理技术研究开发中心在荣成石岛建成5 000 t/d反渗透海水淡化工程；2004年6月，国家海洋局天津海水淡化与综合利用研究所在青岛黄岛建成目前国内最大的具有完全自主知识产权、独立设计和加工制造的3 000 t/d低温多效海水淡化技术示范工程（周洪军，2009）。这些都为山东省加快海水利用奠定了基础。山东省应进一步加大投资力度，把海水利用业推上一个新的发展阶段。

② 发展海洋生物制药业

海洋生物种类多种多样，具有药用价值的珍贵植物已经发现了数百种。同时，在2 300多种藻类中含有多种维生素，可以用来提取抗菌、消炎、抗凝血和防止心脑血管等多种疾病的药物成分。海洋中的动物种类也不是陆地所能比拟的，仅仅鱼类就有2万多种（刘占平，2010）。

海洋生物医药业是指以海洋生物为原料或提取有效成分，进行海洋药品与海洋保健品的生产加工及制造活动。目前，山东拥有中国海洋大学、中国科学院海洋研究所、国家海洋局第一研究所、中国水产科学研究院黄海水产研究所等国内知名的海洋科研院所，在我国最早从事海洋药物研究与开发，其研究水平已经处于国际先进之列。目前我国已实现产业化的藻酸双酯钠、甘糖酯、烟酸甘露醇、海麒舒肝等5种海洋糖类新药和大多数海洋保健产品，都是以山东的科研院所为主研制成功的。随着蓝色经济的兴起，山东加大了对海洋生物医药产业的投入，2011年山东海洋生物医药业实现产值81.1亿元。在山东，国风、华仁、博新生物等企业与高校、科研机构组成的海洋药物与保健品研究开发产业体系已经形成（黄盛和姜文明，2013）。

对海洋生物制药业的发展，政府要给予政策支持，鼓励并引导企业进行自主研发工作，依托全省高校科研做后盾，搭建起产学研相互合作的平台，建立起特色化的海洋生物制药产业，推动山东蓝色经济的发展。制药企业扩大生产规模，同时，政府要给予资金支持，帮助企业拓宽融资渠道。结合高新技术，建设一批具有低能耗、低污染、低排放、高产出等特点的海洋生物制药产业；整合中小型制药厂，走以集团化发展为重点的道路，建设一批大规模、品牌化的龙头制药企业，为振兴蓝色经济增砖添瓦（刘占平，2010）。

（2）转变经济增长方式，发展海洋传统优势产业

① 重点发展现代渔业

海洋渔业是目前山东省海洋经济中最大的优势产业，要转变渔业发展方式，发展生态高效品牌渔业，建设山东半岛现代渔业经济区。要加快实施渔业资源修复行动计划，努力恢复近海渔业资源，重建沿海"黄金渔场"。加快国家级、省级良种场和区域引种中心建设，严格水产苗种和质量管理、培植全国重要的水产苗种基地。坚持优势主导品种和特色品种相结合，推动优势水产品区域化、规模化、标准化养殖，建设一批健康养殖示范基地。加大政策和政府的扶持力度，积极发展远洋渔业，集中培育一批经济实力强、装备水平高、带动能力大的远洋渔业龙头企业。大力发展海产品精深加工，提高水产品附加值，努力打造全国一流的水产品加工出口基地。

② 重点发展海洋交通运输业

山东省海洋交通运输业存在的主要问题是布局分散，合力不足、竞争力不够强。要整合现有物流资源，集中培育青岛、烟台、日照三大临港物流中心，培植一批大型物流企业

集团，建立和完善现代海洋运输体系，努力建成国际性集装箱转运基地、国内重要的矿石进口转运基地、原油装卸与储备基地以及煤炭出口基地，建设东北亚地区重要的国际航运中心。

③ 重点发展海洋化工产业

海洋盐业是山东省传统优势海洋产业，全省盐业增加值居全国首位，在成本方面山东省具有较强的竞争力。以莱州湾为中心，依托骨干企业，加快技术改造和产品升级，提高产品附加值，在提升氯碱、纯碱产品竞争力的基础上，重点发展生产医药中间体、染料中间体、感光材料、溴、镁、钾及其系列产品，力争把山东省建设成为全国重要的海洋化工生产基地。此外还要加强对海洋油气资源的勘探、开发与利用，大力发展产品深加工，实行规模化、集约化生产，提高化工产品的市场竞争力。依托淄博、青岛等市的骨干石化企业，积极开发油气资源深度加工产品，形成从炼油到合成材料、有机原料、精细化学品的产业链和优势产品系列。

④ 重点发展滨海旅游业

山东省滨海旅游业是海洋产业中发展最快的产业之一。要充分发掘山东省丰富的海洋景观资源和人文资源，以打造"中国黄金海岸"和"中国旅游度假胜地"为目标，进一步完善滨海城市旅游规划，加大沿海旅游资源的整合力度，强化滨海大旅游观念，在资源开发、设施配套、市场开拓等方面打破地区壁垒，加强联合与协作，实现半岛城市群"无障碍旅游"，走大联合、大开发、大市场的路子，逐步形成具有竞争力的国际、国内著名旅游胜地。要突出滨海风光、历史文化和海洋特色，开发符合现代旅游需求的生态旅游、休闲度假、商务会展和文化、探险、游船、渔村、渔业等特色旅游。策划组织好青岛啤酒节、烟台葡萄酒文化节、荣成渔民节、日照太阳节等有影响的节事活动。进一步加强旅游综合配套设施建设，提高综合接待能力。加大宣传促销力度，重点抓好日本、韩国、东南亚等周边市场以及俄罗斯、欧美市场的开发，加强省内和京津冀、"长三角"、"珠三角"、东北和周边市场的开拓力度，形成全方位的客源市场开发新格局（宋文华，2006）。

（3）加快海洋科技成果转化，突出发展海洋高新技术产业

要推进科技兴海战略，整合海洋科研力量，培养海洋科技人才，推进海洋科技创新体系建设，大力发展海洋高新技术产业、海洋新兴产业。加快高新技术向传统产业的渗透，引导与扶持海洋企业开发新产品、新技术和标准化，推动海洋科技产业化进程（赵玉杰，2008）。

山东省在海洋资源、海洋科技和海洋教育方面具有突出的优势，但在海洋科技成果的转化和产业化方面仍然存在很多不足之处，特别是海洋高技术产业的发展仍处在起步阶段，影响了山东省海洋高技术产业基地的建设。各级政府部门应当以海洋产业结构调整为目标，以发展海洋高新技术为起点，以提升海洋高新技术产业规模和市场竞争力为指导，遵循高科技产业发展规律，统筹规划，合理布局，加强山东省海洋高技术企业的科技创新和产业化转化能力。以市场为导向，政府制定相关扶持政策作为导向，大力发展海洋高技术产业集群，以高校、科研机构和大企业为依托，强化海洋科技企业孵化器和公共专业服务设施建设，增强企业自主研发和市场生存能力，推动山东省海洋高技术产业的快速发展，建设国际一流的国家海洋高技术产业基地，突出发展海洋高新技术产业（刘洋等，2008）。

① 大力发展海洋装备制造业

海洋装备制造业主要包括船舶、集装箱、海洋工程装备制造业（海洋石油平台设备、港口装卸设备、海洋工程施工设备制造业）等。山东省海洋工程装备制造业在全国处于领先地位，现有中海油集团、蓬莱巨涛重工、烟台莱佛士、青岛北海船舶重工、龙口三联等海洋工程装备建设项目，总投资 120 亿元，投资规模列国内第一。要在加快现有项目的基础上，依托半岛制造业基地，积极承接日韩等国外装备制造业转移。坚持自主开发、技术引进和科技创新相结合，提高装备制造业的自主创新能力，大力发展现代化总装设计与生产。加强船舶产业规划布局，加快推进一批重大修造船项目建设，重点建设青岛、烟台、威海三大修造船基地。重点发展大型集装箱船、散货船、石油和天然气船三大主力船型，支持发展游艇、远洋捕捞船等优势产品，引进国际造船以及相关零部件企业，努力扩大集装箱的生产。

② 大力发展海洋精密仪器产业

海洋精密仪器产业主要包括海洋测绘、海洋物理、海洋物探、海洋工程等仪器设备制造业。目前国内海洋仪器市场的 98% 被进口仪器占领。我国的海洋精密仪器产业技术水平远远落后于发达国家，只相当于印度的水平。我国目前只有两家专门从事海洋仪器仪表制造机构，一个是国家海洋技术中心（天津），另一个是山东省科学院的海洋仪器仪表研究所（青岛），年产值约 4 亿元。国产仪器仪表主要集中在海洋水文气象观测、单波束水深测量、物理化学分析（室内仪器）等方面。海洋精密仪器研制已列入国家"863"科技攻关重点领域。山东省应当依托在全国领先的海洋科技优势，加大投入，实行引进与自主创新相结合，重点发展水文气象、地质地球物理勘探、军用设备、噪声收集设备等，将山东海洋精密仪器产业打造成山东新的优势产业。

③ 大力发展海洋生物医药产业

积极发展海洋生物活性物质筛选技术，重视海洋微生物资源的研究开发，力争在发现海洋天然产物、生物活性物质、特殊功效基因组等方面实现新的突破，研究开发一批具有自主知识产权的海洋创新药物和基因产品；加强医用海洋动植物的养殖和栽培，重点开发一批技术含量高、市场容量大、经济效益好的海洋中成药，为预防、控制和治疗疑难疾病提供新型药物支持。积极开展农用海洋生物制品、工业海洋生物制品和海洋保健品，满足人们生活质量不断提高的要求。

④ 大力发展电力等海洋能源产业

加快核电建设步伐，海阳核电站基础性工作成熟，投资主体落实，已开工建设，计划2014 年投入商业运营；同时启动乳山核电站、荣成高温气冷堆项目和沿海第三个核电站前期工作。利用海水资源，积极发展海水冷却电厂；综合利用海洋能资源，积极开发利用风能、太阳能、波浪能、潮汐能、温差能、生物能等可再生资源，大力发展可再生能源用作海水淡化、城乡公共设施电源的技术和设备，有效利用海洋清洁能源（宋文华，2006）。

⑤ 大力发展海水利用业

继续积极发展海水直接利用和海水淡化技术，重点是降低成本，扩大海水利用的产业规模，逐步使海水成为工业和生活设施用水的重要水源。加快核能海水淡化等海水淡化项目的实施进度，早日开工建设青岛、烟台低温核能海水淡化项目；围绕沿海、海岛城乡居民和产业用水，加强海水淡化技术产业化攻关，研究开发小型海水淡化技术和设备，规划建设一批中小型海水淡化项目；制定海水利用鼓励政策和措施，扩大直接利用海水的领域和行业，力争沿海地区的高用水企业工业冷却水基本上由海水代替，扩大青岛大生活用海水规模，使之成为国家级大生活用海水技术示范城市。解决水资源"瓶颈"制约问题，使海水淡化水成为海岛居民的重要水源（宋文华，2006）。

⑥ 建立与海洋产业发展相适应的人才队伍

制定宏观的海洋人才发展战略目标，统筹制定科学的人才发展规划和就业计划，保证人才效益的提升及结构的优化。扩大涉海就业规模，加强对海洋科技人才的培养，构筑涉海人才高地，建立高层次、高素质人才队伍。把发展海洋产业和劳动就业结合起来，宏观调控涉海行业的产业结构和就业结构。实施科教兴海战略，建立海洋人才培养机制，不断完善海洋教育内容，发展多形式、多层次的海洋教育。鼓励和发展能增加就业岗位的技术革新和技术进步，提供技术援助，扩大技术转让，从而扩大就业领域（李宜良和王震，2009）。

6.5.4 树立产业发展服从资源环境保护的意识

随着经济的快速发展，山东省所辖海域接收陆源污染物大量排放，致使海域污染日益严重，生态环境不断恶化，渔业资源日渐枯竭，生物多样性锐减，海域功能明显下降，资源再生和可持续发展利用能力不断减退。另外，赤潮、溢油等灾害事故频繁发生，严重影响海洋产业的可持续发展。海洋资源是海洋产业发展的物质基础，海洋产业的发展要着眼于资源环境的可持续利用。

（1）强制性控制海洋环境污染的恶化趋势

通过强制性政策控制海洋污染的思路主要体现在两个方面：一是直接对海上生产过程和产生陆源污染的生产过程中排放的污染物数量和种类进行强制性规定，也就是直接管制；二是对产生污染的生产投入和消费的前端过程产生的污染物数量、种类进行强制性规定，即进行间接管制。虽然管制方式在实施过程中具有刚性强而弹性缺乏，难以从根本上扭转环境恶化的趋势，但却是有效遏制环境继续恶化的重要途径。

目前，我国治理海洋污染的政策多是针对排污企业而制定，缺少针对沿海旅游、农业陆源污染等方面海洋污染的强制性控制政策。而且，海上执法体制属于分散型，力量薄弱，是影响政策执行效果的重要因素。因此，应加强海上执法队伍，以确保政策的有效实施。

（2）通过引导性政策激励海洋科技发展

从国际上看，一个国家的海洋经济是强还是弱，关键在于其海洋科技水平是高还是低。无论是海洋开发与利用，还是海洋环境保护与治理，都需要海洋科技创新成果作为支撑。发展海洋科技，一要加大对海洋科技创新的资金投入。海洋高科技、高投入、高风险的特点决定了政府投入资金的必要性，特别是海洋资源开发、海洋环境保护等高新技术产业投入。与此同时，也应鼓励民间资本对海洋科技的投入，借鉴风险投资、项目招标等市场形式，拓宽投资渠道，形成多元化的投资格局；二要制定鼓励海洋科技创新的财税政策，以激励企业的科技创新意识，通过完善科技成果评估体系，加强知识产权保护，间接促进海洋科技的发展；三要加强海洋科技人才培养与储备，通过健全海洋科技教育培训体系，优化海洋科研人才结构，通过制定优惠政策，吸引和培养海洋科技人才（吴燕翎，

2010）。

（3）通过政策促使海洋经济增长方式由粗放型向集约型转变

粗放型经济增长的特点是高投入、高消耗、低质量、低产出，这种经济增长方式的生产设备和工艺落后、资源浪费严重，对海洋生态环境有较强的破坏。要实现海洋经济增长方式从粗放型向集约型的转变。首先，要在资金投入、税收优惠等方面提供政策支持，鼓励技术创新，改善管理方式，从技术与管理两方面提高海洋资源的使用效益，提高科技在经济增长中的作用；其次，在增加投入新项目、增加海洋经济总量的同时，加强资金的使用监管，保证资金的合理有效利用，确保海洋资源的节约和综合利用（吴燕翎，2010）。

（4）加强公民的海洋国土意识和海洋环境保护意识教育

公民是良好海洋环境的直接受益者，公民个人也有保护海洋环境并监督他人或企业行为的责任，前提是公民本人需要了解他的受益之处及其所肩负的责任。通过大力宣传和加强教育，让公民理解并接受海洋国土的观念和海洋环境保护的重要性。有关部门要利用多种媒体拓宽宣传途径，既包括传统媒体中的报纸、杂志、广播、电视等，也要充分利用各类网站、交互网络电视、网络论坛、博客、手机媒体、移动电视、微博等新媒体（吴燕翎，2010）。

（5）制订有力措施，防范海洋经济风险

发展海洋经济的风险主要来自两个方面：一方面是海洋科技创新失败以及发展决策失误导致高额投入无法收回的风险，这属于正常的风险范畴，所有投资都可能面临这些风险；另一方面是地震、海啸、飓风、风暴潮、海冰、赤潮等海洋自然灾害对沿海地区所有相关经济产业造成损失的风险。这种风险，造成的损失往往是巨大的。

灾害是一种建立在自然现象基础之上的社会历史现象，任何灾害在作用于人类社会以前，都是一种正常的自然现象，只是由于其作用于人类社会，造成了生命财产的损失，才称之为灾害。也正是由于灾害的社会属性才为社会防灾减灾提供了更大的可能性空间。因此，为避免海洋灾害对海洋经济造成重创，要依靠海洋科技的发展，提高海洋监测预报的时效性与准确性；对于海上作业平台及沿海地区的生产厂房，应出台相应建设标准与作业规则，最大限度减低海洋灾害可能造成的人员伤亡与经济损失（吴燕翎，2010）。

6.6　发展山东半岛蓝色经济区海洋高新技术产业

6.6.1　海洋高新技术产业的特点

海洋高新技术产业通常是指那些具有高技术含量、高资金投入与高收益的现代高端海洋产业，包括传统海洋产业的高技术化和海洋高技术的产业化。具体而言，海洋高技术产业包括：海洋监测和探测技术装备产业、海洋油气产业、海洋生物技术产业及海水养殖产业、海水淡化及海水综合利用产业、深海采矿产业、现代造船业、海洋能产业、海洋信息服务业等。海洋高技术产业具有以下五个特点。

（1）高风险

海洋开发的自然环境恶劣，各种海洋灾害频繁发生，而且由于各种开发活动之间存在着相互影响、相互制约的关系，往往牵一发而动全身，导致了海洋高技术的开发与应用具有较高的风险性。同时，由于人类对海洋环境与资源认知水平的局限以及海洋特殊的自然环境，也使海洋高新技术产业较一般的高新技术产业具有更高的风险。

首先，海上勘探的判断失误的比率高。特定的海上条件为查清海洋油气、天然气水合物和其他固体矿产的分布和储量带来困难，在开发中往往因选区不当而找不到预期的资源储量。其次，是由于海洋高新技术产业开发周期长而承担的风险。陆地油田由勘探到开发建成投产仅需要 2 年，而海洋油田的建设周期则长达 5～10 年，从而造成了资金的积压，使开发者承担较大风险。再次，海洋资源及海洋空间开发等海上活动在很大程度上受海况的制约和威胁。

（2）高投入

海洋高技术产业是一个技术密集型和资本密集型的产业领域，因此具有耗资大的特点，海洋的特殊条件与环境使得海上的一切工作都需要借助相应的载体和技术手段进行，加上种种安全保障条件建设，其开支要比陆上同类工作高许多倍。因此，海洋高新技术产业集群比一般的高新技术产业集群要有更高的投入。

首先，海上调查、勘探或开发装备条件投资巨大。我国自行设计建造一条 5 000 吨级海洋考察船造价在几亿元，一台深海多波束系统需要 1 500 万元，海洋观测的漂流浮标、锚定浮标、深水浮标等价格也都比较昂贵。其次，海上调查船只、勘探设备、海上浮标等维护费用也较高。一艘 4 000 吨级海上调查船在海上执行调查任务，每天的开支在 15 万元以上。再次，海洋开发的投入更高。如海上天然气的平均开发费用约相当于陆上同样生产能力投资的 4 倍以上（方景清等，2008）。

（3）高公益性

相对于传统的海洋产业而言，海洋高技术产业的回报率和公益性都更高。在《海陆一体化建设研究》一书中（栾维新，2004），定量分析了海洋产业在吸纳劳动力就业方面的潜力，在我国东部沿海地区，当海洋产业增加值每增加 1 个百分点时，在海洋产业子系统内部将创造 3.7 万个就业机会，并可拉动陆域产业子系统增加约 4.7 万个就业机会，拉动效应为 1∶1.37，此外，通过相关分析还计算出海洋产业增加值与全国人均 GDP 之间的相关系数为 0.978 3，与沿海人均 GDP 之间的相关系数为 0.988 1。表明全国及沿海地区的经济增长与海洋产业发展高度相关，海洋高新技术产业集群的发展对全国及沿海地区的经济增长具有巨大的拉动作用。

（4）高技术性

海洋高技术与其他工程技术相比，更多地依赖多方面知识的支持，更凸显高、精、尖的特点，诸如空间遥感技术、现代声学技术、勘探技术、自动控制技术、信息处理技术等都是形成海洋高技术的基础。从事海洋高技术产业的劳动力，科技素质较高，国际化人才多。

（5）国际化

由于海水的流动性，致使有些海洋资源，如洄游性鱼类、公海航道以及海洋污染、海洋灾害等国际化特征凸显。因此，海洋开发及海洋问题的解决必然依靠国际合作，海洋高新技术产业集群的发展也必然要求国际密切合作，具有全球性特征（方景清等，2008）。

6.6.2　山东半岛蓝色经济区海洋高新技术产业现状分析

海洋高新技术产业的发展，根据其发展水平的不同，可以划分为三个阶段：初级阶段、中级阶段和高级阶段。初级阶段是指海洋高新技术比较少，甚至没有，高新技术产业的发展处于起步阶段，只能通过从陆域产业转移技术和国外引进技术来提高海洋科技水平，从而推动海洋高新技术及其产业的发展。中级阶段是指具备了一定的海洋高新技术研发水平，个别领域达到了较高的科技水平，同时海洋高新技术产业初具规模，能够在一定程度上实现较高的社会和经济效益。高级阶段是指具有完备的海洋科技基础，能够独立研发尖端的海洋科技装备，成为他国模仿和学习的对象，海洋高新技术产业发展迅速，能为整个海洋经济的发展提供巨大推动力（于谨凯和李宝星，2007）。

山东半岛蓝色经济区高新技术产业起步较晚，但发展迅猛。近年来，电子信息、生物工程、医药制造、新能源和新材料等高技术工业从无到有，加快发展，成为带动山东省工业实现稳定较快发展的重要因素。目前，山东省电子信息技术、生物技术、新材料技术、光机电一体化技术已经初步形成。2010 年，全省规模以上高新技术产业产值 31 602.1 亿元，比 2005 年增长 3.6 倍；占规模以上工业的比重由 2005 年的 24.1% 提高到 35.2%，5年提高了 11.1 个百分点。技术进步和创新带动了新产品快速增长。2010 年，山东省规模以上工业新产品产值达 6 072.1 亿元，比 2005 年增长 1.5 倍（山东统计信息网，2011）。

与全国其他沿海地市相比，山东省发展国家海洋高新技术产业的海洋科技和人才优势明显。其中，山东省青岛市的海洋科研力量处于全国领先的地位。青岛市每年在研的海洋类研究课题在 1 000 项左右，在"十五"国家"863 计划"项目中，驻青岛各海洋研究机构争取到海洋领域的"863"项目 112 项，占全部海洋领域项目的 1/3，充分证明了青岛市和山东省的海洋科研实力。青岛市的海洋科技机构密集程度居全国之首，是我国进行海洋科研、教学和国际学术交流的基地。青岛市拥有海洋科学与技术国家实验室、海洋产业化示范基地和国家级大型海洋专用设备基地，并拥有数十个省部级重点实验室、十几位海洋院士和全国一半以上的海洋科研人才（陆铭，2009）。

尽管山东省海洋高新技术产业实现了高速发展，但产业的总体水平不高，海洋产业总产值占国民生产总值比重、高尖端技术开发应用以及海洋人才储备等方面与海洋经济发达国家还是存在较大差距，高新技术的研发水平比较落后，而且企业与技术研发机构脱节，技术产业化障碍重重，技术层面仍然以模仿为主、创新为辅，科技含量相对较低，因此，海洋高新技术产业仍然处于上述的中级阶段，与发达国家的海洋高新技术产业水平相比还有一定的差距。

6.6.3　山东半岛蓝色经济区发展海洋高新技术产业的对策措施

实现山东半岛海洋高新技术产业的发展要以市场需求为导向，合理分配海洋高新技术研究和开发资源，通过新产品和新技术的市场开发，将海洋高新技术大规模转化为现实生产力，并不断满足市场需求。

（1）认真落实蓝色经济区规划

海洋科技发达国家的经验和模式证明，通过国家层面制定海洋科技的发展规划，来确定海洋高新技术及其产业的发展方向和模式，能够规范和促进国家海洋高新技术产业的发展。为促进山东省海洋高新技术及其产业的发展，从而带动山东半岛蓝色经济区的海洋经济向更高、更快方向迈进，必须认真落实蓝色经济区发展规划中海洋科技的发展方向和重点，明确海洋高新技术产业的发展模式（于谨凯和李宝星，2007）。

（2）成立专门机构管理和协调海洋科技的发展

海洋科技发展专门机构的成立对于海洋高新技术产业的发展具有重大意义，该机构不仅是制定海洋科技发展规划，协调各部门工作的机构，而且对于海洋高科技的发展具有如下功能：① 管理和调拨国家专项资金，负责通过合理的方式向研发海洋科技的科研机构以及科技创新企业提供资金支持；② 负责把政府、科研机构以及企业联系在一起，形成一体化的机制，不仅有利于政府的宏观管理，更有利于高新技术的应用和产业化；③ 传播海洋知识，提高公众的海洋认知度。我国海洋文化的建设和推广力度有待进一步增强，该机构可以利用政府职权和公共资源，加大宣传力度；④ 从国家层面参与国家间合作，可以引进国外先进技术和设备，也可以参与国际海洋科研项目等（于谨凯和李宝星，2007）。

（3）发展海洋高新技术企业

以往传统的做法是先进行研究和开发，再面向市场进行产品化的开发模式研究，这种做法已不适应海洋高新技术产业发展的要求。海洋高新技术的研究过程往往就是产品的开发过程，这些产品如果不在较短的时间内推向市场，往往会因转化周期过长而被淘汰。因此，建立海洋高新技术企业，使海洋高新技术的研制与生产紧密结合，是促进海洋高新技术产业发展的有效模式。为此，可以进一步合理配置各种资源，充分利用海洋高新技术的优势时期，将其转化为效益。海洋高新技术企业的创办与发展有其自身的规律，企业文化、运行机制、经营理念、管理制度均有自身的特色，需要用市场的标准谋求发展，以经济效益为目标，追求企业价值最大化（于谨凯和李宝星，2007）。

（4）创新海洋高新技术产业发展的"合资"模式

国内外高新技术产业集群发展的成功经验表明，大量的资金投入对高新技术产业集群的形成和发展至关重要，海洋高新技术产业集群具有较其他高新技术产业集群更显著的高投入的特点。因此，充足的资金来源是海洋高新技术产业集群发展的保障。

现阶段，我国海洋高新技术产业聚集地的建设资金大多来源于地方政府和中央政府的财政投入，一些尖端的海洋高新技术仪器的研制开发工作也由政府出资承担。由于政府的财力有限，造成某些海洋高新技术产业聚集地的资金出现短缺，限制了海洋高新技术产业集群的发展。国外成功的高新技术产业集群的经验表明，单靠政府的财政支持不可能完成高新技术产业集群的发展，只有加大外来资金的引入，尤其是国外风险投资的介入，才会使海洋高新技术产业集群的发展有永续的资金支持（方景清等，2008）。

所谓"合资"模式，即利用外资推进海洋高新技术产业发展的模式。海洋高新技术产业的发展在很大程度上取决于技术开发和资金的足够有效的供给，同时海洋高新技术的研制、开发、转化都需要有大量的资金支持，而在一般情况下，我国海洋高新技术研究工作的承担者和实际的市场运作严重脱节，并且缺乏足够的资金，因此引入外资，实现技术与资金的有效连接，对于海洋高新技术产业的发展具有重要意义（于谨凯和李宝星，2007）。

在促进海洋高新技术产业发展，开拓良好的资本环境方面，可供选择的方式有以下几种。① 对于比较成熟或已有基础的海洋高新技术，在充分调研的基础上，推荐给开发资金雄厚、可进行技术产业化的企业。企业以该种海洋高新技术为背景，与研制单位共同开发并生产有市场前景的产品，从而加快海洋高新技术产业发展的进程。② 利用技术和企业市场潜力进行招商引资。这种方式是技术的拥有方借助自身的技术优势和市场潜力，吸引拥有开发资金的企业加入，共同组建技术开发企业，实现优势互补和力量整合。③ 积极利用各种专项扶持资金、风险资金，促进海洋高新技术产业的发展。由于高新技术产业本身具有高风险、高收益的特点，使得其从传统渠道筹措资金的困难越来越大，因此，需要运用风险投资这一新型的融资工具和国家以及地方政府的各种扶持资金推动产业的发展。④ 接受企业的委托，进行专题海洋高新技术的开发，或提供相关技术服务，扩大与投资单位的联系，同时，提高自身的技术开发能力，为推进海洋高新技术产业发展开辟更多的途径（于谨凯和李宝星，2007）。

海洋高新技术的产业化一般要经过实验化、产品化、商品化三个阶段，各阶段以技术创新为纽带，构成一个完整的产业链。海洋高新技术以不断创新的方式沿着这条产业链完成其产业化过程，三个阶段均有不同的风险，其中一些风险是由不同来源的约束因素所导致的，由此形成金融创新的动因，应针对这些约束因素进行新型的制度安排、市场结构设置、服务以及工具创造，从而达到防范和规避风险，促进海洋高新技术产业化的目的（于谨凯和李宝星，2007）。

（5）推行产业科技园区模式

良好的外部环境，有助于技术的不断创新与进步，也有助于整个海洋高新技术产业的发展。创办海洋高新技术产业园和示范基地，使之成为海洋高新技术的"孵化"基地和辐射中心，对于促进海洋高新技术产业的发展，乃至整个社会发展和科技进步都会起到十分重要的推动作用。海洋高新技术产业园应该是一个区别于传统意义的科技园区，是一个只有生产边界而没有固定地域边界的虚拟园区。利用现有的软硬件设施，进行资产与政策的调整，整合各类资源进行建设。高新技术企业是园区的核心部分，通过引进高新技术，在相关技术力量的指导、配合下，依靠企业自身的技术力量实现技术创新，将高新技术转化为商品。同时，不断开发新产品，实现产品的更新换代，促进企业乃至整个产业向大规模和高效益发展。国内外的实践证明，创办和建设高新技术产业园是符合现代高新技术、海洋经济发展的客观要求，是加快海洋高新技术产业发展的一个重要模式（于谨凯和李宝星，2007）。

7 山东半岛蓝色经济区转变生产方式分析

7.1 山东半岛蓝色经济区战略规划方案

2009年4月胡锦涛同志视察山东时，提出"要大力发展海洋经济，科学开发海洋资源，培育海洋优势产业，打造山东半岛蓝色经济区"。一个全面论述海洋经济的大战略和打造蓝色经济区的部署进入党中央、国务院和山东省委省政府领导重大的决策。实施科学的战略指导，制定科学的发展规划，打造一流的山东半岛蓝色经济区，必须以党中央提出的战略思路和要求为指导。

7.1.1 山东半岛蓝色经济区的定位

"山东半岛蓝色经济区"的目标定位是：在我国沿海"长三角"与京津冀之间、整个沿黄海及其中原腹地一带，设立的又一个经济社会发展极。

"山东半岛蓝色经济区"的功能定位：立足环黄海西岸地区，发挥山东半岛和苏北中心港口和大型港口作用，对内联结中原地区，对外联结韩日，打造"长三角"与京津冀之间的经济增长极，努力建成中国—韩日紧密型合作发展的城市化经济中心、商贸物流中心、制造业加工业中心、环黄海圈航运中心，辐射、带动和支撑国家中部大开发大崛起战略地区，成为开放度高、辐射力大、外向型强、经济繁荣、社会和谐、生态文明的我国重要的国际经济合作区域。

山东半岛蓝色经济区要建设成具有较强国际竞争力的现代海洋产业集聚区，具有世界先进水平的海洋科技教育核心区，国家海洋经济改革开放先行区和全国重要的海洋生态文明示范区，全面提升对我国海洋经济发展的引领示范作用。

"山东半岛蓝色经济区"的主要构架：以山东半岛蓝色经济区发展规划为主体，以沿海7市为前沿阵地，以全省的资源要素为重要依托，以转变发展方式和构建现代海洋产业体系为主攻方向，以陆促海、以海带陆、海陆统筹，把实施科教兴海战略和提高自主创新能力作为重要着力点，全面加强海洋生态文明建设，建设成为我国海洋生态文明示范区、海洋经济改革示范区、海洋科技教育中心和海滨国际旅游目的地，形成连接"长三角"和环渤海地区、沟通黄河流域广大腹地、面向东北亚全方位参与国际竞争的重要经济增长极（2011规划）。

图7-1为山东半岛蓝色经济区空间布局示意图。

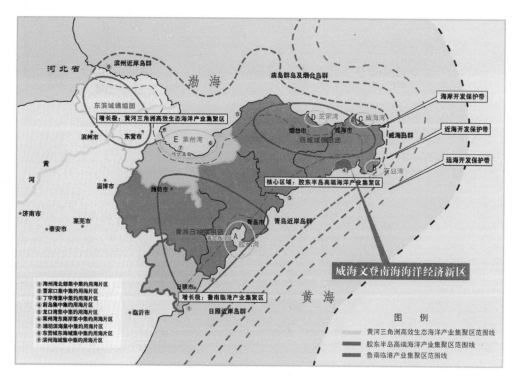

图 7 - 1   山东半岛蓝色经济区空间布局示意图（图片来源：潍坊新闻网）

7.1.2   山东半岛蓝色经济区的支撑体系

7.1.2.1   支撑体系的要素

主要城市：据《山东半岛城市群发展战略研究》课题组主持人、北京大学教授周一星介绍，自然地理上的小山东半岛是指胶莱河以东的胶东半岛，大山东半岛是从寿光小清河口到日照岚山头的绣针河口以东的部分，覆盖了威海、烟台、青岛、日照、潍坊五市。但考虑到济南、淄博虽然在地理条件上不属于半岛地区，但属于胶东、兰烟铁路沿线的城镇密集地区。再加上国务院关于扩大沿海经济开放区范围的通知中，把济南、青岛、淄博、威海、烟台、潍坊、日照和东营都列为山东沿海经济开放区。左右兼顾，把 8 个城市称为"山东半岛城市群"（李亚军，2005）。

人口规模：山东省人口 9 000 多万人，及苏北淮海 5 市约 3 200 多万人，共约 1.2 亿人口。

主要产业经济资源：大型油田、多个大型煤田、矿山、众多外向型制造产业和加工业。

主要交通与人流物流体系：密集的铁路网；三大国际机场；密集的高速公路网；密集的大型港口运输贸易网；等。

主要经济腹地：山东，人口资源经济大省；河南，人口资源经济大省；山西，资源经济大省；苏北、皖北牵连的江苏、安徽腹地等。

主要海外空间：距朝鲜半岛（韩国）、日本南部最近，经济贸易通道便捷，经济互补性强。

7.1.2.2　城市群支撑

山东省过去制定实施的是"山东半岛城市群"战略，平均用力，"群"而无首。因此"半岛城市群"战略提了 5 年，没有出现一个大都市圈，对本区域的带动、拉动作用一直偏弱。

《山东半岛城市群总体规划》规划"山东半岛城市群是由济南、青岛、烟台、淄博、威海、潍坊、东营、日照 8 个设区城市构成的城市地域空间组合"，没有建构彼此有机发展机制，依然是 8 大城市各自为政，自谋生路。这一现状应该改变。

根据山东省政府规划，"到 2020 年，青岛、济南发展成为 500 万人、430 万人左右的超大城市；淄博、烟台为 200 万人以上的特大城市；潍坊、威海、日照为 100 万人以上的特大城市；东营、章丘、即墨、胶南、胶州、龙口等为 50 万人以上的大城市"；还有若干中等城市和小城市。

据此，打造青岛、济南两大都市圈完全能够构建牵引拉动力强大、对周边有吸附和带动作用的大都市圈。

济南都市圈："超大城市"济南是山东省省会，也是"国家计划单列"的"副省级城市"，近邻特大城市淄博、大城市章丘、泰安、聊城以及周围地级城市区域，都有与济南对接的积极愿望。济南的吸附力很强，不能再只是一堆"城市群"群而无首，应该打造建构集成为一体化的大济南都市圈。

青岛都市圈："超大城市"青岛是"国家计划单列"的"副省级城市"，是我国最早的集团城市之一，即墨、胶南、胶州 3 个城市本辖属于青岛，近邻有潍坊、日照 2 个特大城市，另外还有一些中小城市。潍坊距青岛快速列车 1 个半小时，日照距青岛只有一个多小时车程。如此紧密型的以青岛为主体的 3 个超、特大城市和 3 个大城市、多个中小城市，完全可以打造成为一个协作、合作一体化的大青岛都市圈。

7.1.3　山东半岛蓝色经济区的发展战略

7.1.3.1　发展方向

2011 年 1 月获得国家批准的《山东半岛蓝色经济区发展规划》提出了必须遵循的"四大发展原则"，即：转变发展方式，实现科学发展；强化生态保护，实现持续发展；推动海陆统筹，实现联动发展；深化改革开放，实现创新发展。

实现科学发展就是要密切跟踪世界海洋经济发展趋势，突出海洋科技支撑引领作用，科学开发海洋资源，加快培育海洋优势产业，调整优化产业布局，推动海洋经济发展由粗放增长型向集约效益型转变。

实现持续发展就是要按照建设海洋生态文明的要求，依据不同海域生态环境承载能力，合理安排开发时序、开发重点与开发方式，推动蓝色经济区走上生产发展、生活富裕、生态良好的文明发展道路。

实现联动发展就是要发挥半岛型地理优势，把海洋和陆地作为一个整体，实行资源要素统筹配置、优势产业统筹培育、基础设施统筹建设、生态环境统筹整治，推动海洋经济加快发展，带动内陆腹地开发开放。

实现创新发展就是要把创新作为推动海洋经济发展的根本动力，加大重点领域和关键环节改革力度，形成有利于海洋经济科学发展的体制机制，进一步提高海洋经济对外开放的水平。

7.1.3.2 发展策略

山东半岛蓝色经济区将以高端技术、高端产品、高端产业为引领，强化港口、园区、城市和品牌的带动作用，加快发展海洋高技术产业，建设具有较强自主创新能力和国际竞争力的现代海洋产业集聚区。

同时，整合海洋科教资源，实施海洋高技术研发工程；提高教育现代化水平，加大各类人才的培养力度，构筑具有国际影响力的海洋科技教育人才高地。

深化海洋经济技术国际合作，建设中日韩区域经济合作试验区，打造东北亚国际航运综合枢纽、国际物流中心、国家重要的大宗原材料交易及价格形成中心，构筑我国参与经济全球化的重要平台。

7.1.3.3 发展目标

根据2011年1月提出的《山东半岛蓝色经济区发展规划》，到2015年，半岛蓝色经济区的现代海洋产业体系基本建立，综合经济实力显著增强。同时，人民生活质量进一步提高，率先达到全面建设小康社会的总体要求。人均地区生产总值超过8万元，城镇居民人均可支配收入和农民人均纯收入年均增长10%左右，城镇化水平达到65%左右。

到2020年，建成海洋经济发达、产业结构优化、人与自然和谐的蓝色经济区，率先基本实现现代化。海洋经济综合实力和竞争力位居全国前列，建成具有世界先进水平的海洋科技教育人才中心，经济开放水平大幅提升，成为我国参与经济全球化发展的重点地区。海洋生产总值年均增长12%以上，人均地区生产总值达到13万元左右，城镇化水平达到70%左右（贺常瑛，2012）。

7.1.3.4 实施科学发展战略的基本内容

蓝色经济作为一个具象表现的经济形态，是一个不同于海洋经济概念，而又包含着海洋经济所涵盖主体内容的全新经济概念，这一概念决定着一种新的商品经济形态的建立，决定着山东半岛蓝色经济区需要建立新的经济发展模式。新的经济发展模式需要实施新的科学发展战略，主要内容如下。

（1）实施以新的理念为指导的临海地带发展战略

在现代世界经济的实践中，临海国家与地区普遍重视临海地带发展问题。特别是进入21世纪后，普遍更新理念，加快推进临海地带发展战略，以此带动国家与地区的经济振兴和发展。实施以新的理念为指导的临海地带发展战略，需要正确认识和解决好以下"三个战略问题"。

一是科学实施临海地带划分标准调整战略。现代海洋经济是一种以立体、多维空间为载体的经济形态。人类的实践是不断发展的，作为建立在实践基础上的理念、观念和概念也要随着实践的发展而不断调整和更新。建设山东半岛蓝色经济区，必须抛弃传统理念，坚定不移地科学实施临海地带划分标准调整战略，不断以更加符合实践的临海地带划分标准，为山东半岛蓝色经济区开辟并预留足够的多维发展空间。

二是科学实施区位优势布局优化战略。不同区位具有客观形成的特色鲜明的经济发展优势。如何最大限度地发挥区位优势，关键是如何实现布局优化。建设山东半岛蓝色经济区，必须抛弃传统理念，坚定不移地科学实施区位优势布局优化战略。近年来，山东省青岛市不断强化实施的"依托主城、环湾保护、拥湾发展、组团布局、轴线辐射"的城市发展布局新模式，作为一种科学实施区位优势布局优化战略的典例，可以为其他城市与区域所借鉴，特别是可以为建设山东半岛蓝色经济区所借鉴。

三是科学实施围填海造地战略。世界与中国沿海区域发展客观需要临海的陆域空间，决定了人类必定会通过围填海造地的方式，解决人类生存与发展需要的陆域空间。山东是环渤海经济圈的重要组成部分，要抓住机遇，发挥经济地理优势，坚持科学实施围填海造地战略，以改写陆域版图，开拓越来越大的陆域发展空间（郭先登，2010）。

（2）实施以核心竞争力为指导的海洋产业发展战略

人类开发利用海洋已有几千年的历史，海洋产业是随着人类经济社会的发展而不断发展起来的一个大生产门类。在现代海洋开发利用中，20世纪60年代以前，主要是处于以渔业、盐业和运输业为主体的发展阶段。随着现代科学技术快速发展和海洋石油工业的兴起，传统的海洋开发利用模式开始发生根本性的变化，以海洋石油化工业、现代海洋大型运输业、海水养殖业、海洋旅游娱乐业等构成的现代产业成为迅速崛起的海洋支柱产业。20世纪80年代中期以来，以海洋生物药物全面推向市场为标志，由海水资源综合利用、海底矿物开发、海能利用、海洋生物利用与药物制造为主要内容的高新技术产业群的崛起，人类开发利用海洋进入了加速发展的新的历史阶段。

按照经济学的分类，海洋产业主要包括：海洋港口运输业、海洋装备制造业、海洋造船业、海洋新材料业、海洋石油化工业、海洋纺织业、海洋地矿业、海洋药物业、海洋捕捞业、海洋养殖业、海洋旅游业、海洋服务业12类。现代海洋产业正处在一个高速发展的阶段，并不断完善着各个子门类，催生着若干细分生产门类的形成与崛起。如近年来海洋药物业就呈现出不断细分的趋势。浩瀚的海洋蕴藏着约17万种生物资源和多用途的海洋矿物，在海洋生物药物发展的同时，海洋矿物药物也开始作为海洋药物业一个细分生产门类加快开发利用。为此，沿海各国都把建立具有核心竞争力的海洋产业放到突出的位置来抓。在这种发展态势下，建设成山东半岛蓝色经济区，必须实施以建立核心竞争力为指导的海洋产业发展战略（郭先登，2010）。

（3）实施以新观念为指导的产业集聚发展战略

从发展趋势看，新的主体功能区将在国家和省级两个行政区域层面、以市县为基本单位上规划运作。在全国层面，以主体功能区概念去引导产业布局；在单个城市层面，以功能区概念来引导产业布局和发展。因此，编制产业规划，要从注重数量规划转为注重操作性，从产业导向转为空间导向。山东半岛蓝色经济区建设提出了大产业发展空间需求，这就客观地要求全面实施以新观念为指导的产业集聚发展战略。

目前在实践中创造出来的以新观念为指导的产业集聚发展战略，形成的产业集聚区，是建立现代产业体系、现代城镇体系和自主创新体系的重要载体，也是在新的世界分工格局大发展中招商引资和大项目建设的重要载体。中国若干城市与地区实施以新观念为指导的产业集聚发展战略，创造性地建设了一批具有国际影响力、特色鲜明的产业集聚区。这些产业集聚区与传统工业园区、开发区有着根本区别，形成特色主导产业的有机联系与组合，在空间上集聚发展的产业集群；充分体现出企业集中布局、产业集群发展、资源集约利用、功能集合构建的产业集聚发展战略的主要元素。

（4）实施以青岛为首位度的第一基地城市发展战略

青岛在山东半岛城市群中的首位度地位，作为"国"字号的海洋产业城，城市所具有的得天独厚的经济地理优势和蓝色国土保护优势，在"环湾保护、拥湾发展"战略实施中所形成的海湾经济形态，决定了青岛市是率先打造成山东半岛蓝色经济区第一基地城市的地位（郭先登，2010）。

（5）实施山东半岛港口集群发展战略

山东半岛是中国拥有港口最密集的区域，是中国港口发展最具有区位优势的区域。中国已经进入了多极多圈多带多区相互交融发展的时代。在这个时代里，要从港口经济是蓝色经济的第一视角，全面审视以港兴市与以港兴省、以港兴区的关系。山东半岛城市群要真正实现以港兴区，必须建设强大的山东半岛港口集群；有了这个集群，才能真正打造成一体化的山东半岛蓝色经济区（郭先登，2010）。

（6）深入实施科教兴海战略

科教兴海是蓝色经济区发展的核心战略。加强海洋科技创新综合性平台、专业性平台和科技成果转化推广平台建设，完善现代海洋教育体系，加强重点学科建设和海洋职业技术教育，加快海洋创新型人才队伍建设，努力建设具有国际先进水平的海洋科技、教育、人才中心（贺常瑛，2012）。

① 完善海洋科技创新体系

加快海洋重大科技创新平台建设。优化配置科技资源，加快构建以国家级海洋科技创新平台为龙头，以省部级各类创新平台为主体的科技创新体系，全面增强海洋科技创新能力和国际竞争力。按照国家统一部署，加大政策和资金扶持力度，做大做强国家级海洋科技创新平台。在海洋生物、海洋化工、新材料、海洋装备制造技术等优势领域组建国家工程（技术）研究中心。加快建设或引进船舶制造、工程装备、仪器仪表等应用技术开发方面的创新平台。通过国家科技计划、公益性行业科研工作的支持力度，积极开展国家重点基础研究计划（973 计划）、国家高技术研究发展计划（863 计划）和国家海洋公益性科研专项等重大科研项目研究，努力在一些重大关键技术领域取得突破，形成一批具有自主知识产权的科技成果。完善国际科技交流合作机制，进一步加强与日本、韩国、俄罗斯、乌克兰、印度以及欧美等国家和地区的海洋科技交流合作。

强化企业技术创新体系建设。鼓励符合条件的企业建设实验室、工程技术研究中心、博士后工作站和企业技术中心。支持企业与高校、科研院所建立多种模式的产学研合作创新组织，推动企业与科研机构建立产业技术创新战略联盟。实行支持自主创新的财税、金融和政府采购等政策，完善企业自主创新的激励和投入机制；制定和实施扶持中小科技企业成长计划，健全创业投资和风险投资机制，引导企业增加研发投入。

促进海洋科技成果转化。加快建设海洋成果中试基地、公共转化平台和成果转化基地。加大国家高技术产业专项资金的支持力度，组织实施一批高技术产业化示范工程，促进海洋高技术产业在青岛、烟台、潍坊、威海等地聚集发展，择优建设海洋产业国家高技术产业基地。完善海洋科技信息、技术转让等服务网络，规划建设青岛国家海洋技术交易服务与推广中心。引导企业制定知识产权发展战略，支持有条件的城市申报国家知识产权试点城市。

② 提升海洋教育发展水平

优化整合海洋教育资源，提高海洋高等教育和职业技术教育质量，打造全国重要的海洋教育中心。探索落实区内高等学校专业设置自主权的体制机制，加大区内战略性新兴产业相关产业设置的政策倾斜，增加海洋专业招生计划，积极支持列入"985"、"211"工程的高等院校建设，加强海洋专业学院建设，构建门类齐全的海洋科学与海洋工程技术学科体系。支持中国海洋大学巩固海洋基础学科优势，重点发展与海洋经济密切相关的学科专业，将其建设成为世界一流的综合类海洋大学。支持山东大学、中国石油大学（华东）及区内其他高等院校结合自身优势和市场需求，选择发展特色海洋学科专业。支持区内重点高等院校和科研院所加强海洋相关学科建设，扩大高层次海洋人才培养规模。在投资、财政补贴等方面加大对海洋职业技术教育的支持力度，实施示范性职业技术院校建设计划，在沿海 7 市建设一批以海洋类专业为主的中等职业学校，规划建设 1 所国家级海洋经济技师学院。支持国内高校在区内建立涉海专业的教学、实习和科研基地。积极开展海洋教育国际合作交流，支持高等院校与世界知名大学和科研机构建立合作院校、联合实验室和研究所。在中小学普及海洋知识，建设青岛海洋教育科普基地。

③ 构筑海洋高端人才高地

建立健全人才培养、引进、使用、激励机制，建设我国海洋高端人才聚集地和素质人力资源富集区。实施高端人才培养计划，以两院院士、"泰山学者"和山东省有突出贡献的中青年专家为重点，加强创新型海洋科技领军人才队伍建设，依托国家重大科研项目、重大工程。重点科研基地和国际学术合作交流项目，打造高科技人才培养和集聚基地。实施海洋紧缺人才培训工程，选派优秀人才到国外培训。完善首席技师和有突出技师选拔管理制度，实施"金蓝领"培训工程，培育高技能实用人才队伍。在中央引进海外高层次人才"千人计划"和海洋科技人才出国（境）培训项目等方面，加大对蓝色经济区的支持力度。建设一批海外留学人员创业园区（基地）和引智示范基地。加快培育专业性海洋人才市场，建设东北亚地区海洋人才聚集中心和交流中心。

7.1.4 山东半岛蓝色经济区产业布局框架

规划山东半岛蓝色经济区海洋产业布局，既要考虑到相关海洋产业链条的延伸，又要注意避免产业低水平重复建设。因此，要按照错位发展、优势互补的原则，以"集群化"思路规划和完善各大海洋产业的布局，打造一批具有较强规模和一定竞争力的产业集群，提升山东半岛蓝色经济区海洋产业竞争力水平。根据山东半岛蓝色经济区自身所要求的经济、社会、生态等发展目标，形成海洋产业"一区、二带、三段、四港"的空间发展格局（表 7－1）。

"一区"是指黄河三角洲开发区，包括东营、滨洲、潍坊三市。该区域要充分发挥油气资源和海洋资源优势，重点发展石油化工、盐化工和海洋化工、精细化工，扩大高附加值产品的比重，建设成为该区重要的石油化工产业基地。

"二带"是指海岸带黄金旅游区、黄河口生态旅游区。其中，青岛、烟台、威海、日照四市旅游资源丰富，景点众多，可以发展各具特色的滨海旅游业；东营、滨州、潍坊三市位于黄河入海口地域，拥有黄海交汇、湿地生态、石油工业和滨海滩涂湿地等生态旅游资源，可以发展各具特色的生态旅游业。

表7-1 山东半岛蓝色经济区各大海洋产业分布

产业区域	产业选择
一区	海洋石油化工业、盐及盐化工业、海洋化工业、海洋高科技产业
二带	滨海旅游业、生态旅游业
三段	海洋渔业、水产品加工
四港	海洋运输业、海洋船舶工业、海洋工程业、海洋高科技产业

"三段"分别是指"潍坊、东营、滨州岸段"、"威海、烟台岸段"、"青岛、日照岸段"三大高效渔业养殖区。

"四港"是指青岛、日照、烟台、威海四个临港工业区，要依托自身作为沿海港口的优势，结合半岛制造业基地建设，重点建设临港工业基地，形成产业聚集度高、带动能力强的临港工业区。在充分利用山东半岛蓝色经济区海洋优势基础上，依托海洋科技资源综合优势，通过规划整合要素资源，形成优势互补、产业互动、布局互联、协调发展的新格局，必将极大地推动山东半岛蓝色经济区海洋经济的发展。

胶东半岛高端海洋产业集聚区，是山东半岛蓝色经济区核心区域。提升核心区域的发展水平，对于促进山东半岛蓝色经济区加快发展、优化产业结构、提升总体竞争力，具有重要的拉动作用。核心区域以青岛为龙头，以日照、烟台、潍坊、威海等沿海城市为骨干，充分发挥产业基础好、科研力量强、海洋文化底蕴深厚、经济外向度高、港口体系完备等方面的综合优势，着力推进海洋产业结构转型升级，构筑现代海洋产业体系，建设全国重要的海洋高技术产业基地和具有国际先进水平的高端海洋产业集聚区。加快提高海洋科技自主创新能力和成果转化水平，推动海洋生物医药、海洋新能源、海洋高端装备制造等战略性新兴产业规模化发展；加快提高园区（基地）集聚功能和资源要素配置效率，推动现代渔业、海洋工程建筑、海洋生态环保、海洋文化旅游、海洋运输物流等优势产业集群化发展；加快提高技术、装备水平和产品附加值，推动海洋食品加工、海洋化工等传统产业高端化发展（山东半岛蓝色经济区发展规划，2011）。

7.2 山东半岛蓝色经济区战略选择

7.2.1 组建山东半岛海上国际贸易通道

（1）港口优势

我国现有沿海港口150多个，港口货物吞吐量和集装箱吞吐量已连续多年居世界第一。2008年全年规模以上港口完成货物吞吐量 58.7×10^8 t，全国已有14个港口的吞吐量超过亿吨，集装箱吞吐量 1.28×10^8 TEU，约占全世界的1/4。在世界集装箱港口排名前10名中，我国占6个港口。中国已发展成为世界头号航运大国和港口大国。

根据《中国航运发展报告》，2011年我国水上运输船舶总规模首次突破2亿载重吨，其中海运船队达到1.15亿载重吨，居世界第四位；全国港口完成货物吞吐量首次突破 100×10^8 t，集装箱吞吐量达 1.64×10^8 TEU，双双位居世界首位。《报告》指出，2011年全

国水路完成货运量 42×10^8 t、货物周转量 7.5×10^{12} tkm，分别比 2010 年增长 12% 和 10%。水路货运量、货物周转量在综合运输体系中所占比重为 11.5% 和 47.4%。全国港口完成货物吞吐量 100.41×10^8 t，外贸货物吞吐量 27.86×10^8 t，集装箱吞吐量 1.64×10^8 TEU，分别比 2010 年增长 12.4%、11.4% 和 12.0%，共有 8 个港口进入世界 20 大集装箱港口行列。同时，全国港口拥有生产用码头泊位 31 968 个，比 2010 年底增加 334 个，其中，万吨级及以上泊位 1 762 个，比 2010 年末增加 101 个。全国内河航道通航里程 12.46 $\times 10^4$ km，比 2010 年末增加 370 km。全国拥有水上运输船舶 17.92 万艘、21 264.32 万载重吨，分别比 2010 年末增长 0.5% 和 17.9%，我国海运船队吨位规模在世界商船队继续位列第四（交通运输部，2012）。

根据国家对沿海港口区域布局的划分，我国沿海港口分作"环渤海"、长江三角洲、东南沿海、珠江三角洲和西南沿海 5 个港群。这 5 个港群中，东南沿海和西南沿海港群规模较小，最具优势的大港群是"环渤海"、"长三角"、"珠三角"三个港群。

山东半岛基岩港湾海岸发育，深水大港资源丰富，港口经济在山东半岛蓝色经济区建设中作用举足轻重。全国已有 14 个港口的吞吐量超过亿吨，环渤海港群中，超过亿吨以上大港就有青岛、烟台、日照，天津、秦皇岛，大连、营口共 7 个港口。其中山东半岛亿吨以上大港占环渤海港群的 3/7，货物、集装箱吞吐总量约占环渤海港群吞吐总量的一半，分别占全国沿海港口规模的 1/8 和 1/10。其中，青岛港集装箱吞吐量位列全球集装箱大港 10 强，全国第三。

重要港口乃至国际航运中心港口，对于提升城市和区域经济竞争力、对外开放层次和水平，具有必不可少的巨大拉力作用。港口产业经济的发展一直以来都强劲地拉动着山东的海洋经济和内陆经济的发展，是山东半岛蓝色经济区建设的重要引擎和重要支撑。根据青岛市的测算，到 2020 年，青岛的港口经济总量占全市 GDP 的比重将超过 30%。

（2）山东半岛港口群定位压力

尽管山东半岛港口在全国乃至世界港口发展竞争中占有十分重要的优势地位，尤其在环渤海港口格局中占"半壁江山"，尽管山东省不断出台推进"以青岛港为龙头、以烟台港与日照港为两翼"的"一主两翼"格局建设、打造"东北亚航运中心"等政策措施，但是，为什么远远不如青岛港的天津港 2006 年即被国家明确确定为"北方国际海运中心"？为什么比天津港还小的大连港，2007 年又被国家明确确定为"东北亚国际航运中心"？为什么实际上在我国北方最为重要、规模最大的青岛港这一"环渤海港群"中的"老大"、山东港口的"龙头"，连同它的"两翼"，总是不能进入国家规划的总盘子，只能沦落到"老三"的位置，只能"融入""环渤海经济圈"，被放在了从属地位，被严重边缘化。

这显然不是山东港口自身的条件和市场竞争的自然能力造成的，而是山东港口发展的现行体制和政策造成的。山东省在港口发展的观念、思路和战略规划保守、低位，甘愿将自己定位在"环渤海港群"之内。山东省经济强省和港口发展的战略决策保守、失误，自愿将山东经济的发展定位在"环渤海经济圈"之内，导致整个山东被中央决策的大区域发展规划边缘化。由此造成的结果是，山东这个中国海洋大省、经济大省，没有具有国家地位的大区域港口中心作支撑，港口产业经济形不成拳头，国际贸易大通道受挤压，临港工业、物流、服务业受影响，因此，一直难以做成国家定位中的海洋强省、经济强省。

（3）突破传统环渤海经济圈的束缚

"环渤海港群"中天津港之所以被国家确定为"北方国际航运中心"，大连港之所以被国家定位为"东北亚国际航运中心"，完全是天津、大连解放思想、找准了定位、谋划决策，得到中央政府批准并大力支持的结果。

这给予我们很多重要的启示：其一，变港口自身竞争为国家大区域发展政策支持的区域整体竞争；其二，变自然港口劣势为政策港口优势；其三，变分散发展为整合发展，集成优势；其四，变地方定位为大区域定位，即用大区域经济社会整体的定位优势提升港口发展的优势定位；其五，变无中心为有中心。天津港直接被命名为"天津北方国际航运中心"；辽宁大连港被直接命名为"大连东北亚国际航运中心"。而山东则一直不肯定名青岛这个北方港口老大是"中心"，依然要求"到2010年，初步建成以青岛港为龙头，以日照、烟台港为两翼，以半岛港口群为基础的东北亚国际航运中心"，即整个山东沿海港口都是"东北亚国际航运中心"的组成部分，"人人有份"，因而就变得人人无份。

2011年初，国务院正式批复《山东半岛蓝色经济区发展规划》，这是"十二五"时期开局之年第一个获得批准的国家发展战略，这一规划明确提出"打造以青岛为龙头的东北亚国际航运综合枢纽和国际物流中心"（丁磊，2011），从此打破了山东港口发展定位的尴尬局面。

国际航运中心是一个功能性的综合概念，是融发达的航运市场、丰沛的物流、众多的航线航班于一体，一般以国际贸易、金融、经济中心为依托的国际航运枢纽。世界主要国际航运中心城市为伦敦、纽约、鹿特丹、新加坡、香港等。国际航运中心的特点：一是以大型的、现代化的深水港为枢纽核心的港口群，不是一般的港口，也就是说，是港口不一定就是国际航运中心，但国际航运中心必须包含大型的、现代化的深水港口群以及强大的航运服务体系。二是具有广泛的、全球性的国际航线网络，或具有调动全球航线服务的港口，具有全球性的广泛的航线、服务覆盖面。三是国际航运中心支撑的不仅是全球性的航运业，更重要的是支撑航运业的强大的现代物流体系，形成集增值服务、加工服务、多式联运集疏运服务、门到门服务、信息服务等强大的服务体系，是整个国际航运中心运作的重要是支撑。四是具备产业带动作用。国际航运中心的运作，不仅在于航运业本身的发展，而在于航运业带动的先进制造业、现代服务业的乘数效应。航运业本身的发展依赖于国际航运中心港口城市、地区的国际贸易、国际金融等现代服务业的发展，反过来，航运业的发展又进一步推动了国际航运中心港口城市、地区的国际贸易、国际金融等现代服务业的发展。

7.2.2　加快青岛国际航运中心建设

规划打造"山东半岛蓝色经济区"港口体系，建设"青岛国际航运中心"，形成外向型经济的强大港口支撑体系。

7.2.2.1　打造"山东半岛蓝色经济区"港口体系的基础

在"环渤海经济圈"的外向型港口中，有青岛港、日照港、烟台港亿吨级大型港口，为山东半岛蓝色经济区港口体系的建设打下优质、坚实的基础。但按照山东省既有的构建"以青岛港为龙头，以日照、烟台港为两翼，以半岛港口群为基础的东北亚国际航运中心"的港口发展战略，并不能构建出"国际航运中心"。不实施有机整合，没有体制创新，

"龙头"、"两翼"、"基础"之间不会产生构建关系，诸多外向港口只能各自为战，一盘散沙，形不成大的拳头。导致"国际航运中心"不能建成的另一个重要原因是：原有的港口发展战略只局限于山东行政区划之内，没有大思维、大思路，对周边港口力量完全未予考虑。

山东省外不能忽视的一个亿吨大港，就是近在咫尺的连云港。连云港已迈入我国沿海亿吨大港行列，集装箱超过 300×10^4 TEU，江苏第一、沿海"十大"、全球百强。连云港虽在"上海国际航运中心"中被定位为"北翼"，但与"中心"没有腹地与配套联系，距离较远，且自身城市拉动力小，附近无大城市依托，一直以来"孤立无援"。1953 年前连云港属山东省，与山东有天然的地缘人缘关系。连云港与日照、青岛近在咫尺，同在一片海湾水域，有着中原和中西部的共同腹地。目前青岛在建的董家口港区距日照仅 20 km，对面几十海里就是连云港，黄岛—日照—连云港铁路已规划修建，1~2 个小时可以三港贯通。

因此，青岛港、日照港完全可以与连云港实行有机的紧密型协作、合作乃至一体化，构成一个同一体的超大型港口区域。即使考虑到连云港属江苏省，不能与青岛—日照实行三港合一，但形成紧密地有机合作型港口，应该是水到渠成的。

7.2.2.2 建设"青岛国际航运中心"的主体思路

青岛港是世界集装箱第十大港、世界货物吞吐量第七大港、全国对外贸易第二大港，在中国北方是名副其实的规模和效益都第一的大港，更是名副其实的"山东半岛蓝色经济区"的龙头和中心大港。

但是，如果仍然让青岛港依靠自身孤军奋战，南部有"上海国际航运中心"，北部有"天津北方国际航运中心"、"大连东北亚航运中心"，三个"中心"夹击，青岛港以一个地方港口与之竞争，前途堪忧。因此，山东省有必要解放思想、更新观念、创新思路、重新规划，下决心实施港口的合理整合布局，果断决策，将青岛港定位在国家蓝色经济建设格局下、以自身主体港口与周边港口整合一体的大型"青岛国际航运中心"，从而获得与以上三大"国际航运中心"同样的地位、同样的国家支持，同样的竞争条件，更大力度地拉动整个山东半岛和整个"沿黄海经济区"的大发展大繁荣。

为此，需不失时机地做出决策：

① 争取将青岛港命名为"青岛国际航运中心"，改变山东港口一直没有"中心港口"的历史。

② 成立"青岛国际航运中心"现代大型港口集团，按照现代企业制度和国际国内成功惯例和成功模式组建集团旗下的各个港口。

③ 建构"青岛国际航运中心"以青岛港、日照港为主体港区的一港格局，形成"青岛国际航运中心"的规模效应。

"青岛国际航运中心"的现有规模：货物吞吐量已近 5×10^8 t、集装箱已达 $1\,100 \times 10^4$ TEU，在集装箱世界前 10 强中即可超过鹿特丹港、宁波—舟山港、广州港，有望超过釜山港，成为世界前 5 大港；货物吞吐量可直追上海港。2012 年，全国规模以上港口吞吐量突破 4×10^8 t 的有 5 大港口，它们分别是：宁波—舟山港、上海港、天津港、广州港和青岛港。其中，青岛港 2012 年港口货物吞吐量累计完成 4.1×10^8 t，同比增长 7.8%；青岛港不仅成为国内第五大过 4×10^8 t 的港口，同时也稳居全球第七位（深圳港口协会，

2013）。

"青岛国际航运中心"的近期规模：按照青岛港、日照港的已有规划，两港合一后的吞吐总量在 2010 年将会达 8×10^8 t，集装箱将超过 1 500 万 TEU，远超国内其他大港，与国内第一大港"上海国际航运中心"互有短长，并远超韩国、日本港口，真正成为东北亚环黄海第一航运中心。这不是一个港口合并吞吐量简单相加的数字问题，而是同一港口区域、同一腹地内避免恶性竞争与内耗、降低建设与营运成本、优化市场与资源配置、增大区域经济拉动能力的问题。

7.2.2.3 加强"青岛国际航运中心"南北两翼的紧密合作

组建以青岛港、日照港为两个主体港区的一港化"青岛国际航运中心"，同时与南翼—连云港和北翼—烟威大港的紧密合作，使之成为"青岛国际航运中心"的紧密型"两翼"。

青岛港建设成为"青岛国际航运中心"就必须充分发挥董家口港的优势作用（毛功进，2010）。董家口港区位于青岛市南翼的胶南市辖境、琅琊台湾，靠近青岛市与日照市分界处，行政区划于泊里镇。董家口港三面环海，拥有海岸线长度29 km，水深平均 15 m，距岸 1 000 m，水深可达 20 m，常年不冻不淤，其优越的建港自然条件在目前国内稀缺深水良港的现状下显得越发珍贵。同时，董家口交通便利，距国际主航道仅 10 km，同三高速、"204"国道、"334"省道、青岛滨海公路均与港区衔接；青连铁路建成后直接入港，轻松实现海、路、铁多式联运，为货物集散提供了方便快捷的交通条件。董家口港区腹地辽阔，沿黄河向西纵深，可达河南、河北、山西、陕西等广大地区。经济腹地总面积达 87.3×10^4 km²，为港区可持续发展提供了坚实腹地货源保障。

董家口港区是青岛港的重要组成部分、是临港工业发展的重要依托。近期以杂货、大宗干散货、液体散货等的运输和促进临港工业发展为主。随着港口设施的逐步完善和腹地运输需求的日益增长，董家口港区将逐步拓展服务范围，全面发展港口综合物流、专项物流、商贸、信息、综合服务等服务功能，发展成为以干散货、液体化工为主的国家重要能源储备运输中转基地和交易市场。

董家口港区建设意味着青岛首次跳出胶州湾范围开发建设大型港口，真正向着以胶州湾为核心、以鳌山港区和董家口港区为两翼的"一湾两翼"的港口规划发展格局，迈出了具有历史意义的一步。对带动区域经济快速发展，形成新的增长极，调整和优化港口功能布局，推进"环湾保护，拥湾发展"战略的全面实施，打造东北亚国际航运中心具有重要的战略意义。

虽然董家口港具有优越的建港条件和发展契机，但是，其发展也面临着巨大的挑战。一方面，无论是从山东半岛层次、环渤海层次还是东北亚层次来审视董家口港，董家口港的规划定位及经济腹地，都与日照港、连云港以及青岛母港等周边港口，以及秦皇岛港、天津港、烟台港等邻近港口存在重叠之处，未来在货源方面必然会展开激烈的竞争；另一方面，青岛市已规划董家口港所处的泊里镇为重工业功能区和临港产业区，山东省在建设山东半岛蓝色经济区中提出将董家口定位于海洋高科技产业集聚区，未来董家口港的发展必须适应并服务于其所处地域经济的发展定位（毛功进，2012）。

① 日照—青岛港共识：日照融入大青岛，成为大青岛都市圈的有机部分，已成为日照、青岛的上下共识，已经合作组建的"日青集装箱公司"，合作双赢，颇受好评。

② 理顺"青岛国际航运中心"主体港口与"两翼"港口和支线港口的分工与合作关系，合理、高效地扩展内陆腹地和海外空间。勾画烟台—威海两港合并，形成 1 + 1 > 2 的综合性数亿吨大型港口，既是"青岛国际航运中心"的重要支撑性"北翼"大港，又能面向环渤海和韩日相对独立竞争发展，做大做强。

③ 做实青岛—日照—连云港的大联合。作为一个数亿吨大港，连云港及其"一港两翼"与烟台—威海大港一样，既是"青岛国际航运中心"的重要支撑性"南翼"大港，又通过其现行属地体制，维系江苏和中西部腹地，在连通海内外、拉动苏北、辐射整个沿黄海经济区的内层中相对独立竞争发展，做大做强。

青岛、日照、连云港三港同一海域，近在咫尺，具备一体化和紧密合作条件；三港合港和合作，港口建设不必因恶性竞争而重复大投资、大浪费；三者有着共同的内陆腹地，又有共同的外向空间。三港合港和合作，对内对外都会形成更大的吸吐能力和拉动能力。三者有共同的人文环境。2007 年江苏与山东两省政府又签署了合作协议，其中"加强两省港口的合作"被列为"合作重点领域"。

7.2.3 打造海洋高端制造业中心和海洋高科技研发中心

7.2.3.1 山东海洋科技产业状况

山东省海洋科技优势得天独厚，是全国海洋科技力量的"富集区"，拥有海洋科研、教学机构 55 所，包括中国科学院海洋研究所、中国海洋大学、国家海洋局第一海洋研究所等一大批国内一流的科研、教学机构，1 万多名海洋科技人员占全国同类人员的 40%以上。

山东在发展海洋经济方面具有历史长久的政策储备和强有力的智力支持。在 20 世纪的 80—90 年代，一场世界范围的波澜壮阔的蓝色革命浪潮席卷全球。为适应海洋开发的发展大势，1990 年末，新中国成立以来的第一次大规模海洋工作会议在北京召开。在会上，山东作了题为《开发保护海洋，建设海上山东》的汇报。这是"海上山东"的概念首次在官方文件中提出，山东社科院的海洋经济研究所是建设"海上山东"战略的主要创意者之一。党的"十七大"报告，提出了发展海洋产业，构筑现代产业体系的内容。2009 年 4 月，胡锦涛同志视察山东时强调指出："要大力发展海洋经济，科学开发海洋资源，培育海洋优势产业，打造山东半岛蓝色经济区"。蓝色经济概念的提出，使山东省的海洋经济发展获得了前所未有的机遇，海洋科技储备也同时获得了巨大的发展空间和强劲的政策动力。

2008 年，山东省海洋生产总值 5 346.25 亿元，占全国海洋生产总值的 18%，居全国第二位。截至 2009 年，山东省已形成集海洋渔业、海洋盐业和盐化工业、海洋交通运输业、海洋油气开采业、滨海旅游及海洋科教等服务于一体的门类较为齐全的海洋产业体系。其中，海洋渔业、盐业和盐化工业、海洋港口运输业、海洋科研教育等在全国具有举足轻重的地位，海洋经济总量多年来位居全国前列。到 2011 年，山东海洋科技自主创新能力有了很大提高，初步建成以市场为导向、企业为主体、产学研结合的海洋科技创新体系。推动创建了 20 ~ 30 个有高科技含量的名牌海洋产品，海洋产业增加值年增长率 20%以上。

7.2.3.2 山东海洋科技创新发展的不足及对策

在目前山东省海洋产业的迅猛发展的势头之下，我们仍然不能忽略存在的一些问题。一是海洋产业结构不尽合理。海洋新兴产业规模较小，产业增加值占产业总量的比重较小。二是技术含量低、低水平、重复建设，劳动密集型为主的产业项目较多，知名品牌产品较少。三是人才结构、产学研合作体系尚待进一步发展。大部分研究人员从事海洋公益性和基础性研究，科技开发型人才特别是科技企业领军型人才少，应用研究和产业化人才培养体系亟待完善（滕军伟，2009）。

为此，山东省委、省政府提出完善海洋科技创新体系，加快构建区域科技创新体系。要大力提高自主创新能力，加快完善创新体系，突出抓好创新联盟、创新平台和创新基地建设。从科技角度看7市，形成了一个以青岛为海洋科技龙头，以潍坊、东营、滨州为西北域，以烟台、威海、日照为东南域的蓝色半岛科技创新体系。

山东省将按照"经济发达、生态良好、科技先进、实力雄厚"的目标建设海洋强省，以提高海洋科技自主创新能力为中心，以加快发展新兴海洋科技产业为目的，组织实施"177"工程，最终实现现代海水养殖优良苗种繁育、水产品精深加工、海洋药物及生化制品、海洋精细化工、海水淡化和直接利用、海洋新材料、海洋能源开发等新兴产业的跨越性发展，开创"海上山东"建设的新局面。

（1）建设好国家级海洋中心

国家海洋科学研究中心（海洋科学与技术国家实验室）是由驻在青岛的中国海洋大学、中国科学院海洋研究所、国家海洋局第一海洋研究所、中国水产科学研究院黄海水产研究所和青岛海洋地质研究所5个国家级海洋科研单位共同发起，以其优势科技资源为基础，由山东省政府和青岛市政府组织并与以上单位主管部委共同建设的国家海洋科技创新体系。根据国家需求和学科发展需要，该中心以大幅度提高海洋科技创新能力为核心，依托共建单位的优势力量建设完整的海洋科学与技术创新体系，成为我国海洋领域大型科学仪器设备、自然科技资源、科学数据、科技文献共享平台，科技成果转化公共服务平台和网络科技环境平台，海洋科学与技术研究和国际交流中心，海洋科技高层次人才汇聚和培养中心，跻身世界8大知名海洋科学研究中心之列（胡建廷，2007）。

（2）实施"七大海洋科技工程"

① 海水养殖种子工程

开展分子生物学育种技术研究和优质抗病海水鱼类良种选育研究；选育生长速度快、抗逆性强、适宜于深水网箱养殖的优质海水鱼类品种（系），比选育前生长速度提高30%以上，并突破规模化育苗技术；建立鱼、虾、贝、藻种质库，构建海带DNA文库、同源序列数据库和功能基因分类管理数据库，建立海藻基因和标记的综合技术平台，开展海藻品种选育理论及技术研究；构建刺参育种技术体系，选育速生抗病耐高温刺参良种。

② 海洋天然产物开发工程

开发海洋生物活性物质高通量筛选、功能分析、物质组成和化学结构测定鉴定技术；开展新的海洋天然产物的提取、分离、结构鉴定、生物活性评价、构效关系研究；以海洋生物技术为主导技术，研究开发防治各种疑难病症的海洋药物；开发海洋生物酶及其天然产物在工业、农业、环保、水产养殖业中的应用技术。

③ 海水综合利用工程

实施以海水冷却、大生活用水和海水脱硫为主的海水直接利用工程；实施以海水淡化膜材料制造与应用、海水淡化关键及成套设备制造与装配、与海水淡化相关的集成技术及其装备和海水淡化预处理和后处理用材料、技术与装备等技术为主导的海水淡化工程。

④ 海水有用化学元素提取工程

加强海水淡化、海水循环冷却废弃浓海水、卤水中提取盐、镁、钾、溴、铀和锂等化学元素的技术，形成海水综合利用完整技术体系；研究海水淡化与纯碱或烧碱工艺的复合与优化；发展综合性、生态型海洋化工开发模式。

⑤ 海洋水产品深加工与食品安全工程

研究水产品保鲜、保活、精深加工技术，发展水产品加工废弃物综合利用技术；开展海洋生物及食品在加工、贮藏和运输过程中的有害物质变化规律、水产品加工过程中的标准化及质量控制研究；研究水产品中内源性毒素的理化性质及分子生物学，利用先进的仪器设备和科学的检测方法建立现代化检测体系，对化学危害因子和生物危害因子开展检测技术方法学研究。

⑥ 海洋特种新材料研发工程

实施以海洋新型防护材料关键技术、海洋工程材料研究与开发、海洋环境材料研究与开发、海洋敏感与监测材料研究与开发、军事海洋材料研究与开发等为主要内容的海洋特种新材料研发工程。

⑦ 海洋能源开发工程

采用先进技术对具有远景的含油气盆地进行勘查与资源评价；海洋油气的勘探、钻探、开采、储运技术，发展可视技术，发展二次、三次采油技术，提高回采率；开展海水源热泵适用型及方案的优选，小型、大型海水源热泵机组、换热器的研究，大型海水源热泵制造技术，海水输配与防腐祛藻技术，海水源热泵环境评价问题的综合研究；开发潮汐能、波浪能、温差能和风能等可再生能源关键利用技术及装备、能量的储存与输送技术，建立海洋能发电示范基地（李乃胜，2007）。

（3）建立"七大基地"

围绕山东新兴海洋产业基础和布局，以产业结构调整为目标，充分利用国家海洋科学中心的源头创新资源，创建和打响海洋科技、产品、企业品牌，在不同的新兴产业领域，通过龙头企业带动发展海洋新兴科技产业集群，推动全省海洋新兴产业的发展。

① 现代海水养殖优良苗种繁育基地

加大多倍体育种、性控技术、克隆技术等现代生物技术在苗种培育中的应用，加快新品种培育、改良和引进。重点培植青岛国家海洋科学研究中心水产种苗产业化基地等企业（基地），发展优良苗种供给体系，实现年产值200亿元以上。

② 水产品精深加工基地

重点发展调味品、方便食品、仿生食品、功能食品，重点培植山东好当家集团等水产品加工企业和青岛明月海藻工业有限公司等海藻加工企业，实现海藻加工综合利用，提高加工附加值。

③ 海水淡化与直接利用基地

重点发展海水淡化与热电、海水化学资源综合利用等有效结合的综合性开发示范。重点培植华欧集团等海水淡化示范项目。建设 200 MW 核反应堆及日产（12～16）×10⁴ t 海水淡化厂的山东核能海水淡化高技术产业化示范工程。

④ 海洋盐化工基地

以潍坊"潍北"海洋化工区为中心，围绕海水及莱州湾地下卤水资源综合利用，形成纯碱系列、苦卤化工系列、精细化工系列产业链和产业集群，建立绿色化工和循环经济示范工程。培植和发展山东海化集团公司等企业。

⑤ 海洋药物及生化制品基地

发挥海洋药物及生化制品研发的技术优势，重点发展青岛国风药业集团等企业，使海洋药业成为海洋新的重要产业，海洋生物物质在工业、环境保护、农业、家禽饲养、水产养殖等领域做出重要贡献，取得明显的经济和社会效益。

⑥ 海洋特种材料制备基地

规模化生产高强轻质无机非金属材料及新金属材料，使青岛材料研发规模赶超国内先进水平。形成自主知识产权，使深潜设备的关键器件所用材料替代进口，形成国内独特的深海探测、钻井平台、深潜设备等特需海洋材料生产基地，带动青岛市及其周边地区在这一领域的产业化集成和凝练，形成特色海洋材料大型产业链，铸造青岛新材料品牌。

⑦ 海洋能源开发示范基地

在青岛、长岛、滨州建立海洋风能发电示范基地，大幅度提升山东省海洋电力产业产值。在青岛建立海水源热泵示范基地，在龙矿集团建立海下采煤示范基地。在山东形成集天能（太阳能）、地能（地温能）、水能（海洋能）、风能、生物能为一体的可再生能源发展体系，为和谐社会建设创造人与自然和谐发展的新模式。

7.2.3.3 推行"蓝色硅谷计划"

"蓝色硅谷计划"是青岛市委、市政府提出的山东半岛蓝色经济区科技创新发展的重大举措。"蓝色硅谷"是以海洋为主要特色的高科技研发和产业聚集区。国家深海基地、海洋科学与技术国家实验室、山东大学青岛分校等一批国家级创新平台，是蓝色经济区建设的主阵地和"蓝色硅谷"的核心区。用资本的力量加速科技成果转化，是"蓝色硅谷"计划的重要目标。这一计划提出，要把青岛东海岸打造成一流的海洋科研成果孵化区、海洋产业聚集区、海洋科研中心和人才高地，使这里成为进军海洋的桥头堡。蓝色硅谷计划的实施，迅速掀起了海洋科技创新的高潮。这里将成为中国最大的海洋科研基地。

山东省以青岛"蓝色硅谷计划"为突破口，充分发挥海洋科技和人才优势，不断加速科技创新体系和成果转化平台建设，并以此为依托，着力突破一批涉及海洋的关键技术，积极促进海洋科研成果的转化和应用，努力把科技优势转化为产业优势，切实增强蓝色经济的综合实力和核心竞争力。

为推动"蓝色硅谷计划"的实施，山东省投入 100 亿元设立了国内第一只蓝色经济基金，还着手在海洋科研力量最雄厚的崂山区建设"蓝色金融城"，科技加资本，目标直指海洋科研与产业的"深蓝区"。

以青岛为核心，山东将在半岛地区重点建设 18 个国家级的海洋科技创新平台，在海洋新材料、工程装备等 9 大领域，建设多个科技成果产业化示范基地，并在 2012 年 10 亿元省级财政资金扶植的基础上，逐年增加财政支持。政府要成立专门的协调推进机构，全方位搞好对项目的服务，高水平搞好对项目的保障，及时协调解决项目在资金、用地、人才等方面的困难，为"蓝色硅谷"建设创造良好的发展环境，齐心协力把蓝色经济区建设得更好，提升山东半岛蓝色经济的国际竞争力。

7.2.4 推进山东海洋文化产业发展

海洋文化是源于海洋而形成的文化，是人类文化的一个重要的构成部分和体系。广义的海洋文化是人类在对海洋的实践中创造的物质成果和精神成果的总和，包括海洋意识、海洋制度、海洋观念等众多分支。狭义的海洋文化表现为人类对海洋的意识、观念、思想、科学、技术、文学、艺术，以及由此而产生的生产、生活方式，包括经济结构、法规制度、衣食住行、民间习俗和语言文学艺术等形态。海洋文化有三个显著的特征，即开放性、革新性、包容性。开放性是指勇于接纳外来事物的精神，显示了大气与自信，具有非凡的前瞻性；海洋文化的革新性，具有恒定与变动两重特性，体现了创新特质和开拓进取精神；海洋文化的另一个重要特征是包容性与多元化，它要求我们要积极鼓励和引导新兴文化向健康的方向发展。

海洋文化产业与海洋有着本质的联系，涉海性是海洋文化产业的标志性特征。基于海洋文化的定义，海洋文化产业是指为满足人们的物质、精神需求，为社会提供海洋文化产品生产和服务的产业，具体包括海洋文化旅游业、海洋节庆会展业、海洋动漫游戏业、海洋休闲渔业、海洋民俗文化产业、海洋休闲体育业、海洋工艺业、海洋新闻出版业、海洋文化演艺业等（韩明杰和牟艳芳，2010）。

7.2.4.1 海洋旅游文化产业

2009 年 4 月，胡锦涛同志视察山东时强调指出："要大力发展海洋经济，科学开发海洋资源，培育海洋优势产业，打造山东半岛蓝色经济区"。2011 年 1 月，国务院正式批复了山东省提出的《山东半岛蓝色经济区发展规划》，山东省委、省政府随即出台了《关于打造山东半岛蓝色经济区的指导意见》，至此借力海洋、打造山东半岛蓝色经济区战略构想正式形成。

山东半岛蓝色经济区规划主体区范围包括山东全部海域和青岛、东营、烟台、潍坊、威海、日照 6 市及滨州市的无棣、沾化 2 个沿海县所属陆域，海域面积 15.95×10^4 km。山东半岛蓝色经济区国家战略的实施为山东海洋文化产业的发展注入了新的活力和动力。而海洋文化旅游产业无疑是海洋文化产业中的支柱产业，也是利用海洋文化产业资源最广泛、综合性最强和关联性最强的产业（刘勇，2012）。

虽然山东省具备了发展海洋旅游文化产业的很多优势条件，但是相比其他省份而言，山东省的海洋旅游文化产业发展还存在着一些制约因素。目前，山东省的海洋旅游文化产业仍在走政府主导开发的道路，存在海洋旅游文化企业尚不能完全地发挥作用，海洋旅游文化项目的浅层次开发的特征仍然比较明显，旅游基础配套设施有待改善，国际客源增长缓慢等问题（王颖，2010）。

海洋旅游业是山东半岛蓝色经济区海洋产业中发展最快的产业之一。海洋旅游竞争力的提高需要山东半岛蓝色经济区七市的相互合作。充分发掘山东半岛蓝色经济区丰富的海洋景观资源和人文资源，进一步完善山东半岛蓝色经济区旅游规划，加大沿海旅游资源的整合力度，强化山东半岛蓝色经济区旅游观念，在资源开发、设施配套、市场开拓等方面打破地区壁垒，加强联合与协作，实现山东半岛蓝色经济区"无障碍旅游"，走大联合、大市场的路子，逐步形成具有竞争力的国内外著名的旅游目的地（谷传娜，2012）。要提升海洋旅游文化产业的发展，需要从以下几个方面着手：

① 理顺旅游管理体制

从山东海洋文化产业的长远发展出发，应该进一步改革和完善旅游管理体制和运行机制，理顺政府与企业之间的关系，使政府的角色变旅游产业的主导者为推动者和监管者。加强对海洋旅游产业管理的科学规范化，构建起在政府制定战略的指导下，行业管理和企业自主发展的市场运作机制。要改变多头管理的局面，实行以旅游局为主体，相关部门参加的旅游综合管理模式。科学制定海洋旅游产业的发展规划，制定相关的政策和法规，以政策促进发展，以法规规范管理，为海洋文化产业发展提供优越的软环境（刘勇，2012）。

② 加强基础设施建设

旅游业发展的基础是其所配套的基础设施建设，特别是对海洋旅游来说，特殊的区位条件以及原有基础设施的不足，更需要配套齐全的旅游基础设施。住宿、娱乐、餐饮、购物等旅游基础设施和通讯、邮电、交通等市政基础设施是衡量旅游目的地接待能力的重要指标，同时，也是旅游目的地发展旅游业的必要条件。为了促进山东半岛蓝色经济区海洋旅游业的发展，政府应当加大对旅游业的投入，要大力改善旅游目的地的各种市政设施，并改善旅游目的地的各种旅游基础设施的建设。保障旅游者出行的便利，提高旅游目的地接待能力，提高旅游目的地的综合竞争力，为山东半岛蓝色经济区旅游业的发展提供良好的环境支持。因此，应尽快完善与海洋旅游相关的基础设施建设。住宿设施要以山东半岛蓝色经济区海洋旅游发展规划为指导，在符合生态环境要求和不违反土地使用法规的前提下，建设高科技、多类型、多层次、多功能的饭店、酒店。鼓励建设海洋主体酒店，滨海会议酒店等，同时，采取措施鼓励绿色酒店建设和经营。交通配套设施要按照"进得来，散的开，出的去"的要求进行布局，适量增加火车列次以及国际和国内航线，使旅游交通服务水平得到提高，使旅游交通服务水平达到国际惯例标准，同时，还要加快海上交通建设。在保证有一定的中、低档餐厅的同时，餐饮设施的建设，要适当给中、高档餐饮场所留出空间。通过结合有关海洋观光、海洋生态等旅游项目，推出一系列绿色餐厅，专门提供绿色海洋食品。娱乐设施建设的原则要体现其国际化、现代化和地方传统文化。以此，形成类型齐全、品位高、管理规范的旅游文化娱乐接待设施。在旅游购物方面，在结合海洋旅游发展要求的基础上，开发有海洋特色的旅游纪念品、旅游商品等，并在景点景区设立专门的海洋旅游纪念品销售商店（谷传娜，2012）。

③ 积极培育大型海洋旅游文化企业

文化企业不仅是市场的主体，更是在产业的竞争中担任着重要的角色，因此积极培育大型海洋旅游文化企业，从而带动整个海洋旅游文化产业的集团化和规模化经营，是增强海洋旅游文化产业竞争力的重要途径。坚持政府引导，市场运作，科学规划，合理布局。选择一批成长性好、竞争力强的海洋旅游文化企业或集团重点发展。加大政策扶持力度，推动跨地区、跨行业联合或重组，尽快壮大企业规模，提高集约化经营水平，促进资源整合和结构调整，形成集团化、集约化的经营模式和管理模式。鼓励和引导有条件的海洋旅游文化企业面向资本市场融资，实现低成本扩张，将企业进一步做大做强。要充分调动中小企业的积极性，形成以大型企业为龙头，中小型企业协调发展、优势互补的海洋旅游文化产业集群。

④ 实现山东省海洋旅游文化产业的一体化

伴随着经济一体化的上升和旅游业的迅速成长，旅游业的竞争也越来越激烈。我国的旅游业现已处于区域竞争阶段，是经历了景点竞争、线路竞争之后新的挑战。各地区积极的使用区域旅游合作的方针，来避免恶性竞争带来的不必要损失。区域旅游合作已成为世界旅游业发展的必然趋势，是实现旅游线路网络化、旅游资源重组和旅游产品多样化，增强区域旅游业综合竞争力的重要途径和手段，也是全面提升山东半岛蓝色经济区旅游目的地竞争力的必然选择。为了实现山东半岛蓝色经济区黄金岸线的整体开发，形成优势互补、相互协调的山东半岛蓝色经济区海洋旅游格局，山东省旅游主管部门组织，山东半岛蓝色经济区的旅游主管部门参与，共同制定了山东沿海各地的资源和力量的利用方针。以青岛、烟台、威海三地签署的《青岛、烟台、威海联合宣传促销框架协议》为起点，凭借三地海洋旅游资源优势，三地将会联合协作，包装黄金海岸旅游产品联合；设计制作宣传品联合；参加国内外旅游交流会等联合共同打造中国首个"黄金海岸旅游"品牌。与此同时借助东营、日照的滨海发展，从而形成一个完整的山东半岛蓝色经济区海洋旅游产品体系和营销框架，根据各地各自的特色和功能分工，利用各地独特的优势，把闲置的旅游资源和发展资金充分的利用，实现山东半岛蓝色经济区的整体突破，共同来完成对山东半岛蓝色经济区黄金旅游岸线的打造，提高其海洋旅游竞争力（王颖，2010）。

⑤ 增强海洋旅游文化产品的竞争力

要依据市场需求的变化，不断加强海洋旅游文化产品的竞争力。目前山东省的海洋旅游产品以观光型为主，满足不了旅游需求的不断变化，而且由于品质不高，品种单调，很难对中远程消费者产生足够的吸引力，并且很难延长消费者的旅游时间。要解决这一矛盾，应该深入地挖掘海洋文化产业资源，不断进行新产品的设计和开发。在开发过程中，要有创新的意识，并加强品牌化建设，提升海洋旅游文化品的质量和档次，在管理质量和服务质量上下工夫，强化品牌形象（王颖，2010）。

⑥ 提高旅游人才素质

实现旅游业快速发展的关键在于大力培养优秀的旅游创新人才，积极构筑旅游人才高地，营造优秀人才脱颖而出的氛围和机制，培养复合型和职业型旅游企业家。山东省政府首先应该确立人才是旅游目的地竞争力核心的战略地位，然后根据自己的特点通过实施各项措施来形成培养人才的良好环境，创造人才流动、奖励和竞争机制，以人才总量增加、人才素质提高和人才结构优化为目标，提高旅游业从业人员的素质，以高层次人才和急需紧缺人才的开发为重点，努力建设一支高素质、专业化的旅游人才队伍，为推进我省旅游经济稳步快速发展提供坚实的人才保证。为确保山东半岛蓝色经济区成为高标准、高品质的海洋旅游度假目的地，对旅游人力需求预测，必须要加大旅游师资力量、教学设备的投入力度，创新旅游教育，培养旅游开发、管理、服务等多层次人才，建设专项人才储备库，充分利用旅游院校资源，培养足够数量的、具有高素质、高技能的旅游劳动者。确保为旅游者提供高质量的服务优质人才，要从加强旅游从业人员的职业观念、态度、技能作风和纪律培训，加强旅游行业的精神文明建设，加强旅游教育培训，完善旅游人才结构做起。旅游业的持久发展，提高旅游从业人员的素质要通过旅游教育。目前，我们要积极强化旅游教育培训，完善在职与脱产相结合，旅游培训网络实行长、中、短期相结合，实行学历教育和继续教育相结合，整合全省各类教育资源，建立健全多种类型的旅游人才培育基地。重点培养综合型旅游人才和开发、管理、服务、经营等各类专业型旅游人才，优化人才结构，建立一支适应我省旅游发展需要的人才队伍。通过定期或不定期举办职业竞技类比赛，用以鼓励和提升从业人员的业务技能和服务水平。同时，要加强工作人员的思想教育，建立一支政治素质、业务技能、职业道德水平过硬的旅游职业队伍（谷传娜，2012）。

⑦ 稳定国内客源，积极开拓国际市场

总体而言，国内游客是山东海洋旅游文化市场构成的主体，国内旅游收入在整个旅游收入中占有绝对多的份额。因此山东海洋旅游文化产业的市场格局决定了市场定位，应该在稳定国内客源的基础上，积极开拓国际市场，以转移国内旅游产业激烈竞争的压力，扩展新的发展空间。海南省已在 2009 年 11 月提出了建立"海南国际旅游岛"的战略规划，其目的就是将争夺国际旅游市场作为发展海洋旅游文化产业的重要突破口（王颖，2010）。要积极稳妥地招商引资，加强与国外的项目合作，合作引进先进的管理和技术手段，可以直接掌握国际市场的动态，有力提升产品的国际竞争力。

⑧ 理顺政府与企业之间的关系，使政府尽快从旅游产业主导者变为推动者和监管者

"政府办文化不是主流，而应由社会或者经济组织来办文化"。因此，政府应积极培育大型海洋文化旅游企业，从而带动整个海洋文化旅游产业的集团化生产和规模化经营，文化企业不仅是市场的主体，更在产业竞争中担任着重要的角色，应该坚持政府引导、市场运作、科学规划、合理布局的原则，积极培育大型海洋旅游文化企业，带动整个海洋旅游文化产业的集团化生产和规模化经营。选择一批成长性好、竞争力强的海洋旅游文化企业或集团，加大政策扶持力度，推动跨地区、跨行业联合或重组，尽快壮大企业规模，提高集约化经营水平，促进资源整合和结构调整，形成集团化、集约化的经营模式和管理模式。鼓励和引导有条件的海洋文化旅游企业面向国内外资本市场融资，将企业进一步做大做强。同时采取优惠措施和政策倾斜，充分调动中小企业的积极性，形成以大型企业为龙头、中小型企业协调发展、优势互补的海洋文化旅游产业集群（刘勇，2012）。

7.2.4.2　海洋节庆会展产业

2009 年 1 月，中国城市经济学会发表的统计数据显示全国各类节庆共有 7 000 多个，节庆总消费达 2 450 亿元，而沿海省份如山东、江苏、浙江等节庆最为密集，平均 500 个以上，以海洋为主题的节庆占大部分，多以海洋渔业民俗类、海洋景观类、海洋饮食特产类、海洋休闲运动类及综合类为主。由于海洋节庆会展业的产业关联性强、利润丰厚，所以越来越被政府和企业所重视（李静等，2011）。

海洋节庆会展业的兴起为海洋文化的开发提供了新的途径，同时对目的地文化的保护与传承起到了积极的作用，使得海洋旅游产品更加丰富多彩。此外，中国带薪休假制度还不够完善，人们的闲暇时间较为分散、短暂。海洋节庆会展的短暂性正好可以有效利用游客的闲暇时间，满足游客的需求。与此同时，中国的海洋节庆会展期间还会带动相关展览会、推介会的举行，带来潜在的投资机会，增加旅游经济收入的同时带动了当地会展经济的发展，增加了就业机会，也可提升举办地的知名度。海洋节庆会展虽时间较短，但却可以促进此区域其他相关行业的发展，其乘数效应不可小觑（李静等，2011）。

山东的海洋节庆会展产业起步于 20 世纪 90 年代初，在我国属于起步较晚的省份，但是经过近年来的迅速积累，已经具备了一定的规模和水平。王颖（2010）对山东发展进行

了详细研究和分析，下面主要总结其研究结果。

首先，节庆会展业的政策环境逐步改善。《山东省"十一五"服务业发展规划》中就明确把节庆和会展业列为优先发展的重点生产性服务业，把节庆和会展业培育成山东省服务行业的新亮点。2008 年山东省人民政府办公厅做出了《关于加快会展业发展，促进会展消费的通知》，对于如何进一步加快会展业发展做出了重要的部署。青岛出台了《关于加快会展业发展的意见》和《青岛市会展业管理暂行办法等》，烟台市出台了《鼓励会展业发展奖励办法》，招展有功的企业和个人最高可获 20 万元的奖金。一系列政策的相继出台形成了促进节庆会展业的政策体系和发展软环境。

其次，会展硬件设施不断加强。配套设施齐全的会展场馆，是会展业发展的一个硬性的基础指标，也是吸引参展企业的重要因素。目前沿海城市纷纷兴建现代化的大型场馆和会议中心，承接国内外大型会展的能力不断加强。我们也应该认识到，场馆设施的大规模兴建是会展业不断发展的先决条件，但是也要与当地的会展业的发展水平相适应。现在我国许多省市已经出现了展览馆使用效率低下、入不敷出的状况，政府每年都要投入大量的资金补贴进行展馆的运营和维修。目前，全国会展业发展水平最高的北京和上海举办的展览会在 $5 \times 10^4 \ m^2$ 以上的项目极少，一般都在 1 万至 2 万平方米左右。因此在修建或扩建场馆前，应该对当地的会展市场进行调查研究，不要贪大求全，避免建成后资源的浪费。

最后，节庆会展业发展势头强劲。山东的海洋会展业主要集中在青岛和烟台、威海三市。尤其是青岛在硬件投入、展会服务以及规模和国际化水平等方面，都显示出了较强的竞争力，先后被评为 2003 年度"中国最具竞争力会展城市"、2004 年"中国最具魅力会展城市"。海洋节庆产业更是被沿海各地作为促进经济和旅游快速发展的重大举措，呈现出良好的发展势头。中国国际航海博览会、中国青岛国际海滨旅游博览会、中国国际渔业博览会，以及青岛国际海洋节、青岛沙滩文化节、龙口国际徐福文化节、威海中国荣成国际渔民节等都已经成为了全国有一定影响力的会展和节庆活动，品牌效应初步显现。青岛举办的第四届国际航海博览会，吸引了专业客户 5 600 人次，参观客商 18 000 人次，现场交易额突破了 8 000 万元人民币。

山东的海洋节庆会展业虽然已经取得了突破性的进展，但是仍处于发展的阶段，尚存在一些初级阶段的不足和问题。一是海洋节庆会展业的市场化程度不高。二是特色定位不明。三是海洋文化节庆会展业的市场秩序尚不规范，服务于产业的功能尚未释放。

针对存在的问题，山东的海洋节庆会展产业要图谋发展必须要走市场化、规范化的道路，增强会展企业的规范化、专业化和规模化，充分发挥山东海洋文化产业资源的优势，全力打造品牌节庆会展，增强海洋节庆会展产业的活力。首先要实施市场化运作，规范管理，使之更符合产业发展的规律。其次是加快培育专业会展企业，增强企业实力，并且要整合会展产业资源。除此之外，还要以海洋文化产业资源为基础，打造节庆会展特色品牌。

7.2.4.3 积极发展海洋休闲体育产业

海洋休闲体育产业长期以来一直是海洋旅游产业的一个重要的项目，随着人们对于健康和休闲的需求增多，融合海洋文化与体育休闲娱乐为一体的海洋休闲体育行业也逐渐地成为一种独立的经济形态和产业类型（王颖，2010）。

海洋休闲体育产业的项目与其他的休闲项目一样，除了能够满足人们的休闲需求，更重要的是吸收了体育运动的魅力，更具有挑战性、刺激性以及竞技性。目前关于海洋休闲体育产业或者有学者称之为滨海体育休闲产业，还没有一个统一和权威的概念表述。海洋休闲体育产业的定义离不开三个关键词：海洋、休闲、体育。这三个词语涵盖了该产业的活动范围、活动方式及功能。因此可将其定义为：依托海洋的自然环境，通过体育运动的方式，为人们提供休闲与娱乐产品和服务的产业（表7-2）。

表7-2 海洋体育休闲项目

类型	包括项目
休闲渔业项目	海滨垂钓、海岛垂钓、垂钓基地、垂钓俱乐部
海上体育娱乐项目	海水浴场、皮划艇、摩托艇、帆船、帆板、快艇、滑板、冲浪等
深海体育探险项目	潜水
海洋体育主题文化公园	以海洋体育文化为特色的主题公园，并配有一定体育场馆和设施，集竞技娱乐、休闲体验于一体
海洋竞技体育观赏项目	观看海洋竞技体育比赛
海洋疗养保健项目	利用海洋独特的自然环境进行保健的项目
沙滩体育娱乐项目	沙滩排球、沙滩足球、沙滑、沙滩自行车

海洋休闲体育产业的前景十分广阔，从推动该产业发展的需要出发，无论是政府部门，还是作为市场主体的从事海洋体育休闲产业的企业以及作为高等体育人才培养的高校，都应该积极探寻海洋休闲体育产业的开发路径（王科，2012）。

海洋休闲体育产业的发展需要从以下几个方面着手：一是要重视海洋休闲体育产业的发展。通过旅游产业来推动体育休闲项目的发展是在体育产业初级阶段的形态，这也是许多发达国家在体育产业初始阶段采取的普遍做法。二是要加强监督管理机制。海洋休闲体育项目是体验型的项目类型，消费者高度的参与其中。尤其是许多项目在海上开展，具有一定的危险性，直接关系到消费者的安危。因此，不仅经营者要高度重视安全问题，相关职能部门更应加强监督和管理。三是要借助大型体育赛事拉动产业发展。对于起步阶段的海洋休闲体育产业来说，通过申办体育赛事可以在短期内提升产业的影响力和关注度，为产业的发展提供着力点，这也是当前许多地区普遍采取的方式。四是要推广海洋休闲消费理念，积极的培育市场。虽然随着人们收入水平的提高，休闲消费意识的觉醒，引领了海洋休闲体育产业开发的热潮。但是作为新兴事物，尤其是在全国发展水平还不是很高，所能提供的休闲娱乐项目有限的情况下，消费者对于海洋休闲体育产业还需要一个由熟悉到接受，再到最终消费的过程。五是要构建全方位、立体化的海洋休闲体育项目体系。海洋休闲体育产业要想获得长足的发展，需要设计开发新颖的产品和项目来赢得消费者的青睐。首先要加强项目开发和设计的力度。六是要加强对海洋休闲体育人才的培养。海洋休闲体育项目具有一定的竞技性和技巧性，需要在专业人员的指导下进行。因此，对于从业者也有较高的要求，不仅需要懂得体育产业的营销与管理，更需要具备海洋体育的职业素质。

7.2.4.4 鼓励和支持海洋文艺产业发展

作为人类文化的一个重要的构成部分，海洋文化是人类认识、把握、开发、利用海洋，调整人与海洋的关系，在开发利用海洋的社会实践过程中形成的精神成果和物质成果的总和。具体表现为人类对海洋的认识、观念、思想、意识、心态，以及由此而生成的生活方式，包括经济结构、法规制度、衣食住行、民间习俗和语言文学艺术等形态。"海洋文化，就是和海洋有关的文化，就是缘于海洋而生成的文化，也即人类对海洋本身的认识、利用和因有海洋而创造出的精神的、行为的、社会的和物质的文明生活内涵。海洋文化的本质，就是人类与海洋的互动关系及其产物。"海洋文化的内涵可分为四个层面：一是物质层面，一切与海有关的物质存在与物质生产；二是精神层面，一切与海有关的意识形态；三是社会层面，一切因时因地制宜的社会典章制度、组织形式、生产方式与风俗习惯；四是行为层面，一切受海洋大环境制约与影响的生产活动与行为方式。在这个概念中要强调的一点就是海洋文化的划分并不是以地域作为划分的标准，并不是所有海滨城市的文化都是海洋文化，只有源于海洋的文化才能归属海洋文化的序列（张耀谋等，2011）。

客观地说，山东海洋文艺产业远没有海洋文化产业的其他类别发展迅速，但是也取得了一定的发展成果（王颖，2010）。海洋文艺产业化实践初见成效，通过市场开发来促进海洋文艺产业资源的传承和保护。山东有很多极具文化价值和历史价值的海洋文化产业资源面临消逝的问题。这一状况通过市场化的方式已经有所改观。海洋文艺产业基地建设曙光初现。文化产业的集群发展，具有十分明显的集聚效应和产业拉动效应。

海洋文艺产业发展层面的问题不能单靠政府输血式的扶持来解决，其根本在于提升资源的产业转化能力。首先，要用产业化的运营思路来复活海洋文艺产业资源。其次，是加快海洋文艺产业要素市场建设。第三是要重视人才，发展海洋文艺产业尤其要重视人的要素，创造力是该产业发展的重要因素。第四，是要打造山东海洋文艺品牌，延长海洋文艺产业链。

7.2.5 打造中日韩海上贸易通道

围绕"山东半岛蓝色经济区"建设的国家战略，构架"青岛国际航运中心"及其新的"南北两翼"和支线港口体系，在此基础上打造"中日韩海上贸易通道"。

7.2.5.1 打造中日韩海上贸易通道具备的基础优势

（1）地理条件和历史人文基础优势

山东半岛蓝色经济区的地理方位及空间范围，尤其是沿黄海前沿地区，历史上一直是中国与朝鲜半岛、日本列岛之间政治、经济、人文交流往来的主要口岸地区。这是在中日韩三国的历史上海路交流开辟最早、最为便捷、密度最大、使用最为频繁的主要海上通道。先秦即已开辟，秦代徐福东渡，汉唐来往密切，直至明清，海上交流更是穿梭不断。如唐朝时期，朝鲜半岛新罗国航海入朝的使团达200多批，每批大都几百人，新罗人有多达万人侨居山东半岛和苏北沿海。

（2）实力雄厚的经济合作与互融的基础优势

目前，山东半岛地区吸引外商外资主要来自韩国、日本，其中韩资最为庞大。如青岛仅韩资、合资企业就达万家，物流量可观。"中日韩海上贸易通道"具有浓厚的"财气"。

（3）规模庞大的外商和外侨人口基数优势

目前，仅驻在山东半岛的韩国人占来华韩国人的1/3，常住半常住人口达20万～30万人，多数住在青岛、烟台、威海。其中在青岛的韩国人多年前就超过10万人。日本企业家、商人、留学生常住和来往于山东半岛之间的人数众多。韩国总领事馆就设在青岛，日本领事馆也已开通。"中日韩海上贸易通道"，具有浓厚的"人气"。

（4）血浓于水的历史根基乡土情怀

朝鲜半岛上的华侨数万人，除了现在的朝鲜族移民，有根基的基本上都是山东人。他们至今还操着满口胶东话，山东半岛是他们的老家，有着浓浓的亲情。还有更多的韩国人的祖籍在中国，如张姓、卢姓，多是山东。前总统卢泰愚，就是济南长清人。

7.2.5.2　打造中日韩海上贸易通道措施

（1）依托现有基础优势，打造更加适合韩国、日本人在山东半岛蓝色经济区港口城市投资、生活的"园区"和"社区"。

（2）通过国家决策和政府间国际合作，在山东半岛蓝色经济区规格框架下，构建更适合在山东半岛蓝色经济区内中日韩经贸和港口合作的政策机制，互利需求和互利共赢效益机制，打造更多大型的可持续发展的中日韩合作经济产业，形成更大规模的港口物流需求空间。

（3）在"青岛国际航运中心"及其主要支撑港口体系中选择合适的港口及航线，与韩国、日本的相关重要大港口实行紧密捆绑式的协作、合作、联合经营。

（4）成立山东半岛蓝色经济区主要港口城市与海运企业、大型贸易和制造业企业与韩、日对接的国际协作组织，定期或不定期研讨、决策，促进中日韩海上大通道建设，推进中日韩海上大通道的发展繁荣。

7.2.5.3　打造中日韩自由贸易区

对于建设中日韩自由贸易区，我国与日韩领导人多次达成共建共识，提出战略构想。中日韩自由贸易区若建在山东半岛，有利条件最多。山东半岛顶端三面黄海环绕，是中日韩环黄海贸易圈的最核心地带。这一地带城市化水平、经济水平、港口通道网络、人文联系密度都相对最高。具体的中心位置，可选在"青岛国际航运中心"的主体港区地带，在已经建成的"青岛保税港区"的基础上规划建设。

这将是一个特别的国际区域，比特区更加特区，可创造条件报请国家纳入决策，至少打造成为类似于上海浦东新区、天津滨海新区的国家特区，一方面为国家的经济社会发展再增加一个"重量级"，另一方面对"青岛国际航运中心"和各都市圈、各支撑港口城市体系，对中日韩海上贸易通道的进一步又好又快发展都能形成更大的拉动力。

上述方案经多方详细论证完善后，应及时报省政府决策纳入山东省中长期规划实施，一并报请中央批复，纳入国家战略决策，由中央相关部委主导、部署、协调，以山东为主、江苏协同实施。

7.2.6　加快山东半岛蓝色经济区海洋产业集群建设

按照山东半岛蓝色经济区规划，构建现代海洋产业体系是打造和建设好山东半岛蓝色经济区的核心任务。要"以培育战略性新兴产业为方向，以发展海洋优势产业集群为重点，强化园区、基地和企业的载体作用，加快发展海洋第一产业，优化发展海洋第二产业，大力发展海洋第三产业，促进三次产业在更高水平上协同发展"。

（1）将海洋产业与区域经济紧密联系

山东半岛蓝色经济区要通过分工专业化与交易的便利性把海洋产业发展与区域经济有效地结合起来，相互促进，共同发展，从而形成一种有效的生产组织方式，建立海洋产业集群，增强产业竞争力、区域竞争力，推动地方海洋经济增长。在集群化发展的进程中应尽量避免低水平重复建设，努力在大中小微企业间以及企业与政府之间形成有序的分工、协作、配套系统，实现海洋新兴产业发展的产业化和社会化，不断提高生产效率和产业竞争力。

（2）充分发挥临港产业集群效应

山东半岛蓝色经济区应充分发挥港口优势，做强临港产业集群。以建设北方国际航运中心和区域性贸易中心为目标，以口岸经济作为支撑，努力扩大港口的辐射能力，积极调整港区布局；在做强港口的同时，充分带动现代物流业、航运业、现货交易、集装箱制造业、仓储、海洋食品加工、海洋化工等临港产业的发展，构建多元化的港口发展的产业体系（赵玉杰，2008）。

（3）持续发展高新产业、优势产业和品牌产业

山东半岛蓝色经济区要促进高技术产业、优势产业、品牌产业等对经济发展相关性强、带动性大的产业的发展，提高海洋产业集聚水平。从山东实际出发，加快提高海洋科技自主创新能力和成果转化水平，推动海洋生物医药、海洋新能源、海洋高端装备制造等战略性新兴高技术产业规模化发展；加快提高园区（基地）集聚功能和资源要素配置效率，推动现代渔业、海洋工程建筑、海洋生态环保、海洋文化旅游、海洋运输物流等优势产业集群化发展；加快提高技术、装备水平和产品附加值，推动海洋食品加工、海洋化工等传统品牌产业高端化发展。努力建设全国重要的海洋高技术产业基地和具有国际先进水平的高端海洋产业集聚区（郑贵斌，2011）。

（4）加大海洋船舶工业发展的政策力度

随着山东省船舶工业集群效应初步显现，政府在政策上应采取拓宽融资渠道、税费优惠、政策倾斜等措施，加快培育船舶产品集群，不断增强中小型船舶、海洋工程装备、船用动力装备、船用原材料四类产品的竞争力，提高山东省船舶工业水平和产品竞争力（赵玉杰，2008）。

7.2.7 加强山东半岛蓝色经济建设的区域合作

1）区域合作总体目标

在山东半岛蓝色经济区的合作框架内，加强与山东半岛各城市间的良性互动，以优化蓝色经济区建设布局为重点，加快建立区域基础设施网络体系；构建优势互补的区域产业协作体系和功能分工体系；建立公平开放的区域市场体系；共同打造"蓝色经济"区域合作品牌，形成陆海一体，合作各方互联互动、协调发展、共同繁荣的新格局，提高区域整体国际竞争力和影响力。

连接"长三角"和环渤海经济区，辐射陇兰经济带，面向东北亚参与国际竞争的框架。积极发挥青岛东与日本、韩国隔海相望，北与大连、天津相邻，南与连云港、上海相

接，向西延伸至陇兰经济带大部分地区，加强与国内外市场联系的区位优势。

2）区域合作的总体思路

青岛市区域合作的基本思路是：坚持海域、海岸带、内陆腹地"三位一体"的合作开发方针，遵循海陆产业统筹规划、资源要素统筹配置、基础设施统筹建设、生态环境统筹整治的"四个统筹"合作宗旨，按照"优势互补、产业配套、组团架构、错位发展"的规划合作思路，努力构建"三大合作圈层"，有效实施"六大合作战略"，着力打造"五大区域合作功能园区"，积极拓展"六大合作发展领域"，务实推进"五项合作行动计划"（雷仲敏等，2010）。

（1）建立区域发展协调机制和组织

建立蓝色经济合作城市市长联席会议制度，就资源统筹配置、跨地区基础设施建设、经济发展空间结构、城市职能分工、共同市场开拓等重大问题统一政策、协调立场，统筹解决区域内资源开发、环境整治和基础设施建设等区域合作的重大问题。积极推进《山东半岛蓝色经济区区域双边合作框架协议》的签署，整合有关半岛地区发展的组织协调机构，以保证政策的统一和政令的畅通。建立区域性各种行业自律组织，指导本行业协作与配套发展，强化行业内部管理，减少行业内的恶性竞争和内耗。做好与国家、省及各城市战略规划的有机衔接，促进各城市之间的交流与合作，引导各地统筹发展，避免重复建设和无序竞争（雷仲敏等，2010）。

（2）组织开展区域合作招商活动

建立区域联合招商机制，共打蓝色经济品牌，合作各方共同签署联合招商项目资源共享和利益共享协议，发挥各自的有利条件，实现要素资源和公共基础条件的优势互补，优化配置招商项目的区域落地环境，实现合作各方的无差异直通服务，共同提高蓝色经济区在国内外的品牌知名度（雷仲敏等，2010）。

（3）完善区域合作政策

一是借助地缘联系加强合作。潍坊市积极与天津滨海新区开发对接，确定了双方交流与合作的重点领域，全力加快潍北沿海开发，促进了两地在金融、贸易、港口及项目引进等领域的全方位合作。

二是借助部门联系加强合作。省直许多部门利用长期以来与其他省市形成的良好合作关系，主动为加强合作服务。如省海洋与水产厅积极推进山东省与其他沿海省市的渔业管理部门的合作，在向外省提供渔业生产养殖等技术服务的同时，扩大了山东省海洋渔业的作业区域，开拓了海洋渔业产品的市场，推进了海洋渔业经济的发展。省知识产权局北与环渤海地区各省市知识产权部门建立了知识产权联席会议制度，南同华东地区各省市建立了知识产权片会制度。2009年10月在济南召开的会议上，来自上海、江苏、浙江等省市的20余名代表参加了会议。围绕加强知识产权保护和运用等方面的合作进行了深入探索。这些合作，对促进相关省市实行跨地区的知识产权保护和自主创新工作起到了良好的作用。

三是借助企业联系加强合作。在推进经济合作的过程中，各地十分注意发挥企业的主体作用，积极引导和支持企业加强合作。如地处环渤海经济圈的各市，通过连续组织企业参加中国天津商品交易投资洽谈会等大型经贸活动，主动承接沿海产业梯度转移，促进了产业结构调整，提高了企业开拓市场的能力。烟台市积极鼓励企业顺应市场规律加强合作，一方面通过打造良好投资环境把企业"引进来"，先后从环渤海、长三角、珠三角等国内 500 强企业中引进大批合作项目，仅 2009 年就签订合同、协议类项目 42 个，总投资达到 860 多亿元；另一方面支持企业"走出去"，利用外地资源膨胀发展。如烟台万华集团利用浙江宁波的港口、热电、原材料等优势，投资 50 亿元设立了万华 MDI 大榭岛工业园项目，为万华集团巩固 MDI 产品的世界领先地位奠定了基础（山东经济学院课题组，2010）。

（4）优化经济环境，规范经济秩序

一是优化政务环境。规范政府管理经济的行为，深化行政审批制度改革，完善审批责任和监督制度，推进综合行政执法，形成行为规范、运转协调、公正透明的行政管理体制，着力营造廉洁高效的政务环境。

二是优化法制环境。加强与社会主义市场经济体制相适应、与国际市场和国际惯例接轨的法律法规体系建设。

三是优化社会环境。加强社会主义精神文明建设和市场经济观念教育，打击犯罪、弘扬正气，努力形成健康向上的人文环境和富民安民的生活环境。四是优化市场环境。把各种经济关系和经济行为全部纳入法制的轨道，增强全社会遵法纪、守信誉的市场经济意识，努力建设"诚信山东"，进一步整顿经济秩序，规范市场经济行为，努力营造规范有序的市场环境（雷仲敏等，2010）。

（5）进一步扩大对外开放

按照统筹国内发展与对外开放的要求，进一步扩大开放领域，优化开放结构，提高开放质量，全方位、高水平参与国际和区域竞争与合作，扩大开放增强发展新动力，创新发展优势，拓展发展空间，提升发展水平。深入实施走出去战略，积极开拓国际市场，坚持贸易、投资和对外承包工程相结合，投资方式向跨国并购、兼并联合、股权置换等方式扩展，鼓励支持企业扩展境外重要矿产资源、加工贸易、合作研发、高端劳务输出等业务。着力推动中日韩自由贸易区建设，积极融入"长三角"、"环渤海"等地区的合作发展，创新合作内容、合作形式和运作方式。建设国际海洋科技合作交流中心，争取青岛纳入第二批跨境贸易人民币结算试点城市。2010 年 6 月央行等六部委联合下发《关于扩大跨境贸易人民币结算试点有关问题的通知》（征求意见稿），包括山东在内的 14 个省（市）被列为第二批开展跨境人民币贸易结算的试点区域，这也意味着青岛成为跨境贸易人民币结算试点城市（雷仲敏等，2010）。

进一步提升对外开放水平，依托青岛在海洋科教、人才、产业方面的优势，加强科技、信息、技术、资源、产业等全方位国际交流合作，巩固和扩大与美国、俄罗斯等国家和地区的交流合作，参与全球性海洋活动和国际重要科技计划，积极引进和利用国外海洋智力资源和先进科技成果，促进重点科技领域和关键技术的攻关，带动蓝色经济高端产业和新兴产业发展。同时，应巩固和加强对欧美、日韩等国家的重点城市、重点产业和重点企业的招商引资和交流合作，优化发展环境，发挥对全省和沿黄河流域进行有效辐射、扩散和拉动作用（雷仲敏等，2010）。

7.2.8 促进蓝色经济区陆海产业统筹发展

与海洋经济相比，蓝色经济的内涵更加丰富。表现在：以"集成创新"的新理念，创造蓝色经济发展的"集成绩效";以"双向开放"的新理念,创造蓝色经济发展的"蓝色廊道";以"生态优先"的新理念,创造蓝色经济发展的"双赢摇篮";以"海陆一体"的新理念,创造蓝色经济发展的"整合提升";以"和谐文明"的新理念,创造蓝色经济发展的"兼容并蓄"。因此,"蓝色经济区"既是新的发展战略,又是新的经济发展形态(徐加明和王亚丽,2010)。

7.2.8.1 坚持陆海产业统筹发展

陆海产业统筹发展需要统筹谋划,按照大力发展海洋经济、科学开发海洋资源、培育海洋优势产业的基本思路,坚持科学谋划、高点定位、强力推进,坚持统一规划、保护开发、立体发展;坚持以产业统筹为基础,推进海陆统筹、区域统筹,以海带陆、以陆促海、内外联动(徐加明和王亚丽,2010)。

要实现陆海产业统筹发展,首先要使海陆要素互补,整合提升,海陆一体强调海陆协调发展,根据陆、海两大地理单元的内在联系,以系统论、协同论的思维方法,通过统一规划、共同规则、联动开发、供应链组接、综合管理,把原来相对孤立的陆、海系统,整合为一个新的经济社会大系统,实现海陆资源高效配置。第二是要培育海洋优势产业,提高蓝色产业综合竞争力。产业竞争力形成的关键是优势产业的选择。打造山东半岛蓝色经济区应着力培植海洋生物、装备制造、能源矿产、现代渔业、交通运输、文化旅游、工程建筑、生态环保等八大产业。应巩固提升传统海洋产业,做大做强新兴海洋产业,培育开发高端产业,努力构建规模大、素质高、竞争力强的蓝色产业体系。第三是要优化生产力布局,培植新的经济增长点。打造山东半岛蓝色经济区,要对全省生产力布局进行重大调整,产业、企业实行整合重组,形成一批新的产业集群,培植一批新的经济增长点。第四是要提高区域产业联动水平。建设山东半岛蓝色经济区,产业协调发展是基础。必须实现蓝色经济区内、"一区三带"之间、蓝色经济区与环渤海和长三角之间、蓝色经济区与沿黄流域之间,甚至蓝色经济区与东北亚区域之间的高效、良性的产业联动。第五是要努力实现资源开发与环境保护的双赢。推动蓝色经济区建设,必须按照科学发展的要求,把资源开发与环境保护结合起来,提升海洋经济发展水平。在开发中保护,在保护中开发,在优化中提升,在提升中优化,坚决防止盲目开发、无序竞争,决不以牺牲资源、环境为代价来换取一时发展,努力实现以集成创新实现集成绩效,以立体发展创造综合效益,资源节约、环境友好的蓝色产业的良性发展(徐加明和王亚丽,2010)。

7.2.8.2 充分发挥政府的产业统筹作用

现代海洋经济理论认为,海洋资源的整体性,决定了开发利用的综合性,也决定了海域开发生产力布局的综合性,必须充分考虑各种资源间的内在联系,把握资源开发中的兼容与排他的关系,遵循客观规律,促进经济、资源、环境、社会发展相协调。只有政府才能做到这些(徐加明和王亚丽,2010)。

要充分发挥政府的产业统筹作用,首先要完善海陆互动机制,打造山东半岛蓝色经济区需要建立和完善海陆产业之间的互动机制。其次是要构建产业统筹发展的制度保障,从区内看,必须在统一的规划指导下,在充分集聚各市的比较优势,体现各自的特色的前提下,开展多种形式的区域合作,实现区域间优势互补、互利共赢、和谐发展,不至于各自为政、产业趋同甚至恶性竞争。从系统角度看,必须在区域间建立合理的分工协作体系,要通过各地政府的协同管理,从规划、制度、政策和措施等方面实现共同化、一体化的建设。可以考虑建立一种超越地方管辖范围的权力机构,负责制定符合区域发展要求的产业发展规划,组建区域发展研究机构。根据世界蓝色经济发展趋势,全国蓝色经济发展的状况,不断修订区域共同市场的发展目标,提供共同政策创建的建议,要集中一定的智力资源推动蓝色产业联动网络的发展。突出蓝色经济区的主体地位,实行区域性基础设施建设的投资融资和运营统一管理,实行区域性公共防灾设施的统一建设与管理,协商制定区域共同产业发展政策、产业结构演进政策、共同运输政策、旅游资源共同开发政策、市场准入的统一政策和标准等等,降低区域市场分割和行政壁垒。建立促进海洋生态环境保护的联动机制,多渠道筹集环保资金,制定鼓励发展海洋生态环境保护产业的相关政策,加强各城市政府间的组织协调与合作,建立环保责任制度等,联合蓝色经济区周边省市的有关政府部门,强化舆论监督氛围,共同治理水环境污染(徐加明和王亚丽,2010)。

参考文献

David Pugh. 2010. 英国海洋经济活动的社会—经济指标——看英国海洋经济统计. 国家海洋信息中心经济部译. 经济资料译丛, (2): 75 – 96.

Judith Kildow, Charles Colgan, Jason Scorse. 2010. 美国海洋和海岸带经济状况 (2009). 王晓惠, 李宜良, 徐丛春译. 经济资料译丛, (1): 1 – 61.

白晓. 2010. 岛城静待跨境人民币结算. 大众网 – 大众日报, 2010 – 06 – 09. http: //www. dzwww. com/finance/sdcj/201006/t20100609_ 5631166. html.

白雅文. 2011. 山东蓝色经济带动产业升级. 中国农业新闻网. http: //www. farmer. com. cn/jjpd/yy/yydt/201111/t20111101_ 677146. htm, 2011. 11. 01.

百度百科. 蓝色经济. http: //baike. baidu. com/view/2785695. htm? fr = ala0_ 1_ 1.

百度百科. 山东半岛蓝色经济区发展规划, http: //baike. baidu. com/view/5039290. htm? fromTaglist.

百度百科. 烟台港. http: //baike. baidu. com/link? url = u1ZEgRcPHYCaDxE_ o1eUIizXp5u – saJZLWSpwd-jG7YWc_ tbKGYFVE48BDUqBmfVq.

毕晓琳. 2010. 海洋知识溢出及其对沿海区域经济发展的效应研究. 硕士论文. 青岛: 中国海洋大学.

蔡锋, 苏贤泽, 曹惠美, 等. 2005. 华南砂质海滩的动力地貌分析. 海洋学报, 27 (2): 106 – 114.

陈国生. 2008. 福建滨海旅游业发展研究. 海洋开发与管理, (07): 109 – 113.

陈华, 汪洋. 2009. 基于集群的山东半岛蓝色经济区问题研究. 金融发展研究, (10): 15 – 18.

陈吉余. 1995. 中国海岸带地貌. 北京: 海洋出版社.

陈可文. 2003. 中国海洋经济学. 北京: 海洋出版社.

陈萍, 孙云海. 2011. 山东半岛旅游资源评价及开发空间布局研究. 科学与财富, (5): 133 – 134.

陈婷婷. 2010. 山东省海洋旅游业可持续发展评价及对策. 滨州学院学报, 26 (1): 56 – 61.

陈志强. 2006. 产业集群推动福建海洋经济发展. 中国国情国力, (12): 55 – 58.

程宝英. 2009. 滨海旅游竞争力研究. 硕士学位论文. 青岛: 中国海洋大学.

程鹏. 2000. 北黄海细颗粒物质的沉积特征与输运过程. 博士论文. 青岛: 中国科学院海洋研究所.

褚同金. 2007. 英国将大力开发海洋能源. 中国海洋报, 2007 – 12 – 18 (A3).

崔旺来, 钟丹丹, 李有绪. 2009. 我国海洋行政管理体制的多维度审视. 浙江海洋学院学报: 人文科学版, 26 (4): 6 – 9.

崔玉阁. 2008. 山东省海洋经济可持续发展研究. 硕士学位论文. 沈阳: 辽宁师范大学.

代小松. 2007. 发展循环经济, 促进辽宁海洋经济可持续发展. 港口经济, (03): 50 – 52.

单春红, 于谨凯, 李宝星. 2008. 我国海洋经济可持续发展中的政府投资激励系统研究. 中国渔业经济, 26 (2): 25 – 30.

丁磊. 2011. 再提 "东北亚国际航运中心" 目标, 青岛港合纵连横. 产业·公司: 第13版. 21世纪网. http: //epaper. 21cbh. com/html/2011 – 03/03/content_ 141977. htm.

方景清, 张斌, 殷克东. 2008. 海洋高新技术产业集群激发机制与演化机理研究. 海洋开发与管理, (09): 55 – 59.

方丽, 张守富, 崔发良, 等. 1999. 日照市湿地资源调查. 山东农林科技, (5): 19 – 21.

丰爱平, 夏东兴, 谷东起. 2006. 莱州湾海岸侵蚀过程与原因研究. 海洋科学进展, 24 (1): 83 – 90.

傅军. 2012. 青岛接待游客量首破 5 000 万人次，同比增长 12.6%. 青岛财经日报. http：//www. sd. xin-huanet. com/lh/2013－01/18/c_ 114414423. htm.

高飞，李广雪，乔璐璐. 2012. 山东半岛近海潮汐及潮汐、潮流能的数值评估. 中国海洋大学学报，42（2）：91－96.

高莲凤，李文平，要惠芳. 2007. 山东近海砂矿资源分布特征及成因. 太原理工大学学报，38（4）：348－351.

高琳. 2010. 烟台借山东省发展蓝色经济区机遇抢占发展先机研究. 青岛：中国海洋大学.

高美霞，王德水，等. 2009. 莱州湾南岸滨海湿地生物多样性及生态地质环境变化. 山东国土资源，25（6）：16－20.

郭可汾. 2010. 基于食品安全法的水产品质量安全监管. 青岛：中国海洋大学.

郭先登. 2010. 关于建设山东半岛蓝色经济区战略问题的思考. 中共青岛市委党校青岛行政学院学报，（1）：17－21.

郭亚军，易平涛. 2008. 线性无量纲化方法的性质分析. 统计研究，（2）：93－100.

国家发改委. 黄河三角洲高效生态经济区发展规划，2009.

国家发改委. 山东半岛蓝色经济区发展规划. 国务院国函［2011］1 号文（引用简化为"2011 规划"）.

国家发改委网站. 2007. 山东省规划六大产业集聚区，http：//www. sdpc. gov. cn/dqjj/qygh/t20070920_160534. htm.

国家海洋局. 2003. 全国海洋经济发展规划纲要. http：//www. soa. gov. cn/bmzz/jgbmzz/ghs/2003_ 2004/201211/t20121107_ 13821. html.

国家海洋局. 2011. 2010 年中国海洋经济统计公报 http：//www. soa. gov. cn/zwgk/hygb/zghyjjtjgb/201211/t20121105_ 5603. html.

国家海洋局. 2012. 中国海洋发展报告（2011）. http：//www. cima. gov. cn/.

韩彬，曹磊，李培昌. 2010. 胶州湾大沽河河口及邻近海域海水水质状况与评价. 海洋科学，34（8）：46－49.

韩霁. 2008. 海洋生物医药产业加速成长. 经济日报，2008－04－12.

韩立民，李大海，于会娟. 2010. 加快推进山东半岛蓝色经济区建设的对策研究. 山东经济，（01）：115－119.

韩明杰，牟艳芳. 2010. 基于海洋文化产业的山东半岛蓝色经济区发展研究. 山东商业职业技术学院学报，（3）：9－14.

韩寓群. 2007. 创新思路，推进山东海洋经济又好又快发展. 中国海洋报，2007－05－15（A1）.

何新颖. 2010. 以青岛为龙头的半岛蓝色经济区的研究. 青岛：中国海洋大学.

河北博才网. 河务局十一五发展战略规划研究，http：//bd. hbrc. com/rczx/shownews－2704839－19. html.

贺常瑛. 2012. 烟台开发区蓝色经济区建设研究. 青岛：中国海洋大学.

贺芳丁，许延生. 2006. 山东省湿地演变与生态修复规划研究. 硕士论文. 济南：山东大学.

侯晓静. 2011. 国外海洋产业发展战略对中国的启示——以山东半岛蓝色经济区海洋优势产业培育为例. 经营管理者，（22）：17－18.

胡建廷. 2007. 国家海洋科技创新模式构建与实施研究. 硕士论文. 天津：天津大学.

黄海军. 2010. 山东海岛（我国近海海洋综合调查与评价专项成果）. 北京：海洋出版社.

黄丽娜，王漫琪，陆扶民. 2013. 三市一体化如何实现错位发展. 羊城晚报，2013－05－28.

黄瑞芬，苗国伟，曹先珂. 2008. 我国沿海省市海洋产业结构分析及优化. 海洋开发与管理，（3）：54－57.

黄盛，姜文明. 2013. 山东省海洋新兴产业发展状况与对策分析. 中国海洋大学学报：社会科学版，（02）：14－18.

江玉民 . 2011. 关于促进山东半岛蓝色经济区海洋产业优化升级的建议 . 山东省政协提案 . http：// www. sdzx. gov. cn/001/001053/001053004/114819578168972. htm.

姜秉国，韩立民 . 2009. 山东半岛蓝色经济区发展战略分析 . 山东大学学报，（05）：92 – 96.

姜文明 . 2013. 山东省海洋新兴产业发展状况与对策分析 . 中国海洋大学学报：社会科学版，（02）： 14 – 18.

姜异康 . 2011. 努力增创山东发展新优势——关于山东半岛蓝色经济区建设的调研与思考 . 光明日报， 2011 – 10 – 18（15）.

交通运输部 . 2012. 2011 中国航运发展报告 . 中央政府门户网站 . http：//www. gov. cn/gzdt/2012 – 07/31/ content_ 2195266. htm.

居占杰，刘兰芬 . 2010. 我国沿海渔民转产转业面临的困难与对策 . 中国渔业经济，（3）：18 – 22.

雷仲敏，左言庆，刘帅，等 . 2010. 山东半岛蓝色经济区建设区域合作的若干问题 . 城市，（01）： 11 – 20.

李福柱，孙明艳，历梦泉 . 2011. 山东半岛蓝色经济区海洋产业结构异质性演进及路径研究 . 华东经济管理，25（3）：12 – 14.

李洪修，相立昌 . 2011. 创新与跳跃的五个春秋——"十一五"山东公路发展回顾 . 山东公路，（8）： 66 – 69.

李华，符全胜，蔡永立 . 2007. 滨海型旅游地竞争力评价体系构建 . 上海海事大学学报，28（3）： 69 – 74.

李家昱 . 2009. 山东省交通运输网与环渤海经济圈发展问题探讨 . 黑龙江交通科技，（01）：121 – 123.

李静，陈娟 . 2011. 中国海洋节庆旅游存在的问题及发展策略 . 安阳师范学院学报，（2）：55 – 58.

李军，刘容子 . 2012. 英国海洋产业增长战略及其启示 . 中国海洋报，2012 – 02 – 03.

李军 . 2010. 山东半岛蓝色经济区海陆资源开发战略研究 . 人口·资源与环境，20（12）：153 – 158.

李可金 . 2008. 山东省中小企业集群化运作研究 . 青岛：青岛大学 .

李莉，周广颖，司徒毕然 . 2009. 美国、日本金融支持循环海洋经济发展的成功经验和借鉴 . 生态经济， （2）：88 – 92.

李梦 . 2011. 国家发改委印发《山东半岛蓝色经济区发展规划》. 大众数字报 . http：//paper. dzwww. com/ dzrb/content/20110111/ArticelA03002MT. htm. 2011 – 01 – 11.

李梦 . 2011. 蓝黄战略重配发展要素，再蓄发展大势 . 大众日报，2011 – 11 – 08（1）.

李梦 . 2011. 山东半岛走入蓝色经济"时代". 大众网 – 大众日报 . http：//www. dzwww. com/finance/jiao-dian/jrtt/201005/t20100528_ 5573389. html. 2011. 5. 28.

李乃胜 . 2007. 努力发展山东新兴海洋产业 . 中国海洋报，2007 – 11 – 07（A3）.

李荣升，赵善伦 . 2002. 山东海洋资源与环境 . 北京：海洋出版社 .

李亚军 . 2005. 山东半岛城市群规划研究 . 硕士论文 . 济南：山东大学 .

李宜良，王震 . 2009. 海洋产业结构优化升级政策研究 . 海洋开发与管理，26（06）：84 – 87.

林桂兰，左玉辉 . 2006. 海湾资源开发的累积生态效应研究 . 自然资源学报，21（3）：432 – 440.

林香红 . 2011. 澳大利亚海洋产业现状和特点及统计中存在的问题 . 海洋经济，1（3）：57 – 62.

刘成，何耘，王兆印 . 2005. 黄河口的水质、底质污染及其变化 . 中国环境监测，21（3）：58 – 61.

刘欢，马兵，宋怿，等 . 2010. 完善我国水产品质量安全检验检测体系建设的研究与思考 . 中国渔业经济，28（5）：74 – 78.

刘加杰，张鹏飞 . 2011. 浅议金融业如何支持"蓝色经济"发展——以山东省日照市为例 . 江海纵横， （02）：20 – 21.

刘佳 . 2009. "一体两翼"模式与山东海洋产业布局调整研究 . 青岛：中国海洋大学 .

刘康，姜国建 . 2006. 海洋产业界定与海洋经济统计分析 . 中国海洋大学学报：社会科学版，（3）：1 – 5.

刘洋，丰爱平，刘大海，等．2008．基于聚类分析的山东半岛沿海城市海洋产业竞争力研究．海洋开发与
　　管理，（1）：71－75．

刘勇．2012．山东半岛蓝色经济区海洋文化旅游开发再思考．山东社会科学，（S1）：73－77．

刘占平．2010．加快山东省蓝色经济发展对策研究．硕士论文．北京：中国石油大学．

刘振东．2008．赴加拿大海洋环境执法监察培训考察的思考．国际海洋局东海分局网站．http：//www.
　　eastsea．gov．cn/Module/show．aspx? id＝5454．

卢昆．2004．山东省海岛旅游开发研究．硕士学位论文．青岛：青岛大学．

陆铭．2009．国内外海洋高新技术产业发展分析及对上海的启示．价值工程，（8）：54－57．

吕彩霞．2005．世界主要海洋国家海洋管理趋势及我国的管理实践．中国海洋报，2005－10－11（A1）．

栾维新．2004．海陆一体化建设研究．北京：海洋出版社．

罗万伦，刘海霞．2011．论湿地生态环境的保护与利用——以胶州湾为例．中共青岛市委党校青岛行政学
　　院学报，（6）：90－93．

马德毅，侯英民．2013．山东省近海海洋环境资源基本现状．北京：海洋出版社．

马吉山．2012．区域海洋科技创新与蓝色经济互动发展研究——以青岛市为例．青岛：中国海洋大学．

毛功进．2010．董家口港发展战略研究．青岛：中国海洋大学．

毛磊．2004．美国：酝酿变革海洋管理政策．http：//news．sohu．com/2004/06/03/58/news220375865．shtml．

孟庆武，孙峰德，宋建光．2008．山东海洋经济发展面临的新挑战．海洋开发与管理，（06）：70－75．

孟庆武．2009．论科学发展观视角下的山东渔业发展对策．海洋开发与管理，26（7）：34－38．

孟庆武．2011．论山东半岛蓝色经济区建设过程中海洋资源的科学开发．海洋开发与管理，28（1）：
　　58－62．

南方日报．2008．广东海洋经济进入快速成长期．2008－05－13（A10）．

牛启忠．2010．黄河三角洲高效生态经济区建设思路解析．滨州学院学报，26（02）：26－32．

彭传圣．2007．英国沿海港口货物运输．水运科学研究，（2）：51－52．

乔俊果．2010．基于中国海洋产业结构优化的海洋科技创新思路．改革与战略，26（10）：140－154．

青岛旅游信息网，．http：//www．qdta．cn/．

全国海洋经济发展规划纲要．2011．http：//www．cme．gov．cn/gh/gy．htm．

全永波．2011．基于能力导向的海洋管理创新人才培养机制探究．人力资源管理，（01）：64－66．

任红梅．2010．胶州湾湿地完善青岛城市生态功能初探．青岛理工大学学报，31（4）：69－70．

任建莉，钟英杰，张雪梅，等．2006．海洋波能发电的现状与前景．浙江工业大学报，34（1）：69－73．

任品德，邓松．2011．广东海洋经济发展趋势及可持续发展对策分析．广东省情调查网．http：//
　　www．gdsq．gov．cn/results/text．asp? id＝513．

日照旅游政务网，http：//www．rzta．gov．cn/．

桑艳庭．2011．山东半岛蓝色经济区的重大意义．半岛网．http：//news．bandao．cn/news_ html/201104/
　　20110418/news_ 20110418_ 1237845．shtml．

山东经济学院课题组．2010．山东半岛蓝色经济区与国内沿海区域经济合作研究．经济理论与政策研究，
　　（3）：116－136．

山东旅游政务网，http：//www．sdta．gov．cn/．

山东省地方史志编纂委员会．1993．中国海湾志第四分册．北京：海洋出版社．

山东省港口业投资分析及前景预测报告（2013—2017年）．http：//www．chinabgao．com/report/
　　print500258．html，2013－08．

山东省革命委员会水利局．1975．山东省水文图集．济南：山东省革命委员水利局出版社．

山东省人民政府．2006．山东省人民政府关于印发山东省海洋经济"十一五"发展规划的通知．山东省人
　　民政府网．http：//www．sd．gov．cn/art/2006/7/20/art_ 956_ 1008．html．2006.7.20．

山东省人民政府.2011. 山东省海洋功能区划（公示稿）.

山东省统计局.2010. 山东统计年鉴 2010. 山东省统计信息网，http：//www. stats - sd. gov. cn/tjsj/nj2010/indexch. htm.

山东统计信息网.2011. 工业经济逐步向新型工业化迈进："十一五"时期山东经济社会发展系列分析之二. http：//www. stats - sd. gov. cn/disp/tjfx/tjzldisp_ new. asp? id =0101012011016.

邵长城.2011. 山东半岛蓝色经济区建设的重点任务. 山东化工，（03）：7 - 10.

邵桂兰，董艳英.2009. 对湿地开发利用的思考——以滨州为例. 中国渔业经济，27（5）：102 - 106.

申顺喜，李安春，袁巍.1996. 南黄海中部的低能沉积环境. 海洋与湖沼，27（5）：518 - 523.

深圳港口协会.2013. 2012 国内五大港口突破货物吞吐量 4 亿吨. 国际海事信息网，2013 - 01 - 14，http：//www. simic. net. cn/news_ show. php? id =119999.

师银燕.2007. 广东省海洋产业结构研究. 渔业经济研究，（01）：39 - 44.

十一运官网.2009. 区域经济. http：//www. dzwww. com/shandongsdbl/cjsd/200907/t20090 710_ 4901119. htm.

石莉.2008. 美国海洋科技发展趋势及对我们的启示. 海洋开发与管理，（4）：9 - 11.

时红丽.2009. 基于 Geodatabase 和 ArcEngine 的海岛空间数据库的设计与实现. 硕士学位论文. 青岛：中国科学院海洋研究所.

司翠.2011. 山东半岛蓝色经济区海洋产业发展研究. 哈尔滨：黑龙江省社会科学院.

宋炳林.2012. 美国海洋经济发展的经验及对我国的启示. 港口经济，（1）：50 - 52.

宋德瑞，等.2012. 我国海域使用发展趋势与空间潜力评价研究. 海洋开发与管理，（05）：14 - 17.

宋光茂，刘成友.2006. 山东构建区域经济协调发展新格局. 人民网. http：//kfq. people. com. cn/GB/54918/55132/4699600. htm.

宋国明.2010. 加拿大海洋资源与产业管理. 国土资源情报，（02）.

宋国明.2010. 英国海洋资源与产业管理. 国土资源情报，（04）：6 - 10.

宋文华.2006. 山东省海洋经济发展思路研究. 济南：山东大学.

宋文杰.2008. 对完善我国海洋行政管理体制的思考. 齐鲁渔业，25（7）：56 - 57.

苏斌，冯连勇，王思聪，等.2006. 世界海洋石油工业现状和发展趋势. 中国石油企业，（Z1）：146 - 149.

苏纪兰，蒋铁民.1999. 浙江"海洋经济大省"发展战略的探讨. 中国软科学，2：30 - 33.

隋映辉.2011. 蓝色经济区：青岛发展瓶颈与战略选择. 青岛日报，2011 - 05 - 14（5）.

孙斌，徐志斌.2000. 海洋经济学. 青岛：青岛出版社.

孙吉亭，孟庆武.2012. 山东半岛蓝色经济区海洋主导产业选择研究. 中国渔业经济，（03）：90 - 96.

孙吉亭，赵玉杰.2011. 我国海洋经济发展中的海陆统筹机制. 广东社会科学，（5）：41 - 47.

孙吉亭，赵玉杰.2011. 我国碳汇渔业发展研究. 东岳论丛，（8）：151 - 156.

孙吉亭.2010. 海洋产业资源与经济研究. 北京：海洋出版社.

孙吉亭.2011. 蓝色经济学. 北京：海洋出版社.

孙庆振.2009. 小清河口富营养化评价及亚硝酸盐偏高问题探讨. 青岛：中国海洋大学.

孙松龄，梁国恩，等.2000. 威海市湿地资源浅析. 山东农林科技，（4）：17 - 18.

孙松山.2011. 山东半岛蓝色经济区发展战略研究. 成都：西南交通大学.

孙希华.2004. 山东滨海旅游资源开发及其问题. 资源开发与市场，20（5）：395 - 398.

孙耀军.2010. 俄罗斯海洋产业开发研究——以远东地区为例. 长春：东北师范大学.

陶顺君，同春芬.2010. 山东半岛沿海渔民转产转业的路径选择. 渔业经济研究，（01）：25 - 30.

滕军伟.2009. 山东加快促进海洋产业发展. 新华网，2009 - 05 - 10. http：//news. xinhuanet. com/news-center/2009 - 05/10/content_ 11346908. htm.

童钧安 . 1992. 山东海洋功能区划 . 北京：海洋出版社 .

王爱香，霍军 . 2009. 试论海洋产业布局的含义、特点及演化规律 . 中国海洋大学学报，（4）：49 - 52.

王传昆，卢苇 . 2009. 海洋能资源分析方法及储量评估 . 北京：海洋出版社 .

王晶，韩增林 . 2010. 环渤海地区海洋产业结构优化分析 . 资源开发与市场，26（12）：1093 - 1097.

王萍，梁振林 . 2010. 金融危机下沿海捕捞渔民转产转业可选途径分析 . 中国渔业经济，28（3）：22 - 27.

王琦，杨作升 . 1981. 黄海南部表层沉积中的自生黄铁矿 . 海洋与湖沼，12（1）：25 - 32.

王圣，张燕歌 . 2007. 山东海洋产业竞争力评估体系的构建 . 海洋开发与管理，（7）：109 - 113.

王诗诚 . 2009. 构筑人才建设工程，为半岛蓝色经济区提供人才智力保障 . 海洋财富网 . http：// www. hycfw. com/blog/group. asp？cmd = show&gid = 1&pid = 2. 2009 - 11 - 14.

王诗诚 . 2010. 大力构筑蓝色经济高端人才建设工程 . 理论学习，（02）：21 - 24.

王蔚 . 2010. 山东省休闲旅游发展研究 . 博士论文 . 济南：山东大学 .

王颖 . 2010. 山东海洋文化产业研究 . 博士论文 . 济南：山东大学 .

王再文 . 2006. 比较优势、制度变迁与中部崛起 . 博士论文 . 西安：西北大学 .

威海旅游资讯网 . http：//www. whto. cn/dtsswenhai/.

吴敦龙 . 2004. 山东半岛经济圈承接日本、韩国制造产业转移分析 . 区域经济与产业经济，（25）：5 - 6.

吴珊珊，张祖陆 . 2009. 莱州湾南岸滨海湿地的景观格局变化及其生态脆弱性评价 . 硕士论文 . 济南：山东师范大学 .

吴燕翎 . 2010. 实现我国海洋经济可持续发展的政策路径探析 . 科学论坛，（10）：148 - 149.

武京军，刘晓雯 . 2010. 中国海洋产业结构分析及分区优化 . 中国人口、资源与环境，20（03）：21 - 25.

武毅，尹静 . 2013. 地铁与公园的相遇——青岛地铁太平角公园站的概念设计 . 华中建筑，（02）：69 - 72.

夏东兴，王文海，武桂秋，等 . 1993. 中国海岸侵蚀述要 . 地理学报，48（5）：468 - 476.

向云波，徐长乐，戴志军 . 2009. 世界海洋经济发展趋势及上海海洋经济发展战略初探 . 海洋开发与管理，（2）：46 - 52.

肖良 . 2007. 中国农产品质量安全检验检测体系研究 . 北京：中国农业科学院 .

谢恩年 . 2011. 发展海洋经济要突出三大重点 . 中国海洋报，2011 - 09 - 27（A4）.

新华 . 2004. 加拿大制定世纪海洋战略 . 中国渔业报，2004 - 09 - 28.

信忠保，王晓青，谢志仁 . 2004. 山东海岛资源开发与可持续发展 . 国土与自然资源研究，（2）：9 - 10.

行怀勇 . 2008. 日照旅游业发展中的问题与对策 . 合作经济与科技，（03）：32 - 33.

徐畅达 . 2011. 山东半岛蓝色经济区构建中日韩区域经济合作先行试验区问题研究 . 青岛：中国海洋大学 .

徐加明，王亚丽 . 2010. 论蓝色经济区建设中的陆海产业统筹发展 . 山东行政学院学报，（3）：26 - 28，143.

徐敬俊 . 2010. 海洋产业布局的基本理论研究暨实证分析 . 青岛：中国海洋大学 .

徐磊，2007. 山东省东西部区域经济协调发展研究 . 硕士论文 . 泰安：山东农业大学 .

徐晴，冯仲科 . 2008. 黄河三角洲湿地资源现状与生态系统服务价值评估 . 硕士论文 . 北京：北京林业大学 .

徐质斌，张莉 . 2006. 广东省海洋经济重大问题研究 . 北京：海洋出版社 .

许罕多，罗斯丹 . 2010. 中国海洋产业升级对策思考 . 中国海洋大学学报：社会科学版，（2）：43 - 47.

薛桂芳，武文，刘洪滨，等 . 2008. 浅谈海洋温差能及其可持续利用 . 中国海洋大学学报：社会科学版，2：15 - 19.

烟台旅游资讯网，http：//www. ytta. cn/dtss/city/yantai/index. html.

烟台市海洋与渔业局，国家海洋局海洋发展战略研究所．2007．烟台市海洋经济发展规划研究．北京：海洋出版社．

阎建国．2005．荣成湿地行鸟鹬类涉禽种类调查．山东农林科技，（1）：40－41．

杨继超，宫立新，李广雪，等．2012．山东威海滨海沙滩动力地貌特征．中国海洋大学学报：自然科学版，42（12）：107－114．

杨明，洪伟东，郁方．广东省海洋渔业"十一五"规划研究课题组．2009．全球海洋经济及渔业产业发展综述．新经济杂志，（Z1）：75－79．

杨治家，李本川，李成治．1992．山东省海湾遥感影像分析．海洋科学，（6）：67．

杨子强．2010．海洋经济发展与陆地金融体系的融合：建设蓝色经济区的核心．金融发展研究，（01）：3－6．

姚愉芳．1993．影响能源弹性系数的因素分析．数量经济技术经济研究，（1）：49－57．

叶宗裕．2003．关于多指标综合评价中指标正向化和无量纲化方法的选择．浙江统计，（4）：24－25．

殷艳．2008．天津市海洋产业结构优化战略研究．大连：辽宁师范大学．

于谨凯，李宝星．2007．我国海洋高新技术产业发展策略研究．浙江海洋学院学报：人文科学版，24（04）：11－15．

于谨凯，于海楠，刘曙光，等．2009．基于"点－轴"理论的我国海洋产业布局研究．产业经济研究，（2）：55－62．

于谨凯，张婕．2008．我国海洋高科技产业风险投资基金发展研究——以山东省为例．海洋开发与管理，（4）：11－14．

于良巨，侯西勇，施平．2009．基于两型社会的蓝色生态文明建设．中国人口、资源与环境，（19）：245－248．

俞越．2011．海洋经济最具投资前景六大产业．浙商．http：//www.p5w.net/news/gncj/201104/t3574917.htm．

郁芳，杨明．世界与中国海洋经济发展状况与发展战略．http：//www.gdass.gov.cn/2011/0420/954.html，2011－04－20．

曾宪文．2010．服务半岛蓝色经济区构建高等学校涉海专业体系的研究．当代教育科学，（7）：24－26．

翟仁祥，许祝华．2010．江苏省海洋产业结构分析及优化对策研究．淮海工学院学报，19（1）：88－91．

张超超．2011．"两区"融合打造经济强省．半岛都市报，2011－06－24（B11）．

张翠翠，张颖丹．2010．构建黄河三角洲高效生态产业体系．区域经济，（5）．

张红智，张静．2005．论我国的海洋产业结构及其优化．海洋科学进展，23（2）：243－247．

张继良．2012．港口物流系统竞合研究．北京：北京交通大学．

张丽君．2010．从海洋生物多样性保护看我国海洋管理体制之完善．广东海洋大学学报，30（2）：15－17．

张世英．2001．天津市海洋产业发展对策与政策建议．天津科技，（03）：23－25．

张松，刘富铀，张滨，等．2012．我国近海波浪能资源调查与评估．海洋技术，31（1）：79－85．

张现强．2013．山东城镇化发展纲要发布——打造山东半岛城市群．山东商报．http：//house.jiaodong.net/system/2013/02/04/011796927.shtml．

张晓博．2011．蓝半岛重大任务涉及四区五大领域．齐鲁网．http：//www.iqilu.com/html/zt/other/lianghui/17city/2011/0218/416172.html．2011－2－18．

张晓惠，韩美．2007．黄河三角洲湿地生态服务功能价值评估．硕士论文．济南：山东师范大学．

张绪良，于冬梅，丰爱平，等．2004．莱州湾南岸滨海湿地的退化及其生态恢复和重建对策．海洋科学，28（4）：49－53．

张耀光．1991．试论海洋经济地理学．云南地理环境研究，（1）：38－45．

张耀谋，李世新．2011．海洋文化与海南海洋文化产业发展思考．海南金融，8：31－33．

章洪刚，王瑾．2013．浙江海洋经济发展及金融支持问题研究．产业经济，（288）：50－53．

赵家敏．1997．山东省风能资源综述．山东电力技术，6：17－20．

赵玉杰．2008．山东海洋新兴产业可持续发展的新机遇、新挑战与新对策．海洋开发与管理，（2）：140－144．

赵竹青．2011．2010年我国海洋生产总值逾3.8万亿元，同比增12.8%．新民网．http：//news．xinmin．cn/rollnews/2011－3－3/9590444．html．

郑贵斌，李磊，高霜．2009．黄河三角洲发展海洋经济的战略思路．海洋开发与管理，26（9）：76－79．

郑贵斌．2011．发展海洋经济，打造产业集群．新华网．http：//www．sd．xinhuanet．com/news/2011－04－21/content_22579024．htm．

郑辉．2010．山东海滨旅游走廊营销策略研究．硕士学位论文．昆明：云南大学．

郑茜．2011．山东2010年旅游总收入超3千亿元，同比增24.7%．中国网滨海高新，http：//news．022china．com/2011/03－03/421150_0．html．20113－3．

郑杨．2011．以四方面为突破口发展海洋经济．中国海洋报，2011－07－12（A4）．

中共荣成市委党校课题组．2010．在转型升级中加快推进山东半岛蓝色经济区先行区建设．视点，（2）．

钟海波，王亲波，杜文峰．2010．长山列岛湿地现状与功能恢复的探讨．山东林业科技，（2）：120－122．

仲雯雯．2011．我国战略性海洋新兴产业发展政策研究．青岛：中国海洋大学．

周洪军．2009．我国海水利用业发展现状与问题研究．海洋信息，（04）：19－23．

周应龙，蒙少东．2010．海洋高新技术产业投资模式的研究．湖南农业科学，（12）：129－131．

朱韶华．2013．2012年青岛旅游收入807亿元，同比增长18.5%．青岛财经日报．http：//www．sd．xinhuanet．com/lh/2013－01－18/c_114414423．htm．

诸大建，侯鲁斌．2002．推进上海新世纪海洋产业发展的研究．同济大学学报：社会科学版，13（4）：4－41．

庄振业，李从先．1989．山东半岛滨外坝沙体沉积特征．海洋学报：中文版，11（4）：470－480．

庄振业，印萍，吴建政．2000．鲁南砂质海岸的侵蚀量及其影响因素．海洋地质与第四纪地质，20（3）：15－21．

邹祖光，张东生，谭志容．2008．山东省地下卤水资源及开发和利用现状分析．地质调查与研究，31（3）：214－221．

Colgan C S. 2003. Measurement of the Ocean and Coastal Economy：Theory and Methods. National Ocean Economics Project. www. oceaneconomice. org.

David Pugh and Leonard Skinner. 2002. A New Analysis of Marine－Related Activities in the UK Economy with Supporting Science and Technology. IACMST Information Document No. 10.

Lemonis G，Cutler J C. 2004. Wave and tidal energy conversion. Encyclopedia of energy，New York：Elsevier，85－96.

World Energy Council. 2010. Survey of Energy Resources. London：World Energy Council，543－562.